Metzger/Niedermair/Schmidt-Kemmeter

Mathe mit Excel

für die Sekundarstufe II

W0305524

Karin Metzger, Elke Niedermair,
Kirsten Schmid-Kemmeter

Mathe mit Excel

für die Sekundarstufe II

Differential- und Integralrechnung
Statistik und Wahrscheinlichkeitsrechnung

Mit 237 Abbildungen

FRANZIS

Bibliografische Information Der Deutschen Bibliothek

Die Deutsche Bibliothek verzeichnet diese Publikation
in der Deutschen Nationalbibliografie: detaillierte bibliografische Daten
sind im Internet über http//dnb.ddb.de abrufbar

Wichtiger Hinweis

Alle Angaben in diesem Buch wurden vom Autor mit größter Sorgfalt erarbeitet bzw. zusammengestellt und unter Einschaltung wirksamer Kontrollmaßnahmen reproduziert. Trotzdem sind Fehler nicht ganz auszuschließen. Der Verlag und der Autor sehen sich deshalb gezwungen, darauf hinzuweisen, daß sie weder eine Garantie noch die juristische Verantwortung oder irgendeine Haftung für Folgen, die auf fehlerhafte Angaben zurückgehen, übernehmen können. Für die Mitteilung etwaiger Fehler sind Verlag und Autor jederzeit dankbar.
Internet-Adressen oder Versionsnummern stellen den bei Redaktionsschluss verfügbaren Informationsstand dar. Verlag und Autor übernehmen keinerlei Verantwortung oder Haftung für Veränderungen, die sich aus nicht von ihnen zu vertretenden Umständen ergeben.
Evtl. beigefügte oder zum Download angebotene Dateien und Informationen dienen ausschließlich der nichtgewerblichen Nutzung. Eine gewerbliche Nutzung ist nur mit Zustimmung des Lizenzinhabers möglich.

© 2004 Franzis Verlag GmbH, 85586 Poing

Alle Rechte vorbehalten, auch die der fotomechanischen Wiedergabe und der Speicherung in elektronischen Medien. Das Erstellen und Verbreiten von Kopien auf Papier, auf Datenträger oder im Internet, insbesondere als .pdf, ist nur mit ausdrücklicher Genehmigung des Verlages gestattet und wird widrigenfalls strafrechtlich verfolgt.

Die meisten Produktbezeichnungen von Hard- und Software sowie Firmennamen und Firmenlogos, die in diesem Werk genannt werden, sind in der Regel gleichzeitig auch eingetragene Warenzeichen und sollten als solche betrachtet werden. Der Verlag folgt bei den Produktbezeichnungen im wesentlichen den Schreibweisen der Hersteller.

Satz: EDV-Service Elke Niedermair
art & design: ideehoch2.de
Druck: Legoprint S.p.A, Lavis (Italia)
Printed in Italy

ISBN 3-7723-6087-4

Vorwort

Mathematik und Excel - das sind zwei, die sich in einigen Bereichen phantastisch ergänzen. Viele Teilbereiche der Mathematik sind mit Excel einfach zu bearbeiten, da es hierfür vorgefertigte Formeln gibt, etwa für die Matrixmultiplikation. Andere Bereiche, bei denen mit Variablen gerechnet werden muss, können mit Excel nur sehr aufwändig bis gar nicht bearbeitet werden, etwa der sehr große Bereich der Differential- und Integralrechnung.

Viele Schüler kommen jedoch im Unterricht nur mit dem Teil von Excel in Berührung, der später auch im Berufsleben wichtig ist. Meistens werden nur Aufgaben aus dem Fach Betriebswirtschaft und Rechnungswesen, wie etwa Bilanzerstellung, Gewinn- und Verlustrechnung, Finanzierungsmodelle und Kalkulationen, mit Excel gelöst.

Dass Excel aber auch für mathematische Probleme eine große Hilfe sein kann, möchten wir mit diesem Buch beweisen. Es soll Schülern und Eltern einerseits bei Hausaufgaben helfen, andererseits dabei, in der Schule besprochene Themen besser zu verstehen und nachvollziehen zu können. Dabei haben wir versucht, die Themenauswahl möglichst breit zu fächern. Dennoch kann dieses Buch keinen Anspruch auf vollständige Abdeckung aller mathematischen Bereiche erheben, auch aufgrund der angesprochenen Einschränkungen.

Das Tabellenkalkulationsprogramm Excel ist dabei als Mittel zum Zweck zu sehen. Es kann keine menschliche Denkweise, keine Idee zur Lösung einer Aufgabe liefern. Dies muss nach wie vor den Schülern selbst überlassen bleiben!

In den einzelnen Kapiteln wird zunächst der mathematische Hintergrund kurz erklärt. Dabei wurde mehr Wert auf Verständlichkeit als auf vollständig korrekte mathematische Ausdrucksweise gelegt. Die manchmal sehr komplizierten mathematischen Definitionen, Lehrsätze, Axiome und Lemmata überlassen wir getrost den rein mathematischen Lehrbüchern.

Anschließend wird die Bearbeitung in Excel anhand vieler Beispiele und Abbildungen erläutert. Jede der beschriebenen Excel-Dateien befindet sich auch auf der CD zum Buch. Die Bildunterschriften enthalten jeweils den Dateinamen, unter dem die Excel-Tabelle dort zu finden ist. Am Ende jedes Kapitels schließen weitere Aufgabenstellungen das Thema ab. Die Lösungen sind auf beiliegender CD mitgeliefert. Es gibt bei zahlreichen Aufgaben jedoch noch andere Lösungsmöglichkeiten als die von uns verwendeten. Natürlich können auch beliebige selbstgewählte Aufgaben aus dem Mathematikbuch mit Excel gelöst werden, wir wollten lediglich Denkanstösse liefern.

Auf der beiliegenden CD ist auch die neueste Version von Open Office enthalten, einer kostenlosen Alternative zu Microsoft Office. Die Beispiele aus diesem Buch funktionieren mit wenigen Einschränkungen auch hiermit.

Wir hoffen, mit unserem Buch sowohl Hilfestellungen geben zu können als auch bei einigen Schülern die Freude an der Mathematik mit dem Computer zu wecken.

Karin Metzger, Elke Niedermair und Kirsten Schmid-Kemmeter

Inhaltsverzeichnis

1 Einführung in Excel

Bevor man sich daran machen kann, mathematische Probleme mit Hilfe von Excel zu lösen, sollte man mit den Möglichkeiten der Tabellenkalkulation vertraut sein. Dieses Kapitel stellt das Programm Excel in seinen wichtigsten Eigenschaften vor, die für die Bearbeitung der Beispiele und Aufgaben in diesem Buch notwendig sind.

Auf eine detaillierte Beschreibung der grundlegenden Arbeitsweise von Excel wird jedoch verzichtet, da diese bereits in Band 1 behandelt wurde. Einige Dinge, die jedoch im Zusammenhang mit den Aufgaben in diesem Buch wichtig sind, werden kurz behandelt.

1.1 Gestaltung einer Tabelle

Die Gestaltungsmöglichkeiten einer Tabelle in Excel sind ähnlich wie in Word:

- Schriftart
- Schriftgröße
- fett, unterstrichen, kursiv
- Ausrichtung: links, rechts (bei Beträgen), zentriert
- mehrere Zellen zu einer verbinden
- Währung, Prozent, Dezimalstellen
- Rahmung
- farbliche Gestaltung
- Einfügen von ClipArt (Bildern) oder WordArt (besondere Schriftzüge)
- Veränderung von Höhe bzw. Breite von Zeilen bzw. Spalten
- alphabetisches Sortieren

Einige dieser aufgeführten Möglichkeiten sind in der Symbolleiste `Format` zusammengefasst, andere aktiviert man über das entsprechende Menü. Dazu muss - wie aus der Textverarbeitung, z. B. in Word, bekannt - zunächst die entsprechende Zelle bzw. Zeile oder Spalte markiert, anschließend die Gestaltungsart gewählt werden. Abbildung 1.1 auf der nächsten Seite verdeutlicht die Funktion der einzelnen Icons aus der Symbolleiste:

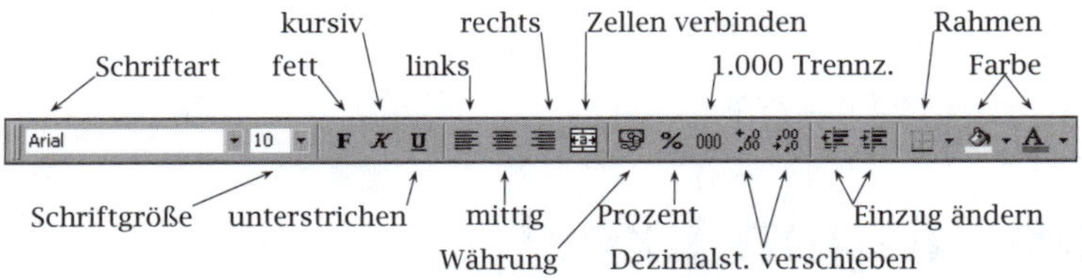

Abb. 1.1: Symbolleiste für Formate

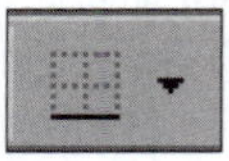

Dabei stehen beispielsweise unter dem Icon Rahmen verschiedene Rahmenarten zur Auswahl: Rahmen mit unterschiedlicher Breite, die die ganze Zelle umranden; einzelne Rahmenlinien, die die Zelle nur oben, nur unten, nur rechts oder nur links begrenzen oder auch doppelte Rahmungen.

Zur Farbgestaltung stehen zwei Icons zur Verfügung: Füllfarbe für den Hintergrund einer Zelle und Schriftfarbe für die Farbe der Schrift. Beide Icons enthalten 40 verschiedene Farben zur Auswahl.

Zum Einfügen von Bildern oder besonderen Schriftzügen wählt man im Menü Einfügen/Grafik entweder den Punkt ClipArt (für Bilder) oder WordArt (für die Schriftzüge).

Soll die Zellenhöhe oder die Spaltenbreite verändert werden, markiert man zunächst die entsprechende Zeile oder Spalte. Dann bedient man sich des Menüs Format und wählt dort Zeile oder Spalte aus. Es erscheint eine weitere Auswahl Höhe bzw. Breite, mit der man die gewünschte Zeilenhöhe bzw. Spaltenbreite entweder selbst einstellen kann oder einfach von Excel über die Auswahl Optimale Höhe bzw. Optimale Breite anpassen lassen kann (vgl. Abbildung 1.2). Bei Excel XP genügt hierfür ein Doppelklick auf die entsprechende Zelle.

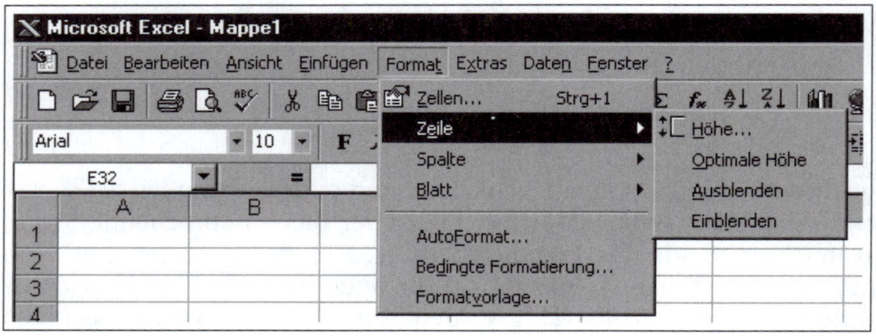

Abb. 1.2: Anpassen der Zeilenhöhe

Das Anpassen der Spaltenbreite ist insbesondere dann wichtig, wenn der Inhalt breiter ist als die Zelle. Ist die nachfolgende Zelle leer, so schreibt Excel einfach über den Rand hinaus, ist sie jedoch belegt, so schneidet Excel den Inhalt ab, sofern es sich um Text handelt. Enthält die Zelle jedoch Zahlen, so wird nur der Lattenzaun ### angezeigt oder aber Excel rundet selbstständig so weit, dass die Zahl in die Zelle passt. Große Zahlen werden auch in Exponentialschreibweise z.B. 1,832E-05 für 0,00001832 dargestellt. Dies kann die Ergebnisse verfälschen, wenn mit diesen Ergebnissen weiter gerechnet wird. Die Spaltenbreite lässt sich auch dadurch verändern, dass man die gewünschte Spalte markiert und mit gedrückter linker Maustaste die Begrenzungslinie im Spaltenkopf nach rechts oder links verschiebt.

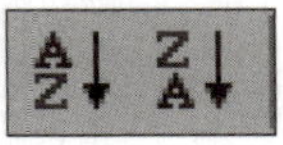

Für das Sortieren von Tabellen stehen zwei Möglichkeiten zur Verfügung: aufsteigend von A-Z oder absteigend von Z-A. Dazu stehen die entsprechenden Icons in der Symbolleiste zur Verfügung.

1.1.1 Sonderzeichen und mathematische Symbole

Mathematische Formeln beinhalten oft besondere Zeichen, die in Excel nicht einfach über die Tastatur eingegeben werden können, oder für die man sich mit kleinen Tricks behelfen muss.

Eine „dumme Angewohnheit" von Excel ist es beispielsweise, dass es aus jedem Rechenzeichen, das allein in einer Zelle steht, eine Formel machen will. Beendet man die Eingabe des Rechenzeichens nicht über die Return-Taste, sondern indem man mit der Maus in eine andere Zelle klickt oder mit der Pfeiltaste die Zelle verlässt, hängt Excel diese angeklickte Zelle an das Rechenzeichen an. Das ist teilweise sehr lästig, weil man das manuell wieder ausbessern muss. Am besten gewöhnt man sich von Anfang an daran, Eingaben immer mit Return zu beenden.

Auch negative Zahlen werden von Excel irrtümlich als Formel interpretiert. Muss man mit der Zahl nicht mehr weiterrechnen, kann man die Eingabe mit einem Hochkomma (') beginnen, dann interpretiert Excel die Eingabe als Text und akzeptiert das Minus. Andernfalls muss man die Minuszahl in runde Klammern setzen, dann kann man damit auch weiterrechnen.

In der Geometrie benötigt man zur Benennung von Winkeln griechische Buchstaben. In Excel kann man griechische Buchstaben über die Schriftart `Symbol` erzeugen: a ist dabei der Buchstabe α, b der Buchstabe β usw.

Andere mathematische Symbole sind nicht ganz so einfach zu erstellen. So muss man sich z. B. beim Unendlichzeichen in Excel 97 mit einem Trick behelfen. Man schreibt eine 8 in die Zelle und dreht diese dann mit dem Menü `Format/Zelle/Ausrichtung` um 90°. Dann wird die vertikale Ausrichtung noch auf zentriert gestellt und die „liegende Acht" ist perfekt. Ab Version Excel 2000 gibt es hierfür den Menübefehl `Einfügen/Symbol`, der noch weitere Symbole z. B. Wurzeln enthält (vgl. Abbildung 1.3).

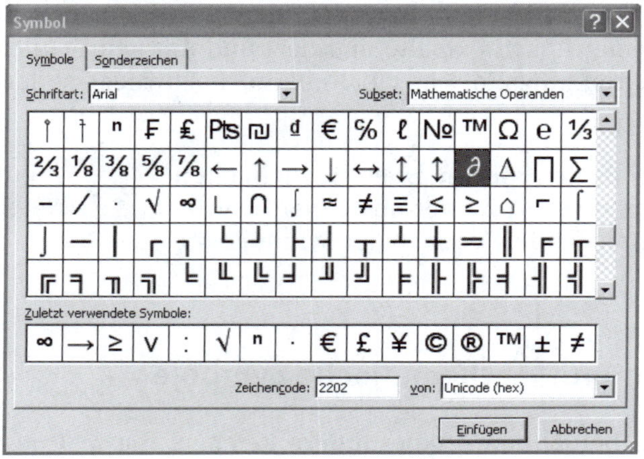

Abb. 1.3: Symbolauswahl in Excel 2000

Schreibt man Bruchgleichungen in Excel und möchte das Gleichheitszeichen zwischen zwei Brüchen auf mittlere Höhe bringen, so geht man folgendermaßen vor:

- die beiden Zellen zwischen den Brüchen verbinden über das Icon `Zellen verbinden`
- ein Gleichheitszeichen in die neu entstandene Zelle hinein schreiben
- das Gleichheitszeichen vertikal ausrichten über das Menü `Format/Zellen/Ausrichtung/Vertikal/Zentrieren`

Dies benötigt man auch, wenn man im $\mathbb{R}^2$ eine Geradengleichung in Vektorschreibweise in Excel darstellen möchte (vgl. Abbildung 1.4).

	A	B	C	D	E	F	G
6	**Geradengleichung:**						
7							
8	x_1	=	1	+	k	*	5
9	x_2		2				4

Abb. 1.4: Zellen verbinden

Das Zellen-verbinden lässt sich auch dazu verwenden, eine Überschrift über mehrere Spalten zu schreiben, indem man die nebeneinander liegenden Zellen miteinander verbindet. Die Überschrift steht dann zentriert über den markierten Spalten (siehe Abbildung 1.4 auf der vorherigen Seite)

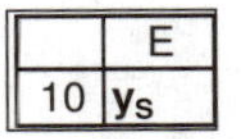

Ein weiterer Effekt, der in der Mathematik manchmal benötigt wird, ist das Höher- oder Tieferstellen von Buchstaben oder Zahlen. In Excel erreicht man das Höher- bzw. Tieferstellen auf folgendem Weg:

- das entsprechende Zeichen (Buchstabe oder Zahl) in der Bearbeitungszeile markieren,
- die Auswahl `Format/Zellen/Schrift/Hochgestellt` beziehungsweise `Tiefgestellt` aktivieren.

1.2 Formeln

Einer der großen Vorzüge von Excel ist die Möglichkeit, mit Hilfe von Formeln bestimmte Dinge zu berechnen. Daher kommt auch der Name „Tabellenkalkulation". Der Vorteil: Ändert man in einer Zelle etwas, so wird dies automatisch bei der Berechnung der Formel, die sich auf die Zelle bezieht, berücksichtigt.

Es gibt viele verschiedene Funktionen in Excel aus verschiedensten Bereichen:

- einfache mathematische Funktionen:
  z. B. `POTENZ, SUMME, REST, RUNDEN`
- trigonometrische Funktionen: z. B. `SIN, COS`
- Funktionen zur Matrizenrechnung: z. B. `MMULT, MINV, MDET`
- Funktionen zur Statistik: z. B. `GEOMITTEL, MAX, MIN, MITTELWERT`
- Logische Funktionen: z. B. `WENN, UND, ODER, NICHT`
- Funktionen für Komplexe Zahlen:
  z. B. `IMAGINÄRTEIL, IMKONJUGIERTE`
- finanzmathematische Funktionen: z. B. `EFFEKTIV, RENDITE`

Auf der einen Seite kann man „vorgefertigte" Funktionen aus dem Funktions-Assistenten verwenden. Insbesondere für die Mathematik stellt der Funktions-Assistent hier einiges bereit:

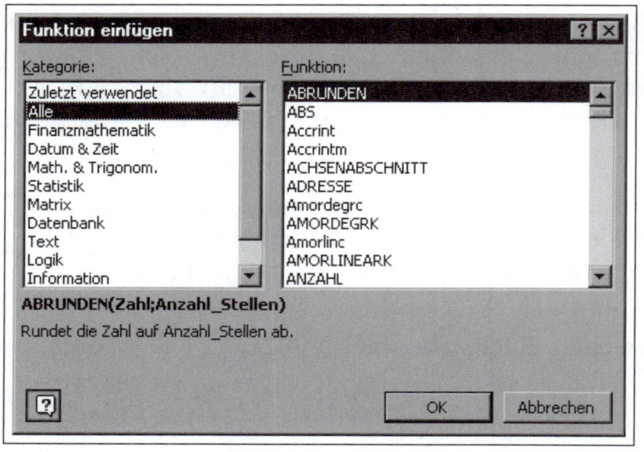

Abb. 1.5: Funktionen aus dem Funktions-Assistenten

Auf der anderen Seite gibt es die Möglichkeit, Formeln selbst zu entwerfen, indem man sie direkt von Hand eingibt. Bei komplizierteren Formeln braucht man hierzu schon etwas Übung. Jede Formel beginnt mit einem „="-Zeichen. Nur so kann der Rechner erkennen, dass es sich um eine Formel handelt!

Ist die Formel nun in sich richtig und logisch, erscheint nicht mehr die ausgeschriebene Formel im Tabellenblatt, sondern der berechnete Zahlenwert. Die Formel selbst lässt sich in der Bearbeitungszeile betrachten.

Ist bei der Eingabe der Formel ein Fehler unterlaufen, so gibt der Rechner keine Zahl aus, sondern er schreibt nur wenig sinnvoll: `#WERT` oder `#ZAHL`. In manchen Fällen erscheint aber auch ein Dialogfenster mit einem Korrekturvorschlag. Das hängt von der verwendeten Formel und dem beinhalteten Fehler ab.

Ansicht von Formeln

Will man bei einer größeren Tabelle alle Formeln auf einmal sehen, so kann man über das Menü `Extras/Optionen` im Register `Ansicht` den Punkt `Formeln` aktivieren. Dann werden anstelle der Ergebnisse die Formeln in den jeweiligen Zellen angezeigt. So wurden auch einige Bilder in diesem Buch erzeugt!

1.2.1 Kopieren von Formeln

Kopiert man eine Formel aus einer anderen Zelle in eine neue Zelle hinein, so bezieht sich die kopierte Formel automatisch auf die Zahlenwerte in der entsprechenden Zeile oder Spalte, ohne dass man die Formel von Hand abändern muss.

	A	B
1	5	7
2	3	4
3	=A1+A2	

Abb. 1.6: Formel, die kopiert werden soll

In der Zelle A3 wird z. B. die Summe der beiden Zellen A1 und A2 gebildet (siehe Abbildung 1.6).

Will man nun die Summe der beiden Zellen B1 und B2 bilden, so geht man folgendermaßen vor:

1. Markieren der Zelle A3 und mit dem Symbol `Kopieren` den Inhalt in die Zwischenablage kopieren.

2. Markieren der Ziel-Zelle (B3) und Einfügen mit dem Symbol `Einfügen`.

3. Excel hat die Summenformel in der Zelle B3 automatisch auf die Spalte B bezogen, d. h. es wird nun die Summe der Zellen B1 und B2 gebildet.

	A	B
1	5	7
2	3	4
3	=A1+A2	=B1+B2

Dieser automatische Bezug auf entsprechende Zeilen oder Spalten heißt „relativer Zellenbezug“. Excel hat den relativen Zellenbezug als Grundeinstellung.

Will man eine Formel mehrfach kopieren, beispielsweise beim Erstellen einer Wertetabelle, so bietet Excel hierfür auch eine sehr elegante Möglichkeit.

Ist eine Zelle markiert, so erhält sie einen dickeren Rahmen, in dessen rechter unterer Ecke ein Anfasspunkt verankert ist. Zieht man diesen mit gedrückter linker Maustaste nach unten oder in irgendeine andere Richtung, so füllt Excel den überstrichenen Bereich automatisch mit den angepassten Formeln auf. Auch Zahlenreihen lassen sich so schnell auffüllen. Soll etwa eine Wertetabelle mit Ausgangswerten von 1 bis 10 gefüllt werden, so trägt man nur die 1 und 2 in die beiden ersten Zellen ein, markiert beide Zellen und zieht diese nach unten, bis zur 10. Zelle (vgl. Abbildung 1.7).

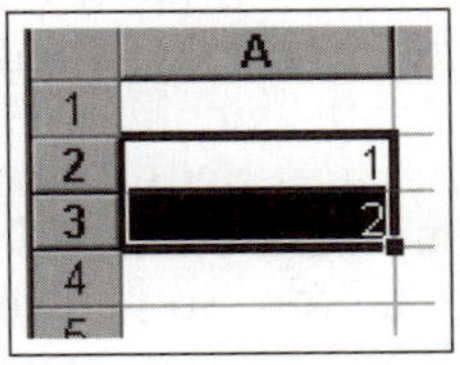

Abb. 1.7: Automatisches Auffüllen

> ☞ **Tastaturkürzel zum Kopieren**
>
> Wer lieber mit der Tastatur als der Maus arbeitet, kann Zelleninhalte auch mit der Tastenkombination `Strg + C` in die Zwischenablage kopieren. Eingefügt wird dann in die markierte Zelle mit der Tastenkombination `Strg + V`.

Eine weitere Möglichkeit des Kopierens gibt es mit Hilfe des Symbols `Ausschneiden`: Dabei wird die markierte Formel aus der ursprünglichen Zelle (in unserem Beispiel aus der Zelle A3) heraus genommen und in die neue Zelle ohne Anpassung hinein geschrieben. In unserem Beispiel würde dann in der Zelle B3 die Formel =A1+A2 stehen, die Zelle A3 wäre dagegen leer.

> ☞ **Tastaturkürzel zum Ausschneiden**
>
> Analog zum Kopieren existiert auch für das Ausschneiden ein Tastaturkürzel. Mit der Tastenkombination `Strg + X` wird der Zellinhalt in die Zwischenablage übernommen. Eingefügt wird dann wieder in die markierte Zelle mit der Tastenkombination `Strg + V`.

1.2.2 Zellbezüge

Möchte man aus bestimmten Gründen gerade nicht, dass sich Teile von kopierten Formeln oder auch die gesamte Formel anpassen, gibt es auch die Möglichkeit, den sogenannten „absoluten Zellbezug“ zu erzeugen. Der absolute Zellbezug verhindert, dass sich kopierte Formeln auf die neuen Zeilen oder Spalten beziehen, d. h. es wird immer nur der Inhalt der Zelle angewandt, die schon zuvor in der Formel stand, die kopiert wurde. Da Excel den relativen Zellbezug als Grundeinstellung hat, muss man durch Einfügen eines Dollar-Zeichens ($) vor die Zeilen- und Spaltenbezeichnung den absoluten Zellbezug herstellen. So wird beispielsweise aus der Bezeichnung B3 die Bezeichnung $B$3. Es exisitieren auch gemischte Bezüge, bei denen sich beispielsweise nur die Spalte oder nur die Zeilennummer automatisch anpassen, der Rest bleibt beim Kopieren der Formel erhalten. So würde der Zellbezug $B3 beim Kopieren nur die Zeilennummer anpassen, sich aber immer auf die entsprechende Zelle in Spalte B beziehen. Analog bezieht sich der Zellbezug B$3 beim Kopieren immer auf die Zeile 3 und verändert nur die Spalte.

Ein absoluter Bezug lässt sich neben dem direkten Eintippen auch noch auf eine andere Art eingeben:

Dazu setzt man die Einfügemarke in die entsprechende Zelle, und drückt die Taste F4. Der Zellbezug an der Cursorposition wird in einen absoluten umgewandelt. (Um eine vorhandene Formel zu ändern, markiert man die Zelle, drückt die Taste F2 und setzt den Cursor auf den zu ändernden Bezug.) Jedesmal, wenn man F4 drückt, ändert sich die Bezugsart: Wenn man das erste Mal F4 drückt, wird sowohl der Spalten- als auch der Zeilenbezug in einen absoluten umgewandelt. Anschließend betätigt man erneut F4, um nur den Zeilenbezug zu ändern. Und wenn man ein drittes Mal die Taste F4 drückt, wird nur der Spaltenbezug geändert.

Wenn man viermal die Taste F4 drückt, wird C12 beispielsweise als $C$12, C$12, $C12 und wieder C12 angezeigt.

1.2.3 Verschachtelte Funktionen

Komplexere Aufgabenstellungen erfordern auch komplexere Formeln zur Berechnung. So kann es sein, dass man Funktionen miteinander kombinieren und ineinander verschachteln muss. Dann kann man diese Formeln jedoch nicht mehr mit dem Funktions-Assistenten erstellen, sondern muss diese von Hand eingeben. Dies kann unter Umständen zu Fehlern führen. Nicht immer sind dann die Korrekturen und Anzeigen von Excel hilfreich (vgl. Abbildung 1.8).

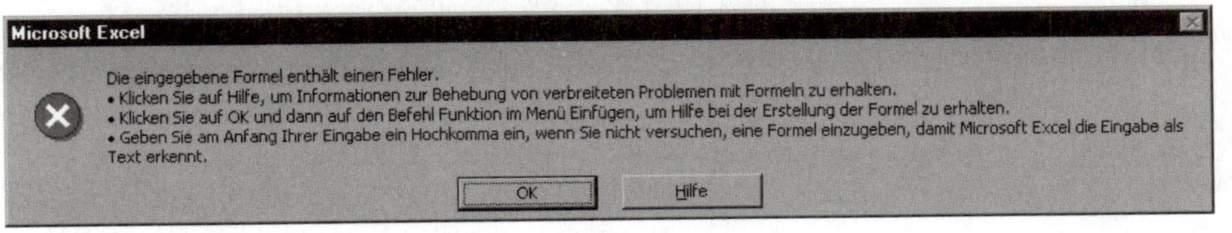

Abb. 1.8: Fehlermeldung für eine Formel

Beispiele

Ein sehr einfaches Beispiel einer verschachtelten Funktion ist z. B. : =ABS(SUMME(A3:A6)).
Mit dieser Formel werden die Zahlenwerte in den Zellen A3 bis A6 aufsummiert und von dieser Summe der Betrag gebildet.

Eine sehr häufige Verschachtelung ist auch die Kombination der beiden logischen Funktionen WENN und UND. (Details zur WENN-Funktion finden sich in Kapitel 1.4.1 auf Seite 25). Dies ist immer dann nötig, wenn der Zellinhalt von zwei Bedingungen abhängig ist. Ein Beispiel dafür ist die Untersuchung, ob zwei Ebenen parallel oder identisch sind oder sich schneiden. Dort müssen zwei Bedingungen erfüllt sein: die Determinante der beiden Richtungsvektoren der ersten Ebene und der erste Richtungsvektor der zweiten Ebene muss Null sein, und gleichzeitig auch die Determinante aus den beiden Richtungsvektoren der ersten Ebene und dem zweiten Richtungsvektor der zweiten Ebene (Mehr zu diesem Thema in Kapitel 2.10.4 auf Seite 76). Berechnet man die erste Determinante in Zelle F18 und die zweite Determinante in Zelle M18 kann man beide Ergebnisse in einer WENN-Abfrage zusammenfassen, wie in Abbildung 1.9 zu sehen.

	A	B	C	D	E	F	G	H	I	J	K	L	M
15	Bed 1:								Bed2:				
16													
17		5	1	2					5	1	-1		
18		-5	2	-1	=	=MDET(B17:D19)			-5	2	3	=	=MDET(I17:K19)
19		8	1	3					8	1	-2		
20													
21	=WENN((F18=0)*UND(M18=0); "Ebenen sind parallel oder identisch"; Ebenen schneiden sich)												

Abb. 1.9: Die verschachtelte Funktion (Formel)

Wichtig dabei ist, dass beide Bedingungen in Klammern gesetzt und vor der UND-Funktion ein *-Zeichen gesetzt wird. Abbildung 1.10 zeigt das Ergebnis dieser Abfrage. Da beide Determinanten Null sind, sind die Ebenen parallel oder identisch. Diese Entscheidung ist an einem konkreten Beispiel in Kapitel 2.10.4 auf Seite 76 beschrieben.

	A	B	C	D	E	F	G	H	I	J	K	L	M
15	Bed 1:							Bed2:					
16													
17		5	1	2					5	1	-1		
18		-5	2	-1	=	0			-5	2	3	=	0
19		8	1	3					8	1	-2		
20													
21	Ebenen sind parallel oder identisch												

Abb. 1.10: Die verschachtelte Funktion (Ergebnis)

1.2.4 Namen für Zellen und Bereiche vergeben

	A	B	C
1	**Formel mit Namen**		
2			
3	Quadrat:	16	cm^2
4	Dreieck:	7	cm^2
5	Kreis:	5,8	cm^2
6		=Quadrat+Dreieck+Kreis	

Abb. 1.11: Formel mit Namen

Um Formeln übersichtlicher zu machen, kann man für Zellen Namen vergeben. So könnte eine Formel für die Fläche einer Figur, die aus einem Quadrat, einem Dreieck und einem Kreis besteht, nicht nur berechnet werden über =B3+B4+B5, sondern mit der für einen Außenstehenden, der die Tabelle nicht selbst erstellt hat, leichter verständlichen

Formel =Quadrat+Dreieck+Kreis. Abbildung 1.11 auf der vorherigen Seite zeigt das obige Beispiel.

Um einen Namen für eine Zelle zu vergeben, muss diese zunächst markiert werden. Danach wird über das Menü Einfügen/Namen/festlegen die Dialogbox aufgerufen, in die der Name eingetragen und über den Button „Hinzufügen" übernommen wird (siehe Abbildung 1.12).

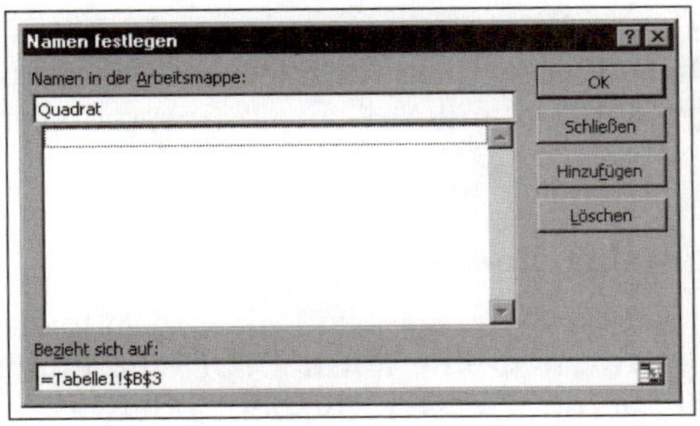

Abb. 1.12: Zuweisung eines Namens

1.2.5 Fehlermeldungen bei Formeln

Gerade wenn man komplexe Formeln von Hand eingibt, kann es zu Fehlern kommen. Excel zeigt dann je nach Fehler unterschiedliche Fehlermeldungen an. Die nachfolgende Liste liefert die häufigsten Fehlermeldungen und welcher Fehler unter Umständen vorliegt, der zu dieser Fehlermeldung führte.

#DIV/0! Die Formel versucht durch Null zu dividieren.

#NV Die Formel bezieht sich auf eine Zelle, die einen #NV-Eintrag hat. Dieser Fehlerwert warnt Sie, dass nicht alle Daten eingegeben wurden.

#NAME? Excel kann einen Namen nicht erkennen.

#NULL! Die Formel gibt zwei Bereiche an, die sich nicht schneiden. Stellen Sie fest, ob der Zell- oder Bereichsbezug nicht richtig eingegeben ist. =SUMME(A1:A6B3) würde z. B. eine solche Fehlermeldung auslösen, weil zwischen den beiden Bereichen ein Komma stehen muss.

#NUM! Die Formel hat Probleme mit einer Zahl. Stellen sie fest, ob das nummerische Argument sich außerhalb des zuässigen Eingabebereichs befindet oder ob die Funktion mit den eingegebenen Argumenten eine Antwort finden kann.

#BEZUG! Der Zellbezug ist nicht richtig. Stellen Sie fest, ob Sie Zellen, Zeilen oder Spalten gelöscht haben, auf die die Formel Bezug nimmt.

#WERT! Der Wert ist anders als das Argument vermuten lässt oder das Ergebnis einer Schnittmengenoperation, wenn die zu bewertenden Bereiche sich nicht schneiden. Prüfen Sie die als Argumente verwendeten Werte.

Diese Liste wurde für Excel 97 erstellt, höhere Versionen haben teilweise geringfügig andere Schreibweisen dieser Fehlermeldungen.

Zirkelbezüge

Bezieht sich eine Formel auf eine andere Zelle, die eine Formel enthält, die sich auf erstere bezieht oder bezieht sich die Formel auf die Zelle, in der sie sich befindet, wird eine Zirkelbezugsmeldung angezeigt. Aktivieren Sie im Warnfeld die Schaltfläche OK, erscheint ein Hifsdialogfeld mit einer Erklärung, wie Sie den Zirkelbezug lokalisieren können, und die Zirkelbezug-Symbolleiste wird angezeigt (siehe Abbildung 1.13). Sie können die Zirkelbezug-Symbolleiste verwenden, um die Zellen innerhalb des Zirkelbezugs zu durchlaufen, indem sie die Zellen aus der Drop-down-Liste `Zirkelbezug analysieren` selektieren. Verwenden Sie die Schaltflächen Spur zum Nachfolger und Spur zum Vorgänger, um die Problemursache herauszufinden.

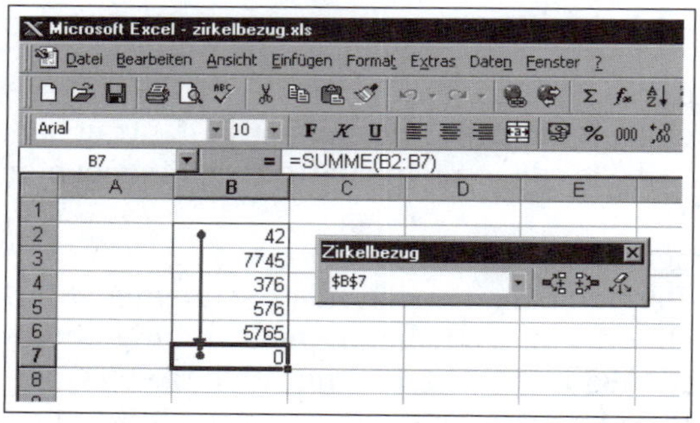

Abb. 1.13: Zirkelbezug

Abbildung 1.13 zeigt in Zelle `B7` eine einfache Summenformel, die die Zelle `B7` in dem zu addierenden Bereich mit einschließt. Klicken Sie in der Zirkelbezug-Symbolleiste auf die Schaltfläche Spur zum Nachfolger, so wird die Zelle mit dem Zirkelbezugsfehler (in diesem Fall die Zelle `B7`) mit einem blauen Punkt markiert. Klicken Sie auf die Schaltfläche Spur zum Vorgänger, so wird eine blaue Linie durch die Vorgängerzellen gezeichnet, um anzuzeigen, warum Sie eine Zirkelbezugsfehlermeldung bekommen. Erstellen Sie einen Zirkelbezug, wird das Wort Zirkelbezug in der Statusleiste angezeigt und der Bezug zur Zelle, die die Formel mit dem Zirkelbezug enthält, angezeigt.

Um die Zirkelbezug-Symbolleiste manuell anzuzeigen, klicken Sie mit der rechten Maustaste auf einen leeren Bereich in einer Symbolleiste oder in der Menüleiste und klicken Sie auf die Option Zirkelbezug. Die Symbolleiste lässt sich auch über das Menü `Ansicht/Symbolleisten/Zirkelbezug` einblenden.

1.3 Datenimport aus anderen Quellen

Manchmal hat man Daten schon in einem anderen Format vorliegen, etwa als Word-Dokument oder als HTML-Datei. Um diese nicht komplett neu abschreiben zu müssen, kann man die Inhalte dieser Dateien in Excel einfügen. Dies funktioniert so, wie wenn man innerhalb von Excel kopieren würde, über die Zwischenablage. Das Gewünschte wird in der Ausgangsdatei markiert, in die Zwischenablage kopiert, anschließend wird die Zelle in Excel markiert, in die eingefügt werden soll und dann wie oben beschrieben eingefügt.

Kopiert man auf diese Weise eine Tabelle aus einer Word-Datei muss man allerdings in Kauf nehmen, dass die Word-Formatierungen wie Schriftart und Schriftgröße nicht übernommen werden, wie die Abbildungen 1.14 und 1.15 auf der nächsten Seite zeigen, ebenso muss die Spaltenbreite noch angepasst werden.

Klimadaten Neapel

Monat	**min. Lufttemp.**	**max. Lufttemp.**	**Wassertemp.**	**Sonnenst./Tag**	**Regentage**
Januar	5	13	13	4	10
Februar	5	13	13	5	9
März	6	15	14	6	8
Aril	8	18	15	7	7
Mai	12	23	17	8	6
Juni	16	27	21	9	4
Juli	17	29	24	10	2
August	18	30	25	10	3
September	17	28	24	8	6
Oktober	14	24	21	6	9
November	8	18	18	5	11
Dezember	7	16	15	4	12

Abb. 1.14: Word-Datei der Klimatabelle

	A	B	C	D	E	F
1	Klimadaten Neapel					
2						
3	Monat	min. Lufttemp	max. Lufttemp	Wassertemp.	Sonnenst./Ta	Regentage
4	Januar	5	13	13	4	10
5	Februar	5	13	13	5	9
6	März	6	15	14	6	8
7	Aril	8	18	15	7	7
8	Mai	12	23	17	8	6
9	Juni	16	27	21	9	4
10	Juli	17	29	24	10	2
11	August	18	30	25	10	3
12	September	17	28	24	8	6
13	Oktober	14	24	21	6	9
14	November	8	18	18	5	11
15	Dezember	7	16	15	4	12

Abb. 1.15: kopierte Klimatabelle in Excel (source/klima.xls)

Eine andere Möglichkeit, externe Daten einzubinden, ist das Menü `Daten/externe Daten`. Damit lassen sich Daten aus dem Internet oder aus Datenbanken einbinden (Auf eine genauere Beschreibung wird hier aus Platzgründen verzichtet).

Man kann Daten aus anderen Dokumenten auch als Objekt in die Excel-Tabelle einfügen, allerdings können die Daten dort nicht mehr mit Excel weiter bearbeitet werden, dafür werden die Formatierungen übernommen. Dazu muss man im Menü `Einfügen Objekt` zunächst den Dateityp auswählen, um ein neues Objekt dieses Typs einzufügen, in das dann Inhalte eingetragen werden können. Will man aus einer bereits bestehenden Datei ein Objekt machen, so wählt man das Register `Von Datei erstellen`, trägt den Dateinamen ein und fügt diese Datei als Objekt ein (vgl. Abbildung 1.16).

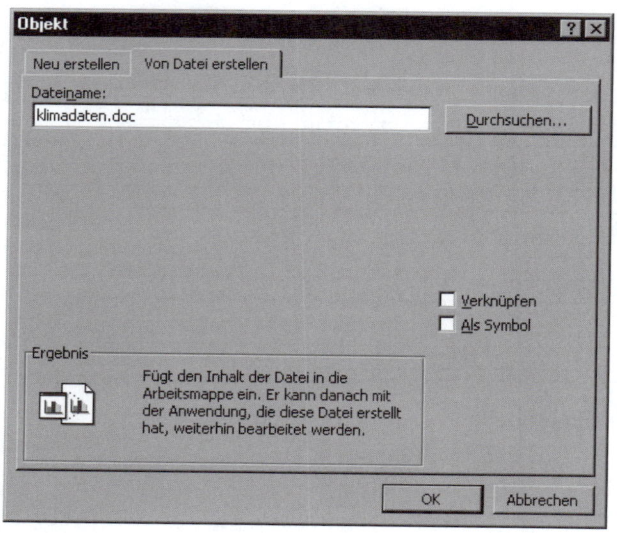

Abb. 1.16: Einfügen eines Objekts

1.4 Spezielle Funktionen in Excel

1.4.1 Die WENN-Funktion

Die WENN-Funktion ist eine logische Funktion, mit der man einen Zelleninhalt als „wahr" oder „falsch" prüfen lassen kann. Damit können weitere Tabellenberechnungen von Bedingungen abhängig gemacht werden. Die Formel sieht folgendermassen aus:

```
= WENN (Bedingung; Dann-Wert; Sonst-Wert)
```

Je nach dem Wahrheitswert der Bedingung wird der Dann-Wert (trifft zu, wenn die Bedingung wahr ist) oder der Sonst-Wert (trifft zu, wenn die Bedingung falsch ist) angezeigt:

	A
1	Quiz
2	
3	Wann "schlüpfte Rom aus dem Ei" ?
4	753
5	=WENN(A4=753;"Prima!";"leider falsch!")

Abb. 1.17: Quiz mit der WENN-Funktion (Formel)

	A	B	C
1	Quiz		
2			
3	Wann "schlüpfte Rom aus dem Ei" ?		
4	753		
5	Prima!		

Abb. 1.18: (Ergebnis) (source/quiz.xls)

1.4.2 Zielwertsuche

Eine weitere wichtige Funktion in Excel ist die sogenannte „Zielwertsuche". Besondere Bedeutung findet die Zielwertsuche bei mathematischen Anwendungen, z. B. Nullstellenberechnung für lineare Funktionen. Geht man unter `Extras/Zielwertsuche`, so öffnet sich das Fenster „Zielwertsuche", in das dann nähere Angaben eingegeben werden können. Abbildung 1.19 zeigt, wie sich die Nullstelle einer Funktion über die Zielwertsuche bestimmen lässt.

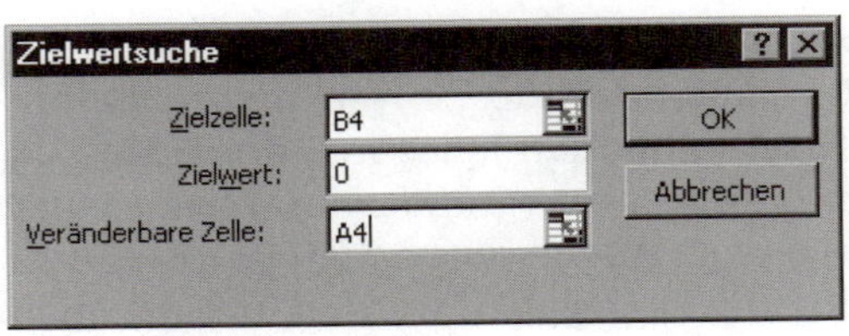

Abb. 1.19: Zielwertsuche-Fenster

	A	B
1	Wertetabelle	
2		
3	x	y = - 2/3 x + 5
4	7,5	0

Abb. 1.20: Wertetabelle

Beispiel zur Anwendung der Zielwertsuche

Erstellen Sie eine Wertetabelle für die Funktion g: $y = -\frac{2}{3}x + 5$. Hier wird in Zelle B4 der Wert für y mit der Formel =-2/3*A4+5 berechnet. Da dieser Null sein soll, wird B4 als Zielzelle mit dem Zielwert 0 in die Zielwertsuche eingetragen (siehe Abbildung 1.19 auf der vorherigen Seite). Da die Berechnung von y vom x-Wert in Zelle A4 abhängt, ist dies die veränderbare Zelle im Eingabefenster der Zielwertsuche. So ergibt sich das Ergebnis wie in Abbildung 1.20 auf der vorherigen Seite.

1.4.3 Solver

Der Solver (englisch: to solve = lösen) ist ein wunderbares Instrument um komplexe Aufgaben zu lösen. Er kann mühelos Aufgaben berechnen, in denen mehrere Parameter veränderlich sind, z. B. das Endkapital einer Anleihe mit einer Laufzeit von 5 Jahren bei Wiederanlage der jährlich ausgeschütteten Zinsen ermitteln. Dabei sollen außerdem noch der variable Zinssatz und der persönliche Spitzensteuersatz berücksichtigt werden. Der Solver kann diese Aufgabe durch Variation der Iteration lösen.

In diesem Buch wird der Solver allerdings nur zur Nullstellen-, Minimum- oder Maximumberechnung verwandt. Er wird also nur bei linearen und quadratischen Funktionen benutzt. Der Solver wird aufgerufen, indem man in der zuvor erstellten Wertetabelle den letzten y-Wert markiert und ihn dann unter `Menü/Extras/Solver` aufruft. Es erscheint das Dialogfeld „Solver-Parameter“ (vgl. Abbildung 1.21 auf der nächsten Seite). In diesem Feld erscheint die markierte Zelle in dem Feld „Zielzelle“ und in „veränderbare Zelle“ trägt man die Zelle ein, die den dazugehörigen x-Wert enthält. Klickt man jetzt die Schaltfläche „Lösen“ an, erscheint das Dialogfeld „Ergebnis“(vgl. Abbildung 1.22 auf der nächsten Seite). Hier wird gefragt, ob man die Lösung verwenden will. Bestätigt man mit „OK“ erscheint die Lösung in der Tabelle.

Abbildung 1.21 auf der nächsten Seite zeigt ein Beispiel zur Nullstellenberechnung der Funktion $y = 0,25x - 7$

Viele Funktionen besitzen mehr als eine Nullstelle oder auch mehrere Extremwerte. Um diese alle zu bestimmen, muss der Solver mehrmals hintereinander aufgerufen werden. Dazu sollte man jedes mal die Taste `Zurücksetzen` betätigen, um die durch den Solver veränderten Werte wieder in den Ausgangszustand zurückzuversetzen. Um die nächste Nullstelle zu bestimmen, muss eine Nebenbedingung eingegeben werden, mit der man dem Solver einen anderen Zahlenbereich für die Iteration zuweist (vgl. Abbildung 1.23 auf der nächsten Seite)

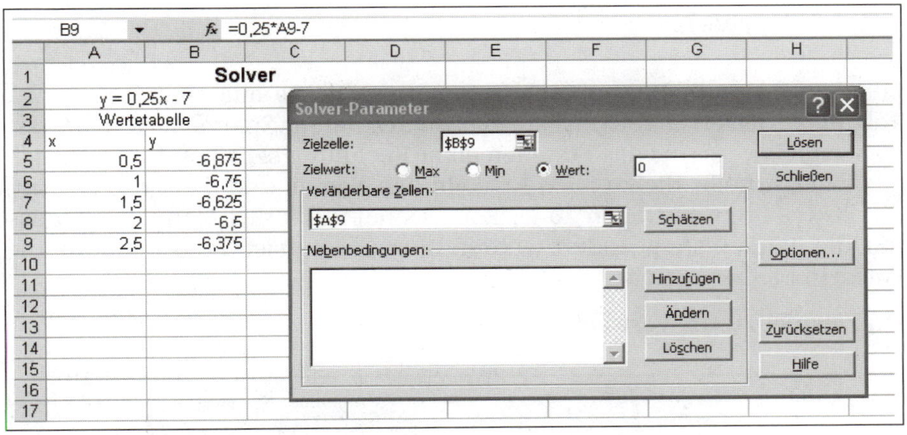

Abb. 1.21: Nullstellenbestimmung mit dem Solver

Abb. 1.22: Solver-Dialogfeld „Ergebnis“

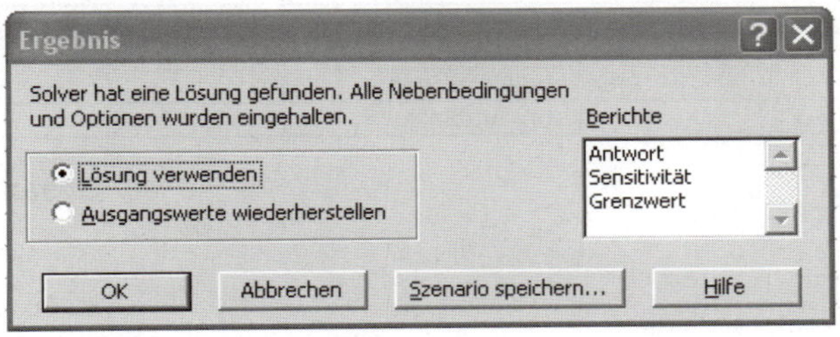

Abb. 1.23: Nebenbedingungen für den Solver

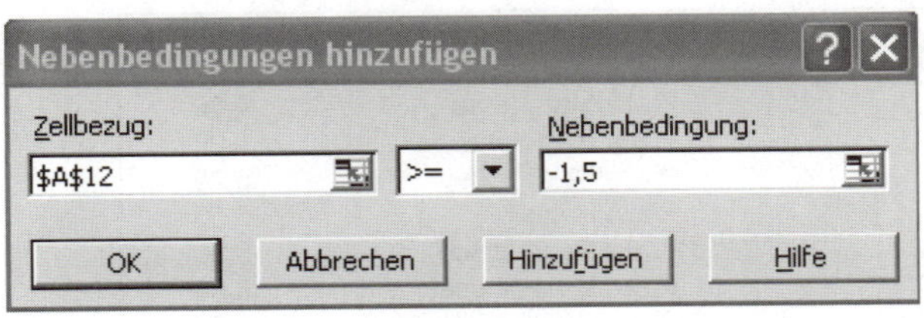

Sollte die Funktion im Menü `Extras` nicht zur Verfügung stehen, ist sie bei der Installation von Excel nicht aktiviert worden. Man kann aber die Installation nachholen, indem man das Setup für Excel erneut durchführt. Dabei wird nur der Solver nachträglich aktiviert, es ist keine vollständige Neuinstallation von Excel! Ansonsten steht er als Excel-Add-In zur Verfügung. Dazu wählt man im Menü `Extras` den Befehl `Add-In-Manager` und anschließend im Dialogfeld aus der Liste `Verfügbare Add-Ins` die Option `Solver`. Von da an steht der Solver jederzeit im Menü `Extras` zur Verfügung.

1.4.4 S-Verweis

Mit dem S-Verweis lassen sich automatisch Werte aus einer gegebenen Tabelle zuweisen (S-Verweis ist eine Abkürzung für Spaltenverweis). So ist es beispielsweise für das Erstellen einer Rechnung sehr komfortabel, sich aus einer Tabelle, die zu allen Artikeln den Namen und den Preis enthält, direkt den Preis eintragen zu lassen. Das hat zusätzlich den Vorteil, dass nur die Artikelliste geändert werden muss, wenn sich Preise ändern, die Formeln bleiben gleich.

Ein Beispiel zum S-Verweis zeigt Abbildung 1.24.

	A	B	C	D	E
1	**Pizzaservice Mamma**				
2					
3	Art.Nr	Gericht	Menge	Einzelpreis	Gesamtpreis
4	1	Pizza-Brot	5	3,00	15,00
5	3	Pizza Prosciutto	2	5,20	10,40
6	5	Pizza Hawaii	3	5,50	16,50
7	9	Spaghetti Carbonara	2	5,20	10,40
8	11	Rigatoni Arabiata	3	5,80	17,40
9					
10				**Gesamtsumme**	**69,70**
11					
12					
13					
14	**Speisekarte**				
15					
16	Art.Nr	Gericht	Einzelpreis		
17	1	Pizza-Brot	3,00		
18	2	Pizza Margherita	4,80		
19	3	Pizza Prosciutto	5,20		
20	4	Pizza Salami	5,20		
21	5	Pizza Hawaii	5,50		
22	6	Pizza Vegetarisch	5,50		
23	7	Pizza Capricciosa	5,50		
24	8	Pizza Quattro Stagione	5,50		
25	9	Spaghetti Carbonara	5,20		
26	10	Spaghetti Bolognese	5,20		
27	11	Rigatoni Arabiata	5,80		
28	12	Tortellini quatro Formaggi	6,20		

Abb. 1.24: Anwendung des S-Verweises

Hier wird eine Bestellliste für einen Pizzaservice realisiert. Da die meisten Bestellungen telefonisch kommen, muss es natürlich schnell gehen. Der Pizzabäcker muss nur die Artikelnummer und die Menge in den oberen Teil der Tabelle eintragen, alles andere macht Excel automatisch.

Damit dies funktioniert, muss zunächst die Speisekarte erstellt werden (Bereich A16:C28). Auf diese beziehen sich dann die Formeln im oberen Teil. Die Speisekarte besteht aus drei Spalten, in der ersten steht die Artikelnummer, in der zweiten der dazugehörige Name des Gerichts und in der dritten Spalte der Preis. Damit die S-Verweis-Formeln einfacher werden, wird der ganze Bereich der Speisekarte mit dem Namen „Speisen" versehen (vgl. Kapitel 1.2.4 auf Seite 20).

Generell hat die S-Verweis-Formel folgenden Aufbau:

```
=SVERWEIS(Bezugszelle;Vergleichsbereich;Spalte)
```

Die Funktionsweise der Formel ist sehr einfach. Der Wert aus der Bezugszelle wird im Vergleichsbereich gesucht. Ist Excel fündig geworden, trägt es den zu diesem Wert gehörigen Eintrag aus der angegebenen Spalte in die Zelle ein.

Für die Formeln unseres Pizzabäckers heißt dies:

In der Spalte B muss der Name des Gerichts eingetragen werden. Dazu bezieht sich die Formel auf die 2. Spalte der Speisekarte. In Spalte D muss der dazugehörige Einzelpreis eingetragen werden. Dazu zeigt der S-Verweis auf die 3. Spalte der Speisekarte. Für die Zeile 4 lauten die Formeln demnach:

=SVERWEIS(A4;Speisen;2) und =SVERWEIS(A4;Speisen;3)

Diese Formeln können durch Herunterziehen in die anderen Zeilen kopiert werden.

Der Gesamtpreis berechnet sich durch die einfache Multiplikation aus Einzelpreis und Menge, also lautet die Formel in Zelle E4: =C4*D4.

Die Gesamtsumme berechnet sich über die Summenformel aus allen Einträgen in Spalte E. Die Formel variiert deshalb je nach Bestellung.

1.5 Diagrammerstellung

Eine weiterer großer Vorteil von Excel ist, dass sich eingegebene Tabellen anschaulich als Diagramm darstellen lassen. Das erleichtert den Überblick und Vergleich, insbesondere bei unendlichen Datenreihen. Dabei stehen verschiedene Diagramm-Arten zur Auswahl:

- Säulendiagramm
- Balkendiagramm
- Liniendiagramm
- Flächendiagramm
- Punktdiagramm
- Kreisdiagramm

1.5.1 Erstellen des Diagramms

Um ein Diagramm erstellen zu können benötigt man eine Tabelle, in der die Daten nach verschiedenen Kriterien angeordnet sind. Nehmen wir ein Beispiel. Ein Geschäft möchte sehen, wie hoch die monatlichen Umsätze pro Artikelgruppe waren. Dazu wird eine Tabelle erstellt, in der die Monate in einer Spalte untereinander angeordnet werden (Januar eintragen und markierte Zelle mit Cursor nach unten ziehen) und die verschiedenen Artikelgruppen nebeneinander in Reihen angeordnet werden. Die einzelnen Umsätze sind die Datenpunkte, die Werte in einer Spalte nennt man Datenreihe und die gesamte Tabelle Datenbereich. Abbildung 1.25 zeigt diese Ausgangstabelle.

	A	B	C	D	E
1	**Umsatzvergleich**				
2					
3		Kleidung	Strümpfe	Dessous	Accessoires
4	Januar	2500	500	800	200
5	Februar	3500	700	300	300
6	März	4500	600	500	150
7	April	3000	400	400	250
8	Mai	2500	200	600	200
9	Juni	1000	100	200	250
10	Juli	1500	100	150	200
11	August	2500	50	150	150
12	September	3000	100	200	150
13	Oktober	3500	200	150	150
14	November	2000	250	200	200
15	Dezember	3000	300	350	350

Abb. 1.25: Ausgangstabelle des Diagramms

Durch Aufrufen des Diagramm-Assistenten über das Menü `Einfügen/Diagramm-Assistent` oder direkt über denButton gelangt man schnell dorthin.

Der Diagramm-Assistent führt in vier Schritten von der Tabelle zum Diagramm.

Schritt 1: Auswahl des Diagramm-Typs

Hier wurde das Säulendiagramm durch Anklicken ausgewählt und mit „Weiter" bestätigt (vgl. Abbildung 1.26 auf der nächsten Seite).

Schritt 2: Auswahl des Datenbereiches

In die Zeile Datenbereich muss die Tabelle durch markieren, hier Bereich [A1:E15] eingetragen werden. Sofort erscheint eine Vorschau auf das Diagramm. Nun kann man noch auswählen, ob die Datenreihen in Zeilen oder Spalten angeordnet werden sollen. Klickt man auf `Zeilen`, erscheinen die

Abb. 1.26: Diagramm-Assistent, Schritt 1

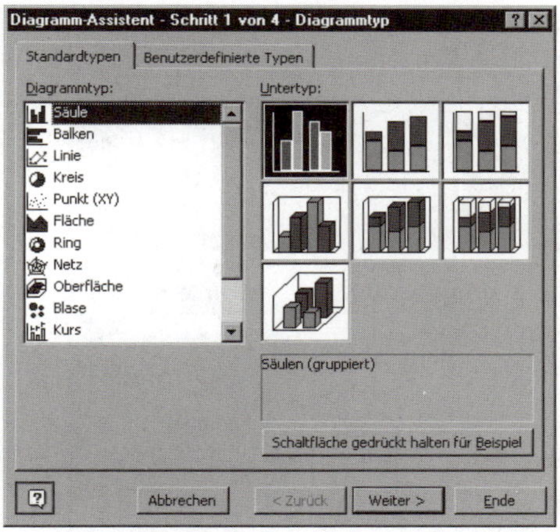

Monatsnamen in der Legende und die Artikelgruppen auf der horizontalen Achse oder „Rubrikenachse“ des Diagramms. Man kann also direkt die monatlichen Umsatzschwankungen einer Gruppe vergleichen. Klickt man auf `Spalten`, erscheinen die Artikelgruppen in der Legende und die Monate dienen als Einteilung der Rubrikenachse. Hier kann man also die verschiedenen Umsätze der einzelnen Gruppen in den jeweiligen Monaten vergleichen. Den Unterschied verdeutlichen die Abbildungen 1.27 auf der nächsten Seite und 1.28 auf der nächsten Seite. Die Skalierung der vertikalen Achse, auch „Größenachse“ genannt, erfolgt durch die Umsatzzahlen. Beenden mit „Weiter“ führt zum dritten Schritt.

Schritt 3: Auswahl weiterer Diagramm-Optionen

Schritt drei bietet durch Aufrufen der Registerkarten eine Fülle von Gestaltungsmöglichkeiten.

- `Titel`
  Beschriftung des Diagramms und der Achsen
- `Achsen`
  Festlegung anderer Achsen
- `Gitternetzlinien`
  Entfernen oder Einfügen von Quer- und Horizontallinien durch Aktivieren oder Deaktivieren des Button `Hauptgitternetz` der Achsen.
  Feinere Einteilung der Hauptgitternetzlinien durch Aktivieren des Buttons `Hilfsgitternetz`
- `Legende`
  Anordnen der Legende

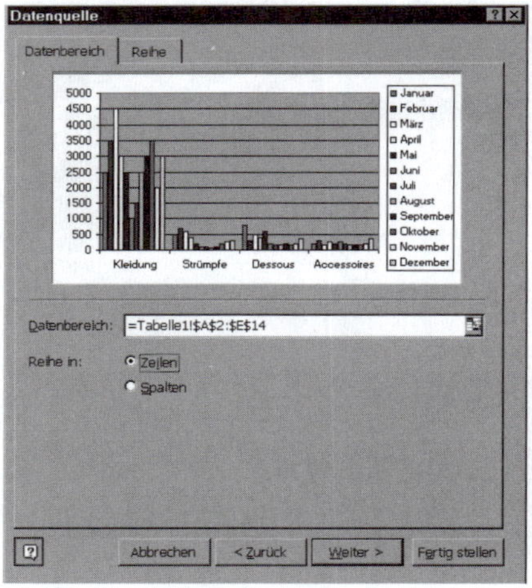

Abb. 1.27: Diagramm-Assistent, Schritt 2

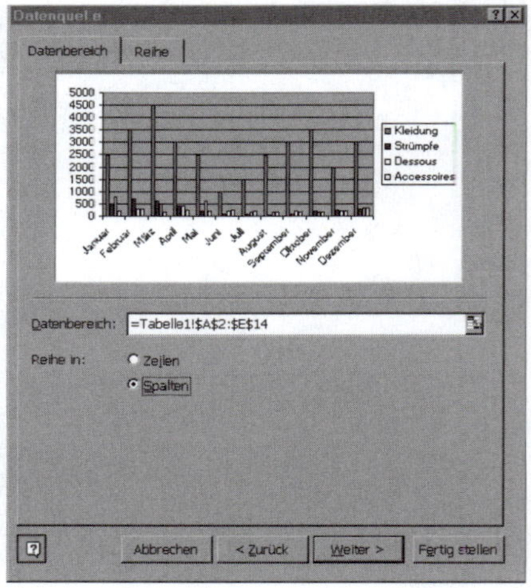

Abb. 1.28: Diagramm-Assistent, Schritt 2

- `Datenbeschriftungen`
  Beschriftung der einzelnen Säulen, hier mit dem Artikel, dem Monat oder dem Betrag.

- `Datentabelle`
  Einfügen der Tabelle in das Diagramm.

Einige dieser Möglichkeiten verdeutlichen die Abbildungen 1.29 und 1.30.

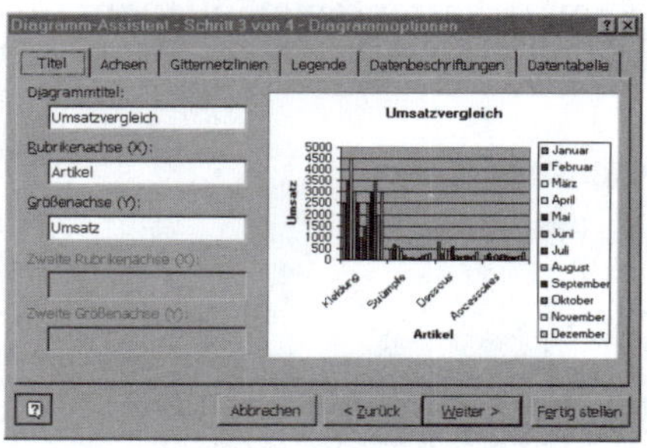

Abb. 1.29: Diagramm-Assistent, Schritt 3

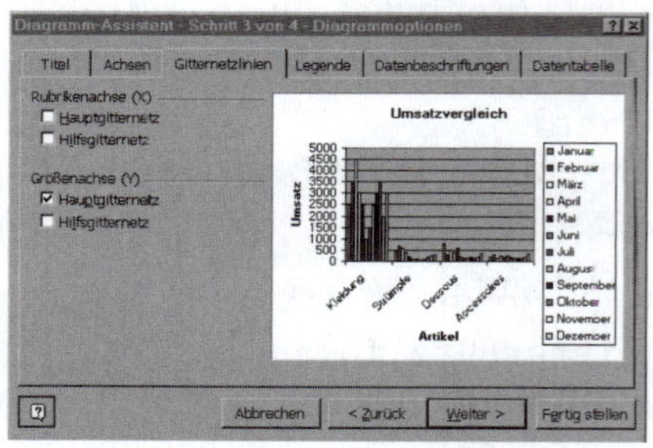

Abb. 1.30: Diagramm-Assistent, Schritt 3 (Gitternetzlinien)

Bestätigung mit „Weiter" führt zu Schritt 4.

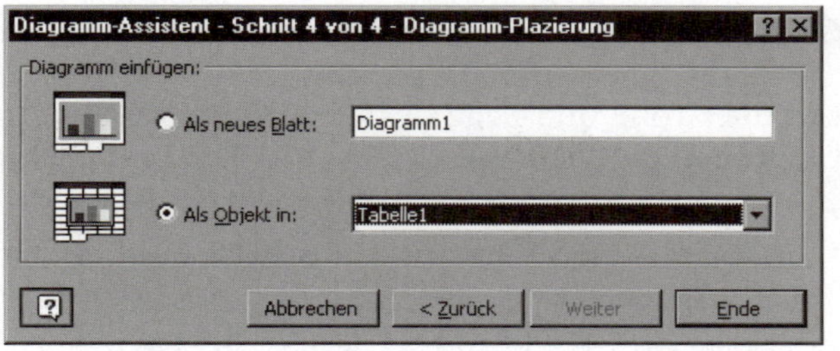

Abb. 1.31: Diagramm-Assistent, Schritt 4

Schritt 4: Platzierung des Diagramms

Mit „Als Objekt in" übernimmt man das Diagramm in sein Arbeitsblatt. Klicken auf „Fertig stellen" lässt das Diagramm in einem Rahmen mit schwarzen Eckpunkten und Mittelpunkten erscheinen, das Diagramm ist aktiviert. Setzt man den Cursor auf eine Stelle außerhalb des Diagramms verschwinden die Punkte, das Diagramm ist deaktiviert.

1.5.2 Bearbeitung der Diagramme

Abb. 1.32: Kontextmenü zum Ändern des Diagramms

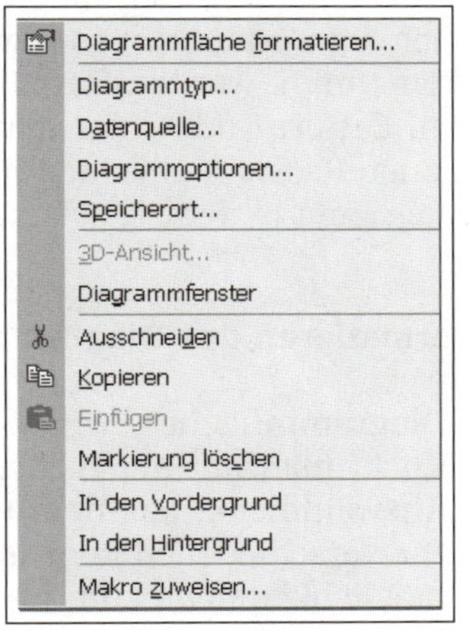

Wenn das erstellte Diagramm nicht den Wünschen entspricht, kann man es noch auf vielfältige Weise im Nachhinein anpassen und verändern. Dazu muss man das Diagramm mit der rechten Maustaste anklicken und erhält ein Kontextmenü mit den verschiedenen Möglichkeiten (siehe Abbildung 1.32)

Größe und Lage des Diagramms

Um die Größe und Lage des Diagramms verändern zu können, muss das Diagramm aktiviert sein.

- Aktivieren des Diagramms:
  Cursor in Diagramm bringen bis das Feld „Diagrammfläche“ erscheint. Dies anklicken.
- Vergrößern oder Verkleinern des gesamten Diagramms:
  Ziehen eines der Eckpunkte mit dem Cursor
- Strecken oder stauchen:
  Ziehen eines der Mittelpunkte mit dem Cursor ergibt Vergrößerung oder Verkleinerung in Ziehrichtung
- Lage verändern
  Ist das Feld „Diagrammfläche“ sichtbar kann man das Diagramm mit gedrückter Maustaste verschieben.

Entfernen oder Hinzufügen von Daten

Ist das Diagramm aktiviert, so erscheint um die Werte in der Tabelle ein blauer Rahmen. Zieht man den blauen Punkt in der rechten unteren Ecke nach links oder oben so werden Daten entfernt, zieht man ihn nach rechts oder unten, werden Daten hinzugefügt, sofern die Zellen Daten enthalten. Entfernt oder fügt man eine neue Datenreihe hinzu, und zieht den blauen Rahmen über den neuen Bereich, erscheint sofort das veränderte Diagramm in dem Tabellenblatt.

Formatieren des Diagramms

- **Diagrammfläche**
  Klickt man mit der rechten Maustaste auf Diagramfläche erscheint ein Auswahlmenü, aus dem man „Diagrammfläche formatieren“ auswählt. Die verschiedenen Registerkarten bieten unterschiedene Veränderungsmöglichkeiten an zum Ändern von Größe, Farbe., Schrift und Positionierung.
- **Zeichnungsfläche**
  Bewegt man den Cursor in die graue Fläche des Diagramms, erscheint das Feld „Zeichnungsfläche“, klickt man diese mit der rechten Maustate an, erscheint wieder ein Kontextmenü aus dem man „Zeichnungsfläche formatieren“ auswählt. In der Registerkarte kann man den Rahmen in

Farbe, Art und Stärke verändern oder ganz entfernen oder die Fläche farblich gestalten.

- **Legende**
  Klickt man die Legende mit der rechten Maustaste an, kann man „Legende formatieren“ auswählen und erhält wieder drei Registerkarten zur Auswahl, mit denen sich die Eigenschaften der Legende verändern lassen.
- **Diagrammtitel**
  Klickt man den Diagrammtitel mit der rechten Maustaste an, kann man auch diesen gestalten, indem man „Diagrammtitel formatieren“ aktiviert. Wieder erhält man verschiedene Möglichkeiten für Muster, Schrift und Ausrichtung.
- **Achsentitel**
  Anklicken mit der rechten Maustaste und auswählen „Achsenbeschriftung formatieren“ Die Beschriftung kann dann den eigenen Wünschen angepasst werden.
- **Rubrikenachse**
  Bringt man den Cursor in die Nähe der x-Achse erscheint „Rubrikenachse“ Klickt man dies mit der rechten Maustaste an und wählt dann „Achsen formatieren“ aus, erscheint wieder eine Formatierungsauswahl. Wichtig zur Erzeugung von Koordinatensystemen ist hierbei das Register Skalierung.
  Hier kann man die y-Achse in den Nullpunkt verschieben, was bei Liniendiagrammen (genauer xy-Diagrammen) sehr wichtig ist. Unter „Größenachse y schneidet bei Rubriknr.“ trägt man ein, beim wie vielten x-Wert f(x) gleich Null ist. Gilt also für den dritten x-Werte der Tabelle $y = 0$ muss die Zahl 3 eingesetzt werden.
  Außerdem erreicht man mit der Deaktivierung des Buttons „Größenachse y schneidet zwischen Rubriken“ dass sich x- und y-Achse in einem Skalierungswert schneiden.
  „Größenachse y schneidet bei größter Rubrik“ ordnet dem größten x-Wert den 0-Wert der y-Achse zu.

- **Größenachse**
  Bringt man den Cursor in die Nähe der y-Achse, so erscheint das Feld „Größenachse“. Durch einen rechten Maustklick, erscheint ein Menü, aus dem man „Größenachse formatieren“ auswählt. Das Kontextmenü enthält wieder viele Optionen zur Formatierung bereit. Auch hier ist wieder das Register Skalierung für Koordinatensysteme wichtig. Es ermöglicht, Minimum, Maximum, Hauptintervall und Hilfsintervall nach Bedarf zu verändern. Bei „Rubrikenachse schneidet bei“ kann man die x-Achse

nach oben und unten verschieben. Aktiviert man den Button „Logarithmische Skalierung“ so verändert sich die Einteilung der y-Achse. Das ist besonders günstig, wenn man neben sehr großen Werten sehr kleine Werte hat. Abbildung 1.33 zeigt das Diagramm einmal mit dezimaler und einmal mit logarithmischer Skalierung.

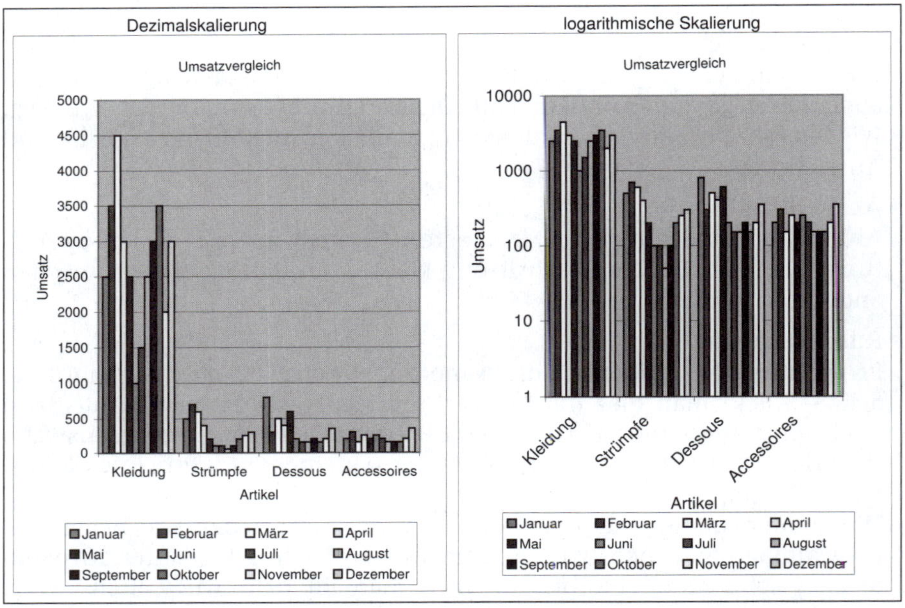

Abb. 1.33: Diagramm mit logarithmischer und dezimaler Skalierung

- **Säule oder Balken**
  Klickt man mit der rechten Maustaste auf eine der Säulen oder Balken und ruft dann „Datenreihen formatieren“ auf, kann man die Säulen auch noch gestalten.

Bearbeitung

Die normale Bearbeitung des Diagramms funktioniert wie bei allen anderen Dateien. Man kann das Diagramm kopieren, ausschneiden, einfügen, drucken usw., indem man das Diagramm aktiviert und über Menü `Bearbeiten` weiter verfährt oder die entsprechenden Punkte im erscheinenden Dialogfeld aufruft.

1.6 Arbeiten mit Steuerelementen

Excel bietet eine Reihe von Möglichkeiten, Inhalte von Zellen dynamisch anzupassen und immer wieder zu verändern. Dazu dienen die so genannten Steuerelemente. Sie sind in der Symbolleiste `Steuerelement-Toolbox` zusammengefasst. Diese kann über das Menü `Ansicht/Symbolleisten/Steuerelement-Toolbox` eingeblendet werden.

Abb. 1.34: Steuerelement-Toolbox

Wie Abbildung 1.34 zeigt, ist diese Toolbox zweigeteilt. Die drei ersten Symbole links beinhalten Werkzeuge, mit denen die Eigenschaften der verschiedenen Steuerelemente bearbeitet werden können, die restlichen erzeugen die Steuerelemente selbst. Leider verwendet Excel intern unterschiedliche Namen für ein und das selbe Steuerelement, mal deutsch, mal englisch. Abbildung 1.35 fasst deshalb die Elemente und ihre Bezeichnungen zusammen, wobei die Reihenfolge der Anordnung in der Steuerelement-Toolbox von links nach rechts entspricht.

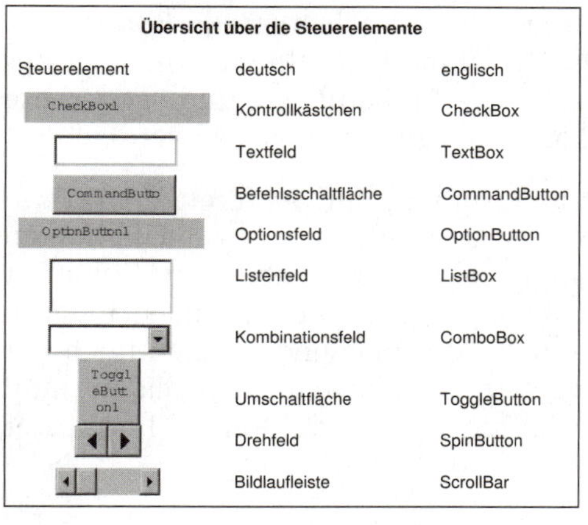

Abb. 1.35: Steuerelemente und ihre Bezeichnungen

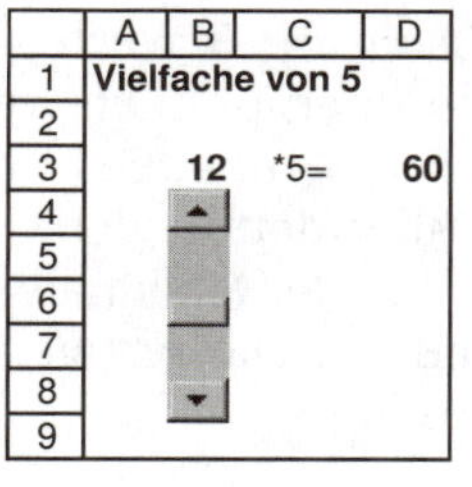

Abb. 1.36: Die Vielfachen von 5 mit Bildlaufleiste eingestellt

Um eines dieser Steuerelemente zu erstellen, muss zunächst das entsprechende Element in der Steuerelement-Toolbox mit der Maus angeklickt werden. Klickt man nun an irgendeine Stelle der Tabelle, so wird dort das Element eingefügt, wobei die linke obere Ecke genau auf den Mauszeiger zu liegen kommt. Die Größe ist zunächst die Standardgröße, mit der das Element in Excel gespeichert ist, diese lässt sich aber noch beliebig verändern. Beim Einfügen des Steuerelements hat Excel auch automatisch in den Entwurfsmodus gewechselt. Nun müssen dem Steuerelement noch seine Eigenschaften mitgegeben werden, andernfalls ist das Element völlig nutzlos.

Die Eigenschaften werden über ein Menü festgelegt, das sich hinter dem zweiten Symbol von links in der Steuerelementtoolbox verbirgt. Das Fenster sieht für jedes Element etwas anders aus und ist auf den ersten Blick sehr verwirrend. Allerdings muss man in der Regel nur wenige Eigenschaften einstellen.

Um das Ganze etwas anschaulicher zu machen, ein kleines Beispiel:

In einer Excel-Tabelle sollen die Vielfachen von 5 angezeigt werden. Dabei sollen die Faktoren von 1 bis 20 gehen. Hierzu kann man beispielsweise eine Bildlaufleiste oder ein Listenfeld verwenden. Im Listenfeld müssen dann allerdings alle 20 Einträge vorgenommen werden. Einfacher ist die Lösung mit der Bildlaufleiste, die in Abbildung 1.36 auf der vorherigen Seite dargestellt ist.

Dazu wird in Zelle `C3` als Text „*5=“ eingegeben, Zelle `D3` enthält die Berechnungsformel `=B3*5`, die sich auf die noch leere Zelle `B3` bezieht. Diese wird mithilfe der Bildlaufleiste gefüllt. Dazu aktiviert man in der Steuerelement-Toolbox das Symbol für die Bildlaufleiste und setzt diese in die Zelle `B4`. Mit den Anfassern kann die Größe angepasst werden.

Im Eigenschaftsfenster (2. Symbol von links in der Steuerelement-Toolbox) müssen nur 3 Werte festgelegt werden, alle anderen Einstellungen können so übernommen werden, wie Excel sie vorgegeben hat. Zunächst muss im Feld `LinkedCell` die Zelle `B3` eingetragen werden, da sich deren Inhalt ja über den Regler verändern soll. Anschließend müssen noch der Minimal- und der Maximalwert angegeben werden, in diesem Beispiel sind dies 1 und 20. Die fertigen Eigenschaften zeigt Abbildung 1.37 auf der nächsten Seite.

Durch Mausklick auf das linke Symbol in der Steuerelement-Toolbox wird der Entwurfsmodus verlassen und die Bildlaufleiste ist arbeitsbereit.

Die Eigenschaften für die anderen Steuerelemente sind ähnlich einfach festzulegen. Allen gemeinsam ist, dass die `LinkedCell` eingetragen werden muss, also die Zelle, die durch das Steuerelement verändert werden soll. Ansonsten unterscheiden sich die Eigenschaften der einzelnen Elemente voneinander. Wer mehr über die Steuerelemente nachlesen will, findet dies auch in der Online-Hilfe von Excel.

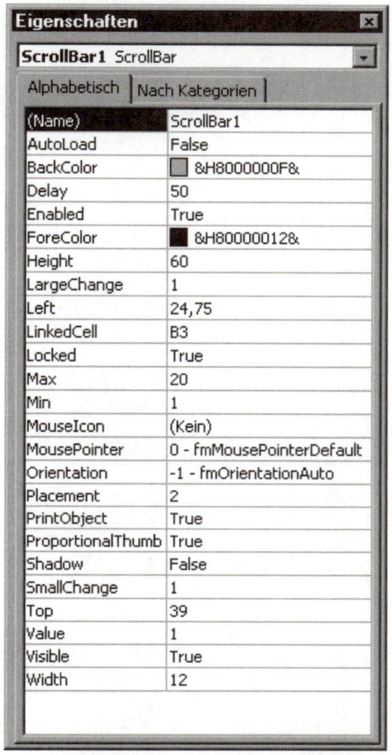

Abb. 1.37: Die Eigenschaften der Bildlaufleiste

☞ Vorsicht: Steuerelemente in Open Office

Da es sich bei den Steuerelementen um ActiveX-Komponenten handelt, werden diese von Open Office nicht unterstützt.
Die Beispiele im Buch, die Steuerelemente verwenden, funktionieren nur in Excel!

2 Rechnen mit Vektoren

Größen, die neben einer reinen Größenangabe auch eine Richtungsangabe in der Ebene oder im Raum beinhalten, nennt man Vektoren. Beispiele aus der Physik sind unter anderem Geschwindigkeit, Kraft, Beschleunigung usw.

Mit Vektoren lassen sich eine Reihe von Berechnungen anstellen. Dabei haben Vektoren in der Ebene zwei Koordinaten, Vektoren im Raum drei Koordinaten. Vektoren werden üblicherweise durch einen Pfeil über dem Buchstaben oder durch Frakturbuchstaben als solche gekennzeichnet. Beispiel für einen Vektor im Raum:

$$\vec{v} = \begin{pmatrix} x \\ y \\ z \end{pmatrix} = \begin{pmatrix} 5 \\ -2 \\ 4 \end{pmatrix}$$

2.1 Betrag eines Vektors

Ist P_1 der Anfangspunkt eines Vektors und P_2 sein Endpunkt, so nennt man die Länge p der Strecke $\overline{P_1P_2}$ den Betrag des Vektors $\vec{p}$. Berechnet wird der Betrag des Vektors aus den Koordinaten mit folgender Formel:

$$|p| = \sqrt{(x_2 - x_1)^2 + (y_2 - y_1)^2 + (z_2 - z_1)^2}$$

Meistens wird ein Vektor jedoch so angegeben, dass sein Startpunkt im Ursprung liegt, so dass sich diese Formel wesentlich vereinfacht:

$$|p| = \sqrt{x^2 + y^2 + z^2}$$

Mit dieser Formel lässt sich der Betrag jedes beliebigen Vektors auch sehr einfach mit Excel berechnen. Trägt man einen beliebigen Vektor so in die Excel-Tabelle ein, dass jede Koordinate eine eigene Zelle belegt, so lässt sich der Betrag wie in Abbildung 2.1 auf der nächsten Seite berechnen. Ändert man die Koordinaten des Vektors, so passt Excel dann sofort das Ergebnis an. Die Formel in Zelle C5 hierfür muss dann lauten: `=WURZEL(A5∧2+A6∧2+A7∧2)`

	A	B	C	D
1	Betrag eines Vektors			
2				
3	Vektor		Betrag:	
4				
5	5		6,7082	
6	-2			
7	4			

Abb. 2.1: Betrag (Länge) eines Vektors (source/vektorbetrag.xls)

2.2 Addition von Vektoren

Geometrisch gesehen werden zwei Vektoren addiert, indem der zweite Vektor mit seinem Anfangspunkt an die Spitze des ersten angehängt wird. Verbindet man dann den Anfangspunkt des ersten Vektors mit der Spitze des zweiten, erhält man das Ergebnis der Addition (siehe Abbildung 2.2).

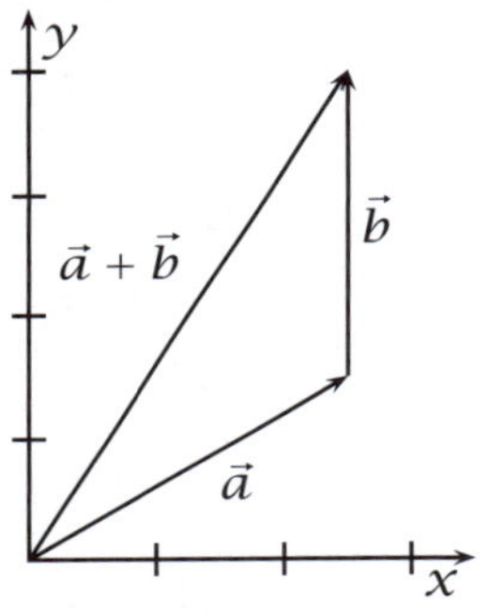

Abb. 2.2: Addition von Vektoren

Rechnerisch ergibt sich der resultierende Vektor, indem die Vektoren koordinatenweise addiert werden:

$$\begin{pmatrix} 2 \\ 1 \\ 1 \end{pmatrix} + \begin{pmatrix} 5 \\ -2 \\ 4 \end{pmatrix} = \begin{pmatrix} 7 \\ -1 \\ 5 \end{pmatrix}$$

Eine derartige Rechnung ist mit Excel sehr einfach, man gibt die beiden Vektoren ein und addiert die Koordinaten zeilenweise. Die Abbildungen 2.3 und 2.4 zeigen die Formeln und das Ergebnis.

	A	B	C	D	E
1	Addition von Vektoren				
2					
3	Vektor 1		Vektor 2		
4					
5	2		5		=A5+C5
6	1	+	-2	=	=A6+C6
7	1		4		=A7+C7

Abb. 2.3: Addition zweier Vektoren (Formeln)

	A	B	C	D	E
1	Addition von Vektoren				
2					
3	Vektor 1		Vektor 2		
4					
5	2		5		7
6	1	+	-2	=	-1
7	1		4		5

Abb. 2.4: (Ergebnis) (source/vektoraddition.xls)

2.3 Subtraktion von Vektoren

Analog zur Addition von Vektoren funktioniert auch die Subtraktion. Geometrisch wird hierbei der entgegengesetzte Vektor addiert (siehe Abbildung 2.5).

Berechnet wird der resultierende Vektor, indem koordinatenweise subtrahiert wird:

$$\begin{pmatrix}2\\1\\1\end{pmatrix} - \begin{pmatrix}5\\-2\\4\end{pmatrix} = \begin{pmatrix}-3\\3\\-3\end{pmatrix}$$

Für die Vektorsubtraktion in Excel kann man einfach das Beispiel 2.3 auf der vorherigen Seite abändern, indem nun subtrahiert statt addiert wird. Das Ergebnis zeigen die Abbildungen 2.6 und 2.7.

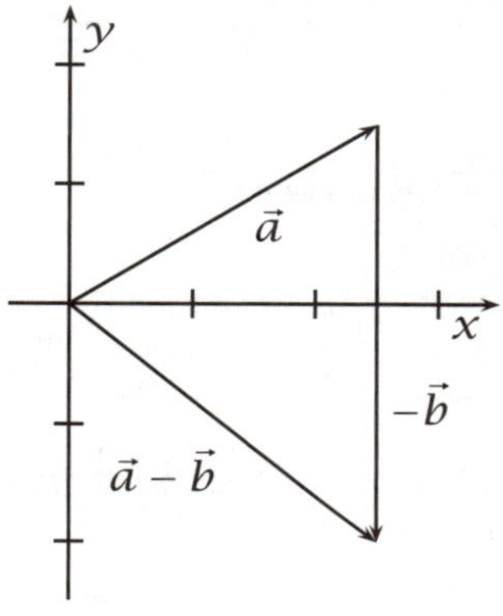

Abb. 2.5: Subtraktion von Vektoren

	A	B	C	D	E
1	**Subtraktion von Vektoren**				
2					
3	**Vektor 1**		**Vektor 2**		
4					
5	2		5		=A5-C5
6	1	-	-2	=	=A6-C6
7	1		4		=A7-C7

Abb. 2.6: Subtraktion zweier Vektoren (Formeln)

	A	B	C	D	E	F
1	**Subtraktion von Vektoren**					
2						
3	**Vektor 1**		**Vektor 2**			
4						
5	2		5		-3	
6	1	-	-2	=	3	
7	1		4		-3	

Abb. 2.7: (Ergebnisse) (source/vektorsubtraktion.xls)

2.4 Vielfache eines Vektors

Wie Zahlen, lassen sich auch Vektoren mit einer natürlichen Zahl multiplizieren. Das k-fache eines Vektors lässt sich berechnen, indem man jede Koordinate des Vektors mit dem Faktor multipliziert. Geometrisch bedeutet dies, dass der gegebene Vektor k-mal aneinander gereiht wird. Analog zu den Zahlen bedeutet dies also, dass das k-fache eines Vektors als Abkürzung für die Mehrfachaddition desselben Vektors angesehen werden kann.

Der mathematische Zusammenhang lautet:

$$k \cdot \vec{a} = \underbrace{\vec{a} \oplus \vec{a} \oplus \cdots \oplus \vec{a}}_{k \text{ Summanden}}$$

In Excel benötigt man für die Berechnung des Vielfachen eines Vektors nur einfachste Formeln, wie die Abbildungen 2.8 und 2.9 zeigen:

	A	B	C	D	E
1	**Vielfaches eines Vektors**				
2					
3	**Faktor:**		**Vektor:**		
4					
5			3		=A6*C5
6	5	*	5	=	=A6*C6
7			-2		=A6*C7

Abb. 2.8: Vielfaches eines Vektors (Formeln)

	A	B	C	D	E
1	**Vielfaches eines Vektors**				
2					
3	**Faktor:**		**Vektor:**		
4					
5			3		15
6	5	*	5	=	25
7			-2		-10

Abb. 2.9: (Ergebnis) (source/vektorvielfaches.xls)

2.5 Skalarprodukt

Das Skalarprodukt hat seinen Namen daher, dass sich als Ergebnis ein Skalar (eine Zahl) ergibt und kein Vektor. Über das Skalarprodukt lässt sich auch der eingeschlossene Winkel zwischen zwei Vektoren bestimmen. Der mathematische Zusammenhang lautet:

$$\vec{a} \cdot \vec{b} = a_x b_x + a_y b_y + a_z b_z = |\vec{a}| \cdot |\vec{b}| \cdot \cos\varphi$$

Damit errechnet sich dann der eingeschlossene Winkel über:

$$\cos\varphi = \frac{\vec{a} \cdot \vec{b}}{|\vec{a}| \cdot |\vec{b}|}$$

Das Skalarprodukt kann somit auch eingesetzt werden, um zu überprüfen, ob zwei Vektoren orthogonal sind (also senkrecht aufeinander stehen). Dies ist gegeben, wenn das Skalarprodukt der beiden Vektoren den Wert Null hat, da $\cos 90° = 0$.

Auch für Excel ist die Berechnung des Skalarproduktes kein Problem. In Beispiel 2.10 auf der nächsten Seite wird das Skalarprodukt zweier gegebener Vektoren berechnet, die Beträge der beiden Vektoren und daraus dann der eingeschlossene Winkel.

Abb. 2.10: Skalarprodukt und Winkel zwischen Vektoren (source/skalarprodukt.xls)

	A	B	C	D	E	F	G
1	**Skalarprodukt**						
2							
3	**Vektor 1**		**Vektor 2**		**Skalarprodukt:**		**Winkel:**
4							
5	1		2				
6	2		1		16		21,07
7	3		4				
8							
9	**Betrag:**		**Betrag:**				
10							
11	3,741657		4,58258				

Dazu wird der Vektor 1 in die Zellen `A5` bis `A7` eingetragen. Sein Betrag berechnet sich dann in Zelle `A11` mit der Formel:
`=WURZEL(A5∧2+A6∧2+A7∧2)`.

Analog verfährt man in der Spalte `C` mit dem zweiten Vektor. Das Skalarprodukt selbst errechnet sich dann in Zelle `E6` über folgende Formel:
`=A5*C5+A6*C6+A7*C7)`

Bei der Berechnung des Winkels zwischen den beiden Vektoren muss wieder beachtet werden, dass das Ergebnis ins Gradmaß umgerechnet werden muss. Die Formel in Zelle `G6` muss demnach lauten:
`=GRAD(ARCCOS(E6/(A11*C11)))`

Mit dieser Eingabemaske lässt sich nun das Skalarprodukt und der eingeschlossene Winkel zweier beliebiger Vektoren bestimmen.

2.6 Vektorprodukt

Im Gegensatz zum Skalarprodukt ergibt sich beim Vektorprodukt wieder ein Vektor. Das Vektorprodukt ist nur für dreidimensionale Vektoren erklärt. Das liegt an seiner geometrischen Bedeutung: Der Ergebnisvektor des Vektorprodukts ist derjenige Vektor, der auf den beiden gegebenen Vektoren senkrecht steht und folgt auf diese im positiven Drehsinn (Rechte-Hand-Regel). Seine Länge entspricht der Fläche des von den gegebenen Vektoren aufgespannten Parallelogramms (siehe Abbildung 2.11 auf der nächsten Seite).

Rechnerisch ergeben sich die Koordinaten des Ergebnisvektors über die Determinanten der Koordinaten der beiden gegebenen Vektoren. Dazu benötigt man folgende Formeln:

- x-Koordinate: $v_x = \begin{vmatrix} a_y & a_z \\ b_y & b_z \end{vmatrix}$

- y-Koordinate: $v_y = \begin{vmatrix} a_z & a_x \\ b_z & b_x \end{vmatrix}$

- z-Koordinate: $v_z = \begin{vmatrix} a_x & a_y \\ b_x & b_y \end{vmatrix}$

> **Berechnen der Determinanten**
>
> Die Berechnung der Determinanten erfolgt nach folgender Regel: Produkt der Elemente der Hauptdiagonalen (von links oben nach rechts unten) minus das Produkt der Elemente der Nebendiagonalen. Mehr dazu in Kapitel 3.4.1 auf Seite 96.

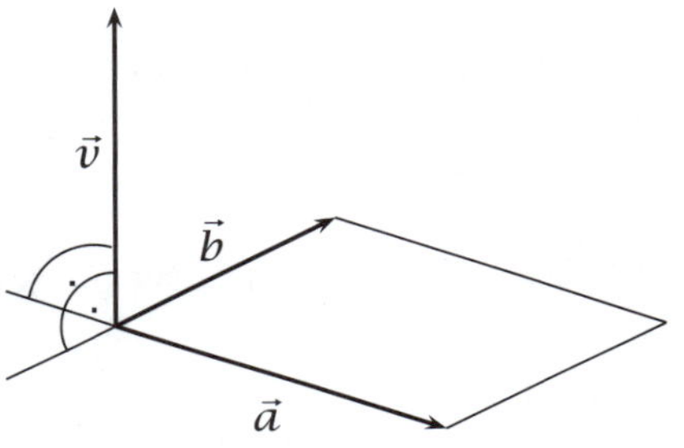

Abb. 2.11: Vektorprodukt

Da Excel über eine Funktion zur Determinantenberechnung verfügt, ist es kein Problem, mit Excel das Vektorprodukt beliebiger Vektoren zu berechnen. Dazu werden zunächst die beiden gegebenen Vektoren in die Tabelle eingetragen, daneben der Ergebnisvektor zunächst in Determinantenform. Dies ist nötig, weil die erste Zeile der Determinante die Koordinaten des ersten Vektors bilden, diese sind jedoch in Spalten eingetragen. Würde man jetzt direkt die Determinantenfunktion von Excel anwenden, käme es zu einem falschen Ergebnis. Außerdem dient es der besseren Übersicht, wenn man die Determinanten nochmal hinschreibt. Allerdings werden die Werte nicht nochmal abgetippt, sondern über Zellbezug (z.B. =A4) eingetragen. Somit kann man einfach die Koordinaten der gegebenen Vektoren ändern und erhält sofort das korrigierte Ergebnis (siehe Abbildung 2.12 auf der nächsten Seite).

Um nun die Koordinaten des Vektors zu berechnen, verwendet man die Funktion `MDET`. Diese erhält als Argument die Elemente der jeweiligen Determinante als Tabellenbereich. Die drei Formeln lauten demnach:

- x-Koordinate (Zelle G4): `=MDET(D4:E5)`
- y-Koordinate (Zelle G7): `=MDET(D7:E8)`
- z-Koordinate (Zelle G10): `=MDET(D10:E11)`

Abb. 2.12: Vektorprodukt (source/vektorprodukt.xls)

	A	B	C	D	E	F	G
1	**Vektorprodukt**						
2							
3	**Vektor a:**	**Vektor b:**	**Vektor v:**				
4	1	4	x-Koordinate:	2	3	=	-3
5				1	0		
6							
7	2	1	y-Koordinate:	3	1	=	12
8				0	4		
9							
10	3	0	z-Koordinate:	1	2	=	-7
11				4	1		

Mit Hilfe des Vektorprodukts lässt sich unter anderem beweisen, dass zwei Vektoren zueinander parallel sind. Sind weder $\vec{a}$ noch $\vec{b}$ der Nullvektor, der Betrag des Vektorprodukts jedoch Null, so ist dies der Beweis, dass $\vec{a}$ und $\vec{b}$ zueinander parallel sind.

2.7 Spatprodukt

Das Spatprodukt ist eine Mischung aus Vektorprodukt und Skalarprodukt, weshalb es auch als gemischtes Produkt bezeichnet wird. Das Ergebnis ist ein Skalar, der den Rauminhalt des Parallelflachs (Spates) bestimmt, das durch die drei gegebenen Vektoren aufgespannt wird (siehe Abbildung 2.13).

Um das Spatprodukt mit Excel zu berechnen, muss man die Tabelle für das Vektorprodukt lediglich noch um das anschließende Skalarprodukt erweitern. Dazu wird der Vektor $\vec{c}$ in die Zellen A15 bis A17 eingetragen und dann das Skalarprodukt mit dem zuvor berechneten Vektorprodukt gebildet. Die Formel hierfür steht in Zelle C15 und lautet:

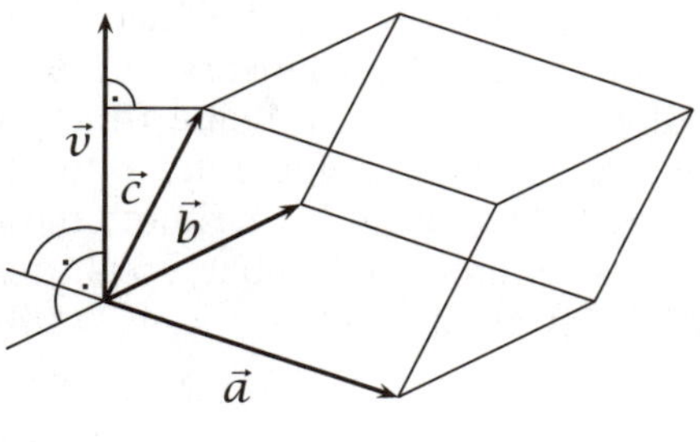

Abb. 2.13: Spatprodukt

```
=G4*A15+G7*A16+G10*A17
```

Das Ergebnis zeigt Abbildung 2.14 auf der nächsten Seite.

	A	B	C	D	E	F	G
1	**Spatprodukt (a x b)*c**						
2							
3	**Vektor a:**	**Vektor b:**	**Vektor v:**				
4	1	4	x-Koordinate:	2	3	=	-3
5				1	0		
6							
7	2	1	y-Koordinate:	3	1	=	12
8				0	4		
9							
10	3	0	z-Koordinate:	1	2	=	-7
11				4	1		
12							
13	**Vektor c:**		**Spatprodukt:**				
14							
15	3		**-11**				
16	1						
17	2						

Abb. 2.14: Spatprodukt dreier Vektoren (source/spatprodukt.xls)

2.8 Linearkombinationen

Lässt sich ein Vektor durch die Summe der Vielfachen zweier oder mehrerer anderer Vektoren darstellen, so spricht man von einer Linearkombination. Allgemein wird eine Linearkombination geschrieben als:

$$\vec{v} = k_1\vec{v_1} + k_2\vec{v_2} + \ldots + k_n\vec{v_n}$$

Ein häufiger Aufgabentyp hierbei ist die Überprüfung, ob sich ein bestimmter Vektor als Linearkombination anderer gegebener Vektoren darstellen lässt. Diese Aufgabe führt zu einem linearen Gleichungssystem, dessen Lösung die skalaren Faktoren ergibt. Ist dieses Gleichungssystem lösbar, so kann die Linearkombination geschrieben werden, ist das Gleichungssystem nicht lösbar, so ist der Vektor nicht als Linearkombination der anderen darstellbar.

Beispiele

Eine Linearkombination kann aus beliebig vielen Vektoren bestehen. Hier ein Beispiel einer Linearkombination aus drei Vektoren:

$$\begin{pmatrix}1\\1\end{pmatrix} = 2\begin{pmatrix}-2\\1\end{pmatrix} + \begin{pmatrix}3\\-1\end{pmatrix} + 2\begin{pmatrix}1\\0\end{pmatrix}$$

Allerdings ist diese Lösung nicht eindeutig. Es gibt noch andere Linearkombinationen, beispielsweise:

$$\begin{pmatrix}1\\1\end{pmatrix} = 4\begin{pmatrix}-2\\1\end{pmatrix} + 3\begin{pmatrix}3\\-1\end{pmatrix} + 0\begin{pmatrix}1\\0\end{pmatrix}$$

Alle Lösungen ergeben sich über das Gleichungssystem

$$\begin{aligned}1 &= k_1 \cdot -2 + k_2 \cdot 3 + k_3 \cdot 1\\ 1 &= k_1 \cdot 1 + k_2 \cdot -1 + k_3 \cdot 0\end{aligned}$$

Da es sich hierbei allerdings um zwei Gleichungen für drei Unbekannte handelt, muss man eine Variable mit einem beliebigen Wert belegen, um die anderen beiden berechnen zu können. Belegt man k_1 mit dem Wert 2, so ergibt sich folgendes Gleichungssystem:

$$\begin{aligned}1 &= 2 \cdot -2 + k_2 \cdot 3 + k_3 \cdot 1\\ 1 &= 2 \cdot 1 + k_2 \cdot -1 + k_3 \cdot 0\end{aligned}$$

Damit ergibt sich $k_2 = 1$ aus der zweiten Gleichung. Dies in die erste Gleichung eingesetzt, ergibt $k_3 = 2$. Will man ein derartiges Gleichungssystem mit Excel lösen, so ist das Programm nicht viel hilfreicher als ein gewöhnlicher Taschenrechner. Der Benutzer muss das Gleichungssystem selbst nach der gesuchten Variablen umstellen, die Vorzeichen richtig setzen usw. Um das Gleichungssystem zu lösen benötigt man dann jedoch nur noch zwei Formeln. Abbildung 2.15 auf der nächsten Seite zeigt die Umsetzung des obigen Beispiels in Excel. Die beiden Variablen k_2 und k_3 berechnen sich dann folgendermassen:

- k_2 (ZelleC13): = `-(A9-(C9*E9))`
- k_3 (ZelleC17): = `A8-(C8*E8)-(C13*I8)`

Dieses Beispiel war einfach zu lösen, da in der zweiten Gleichung nur die Variable k_2 vorkam. Ist dies jedoch nicht der Fall, so lässt sich das Gleichungssystem lösen, indem in einer Gleichung eine Variable durch die andere ausgedrückt wird und dies dann in die andere Gleichung eingesetzt wird. Oder aber man löst das Gleichungssystem über das Determinantenverfahren der Cramer'schen Regel. Dieses ist in Kapitel 3.4.1 auf Seite 96 erklärt.

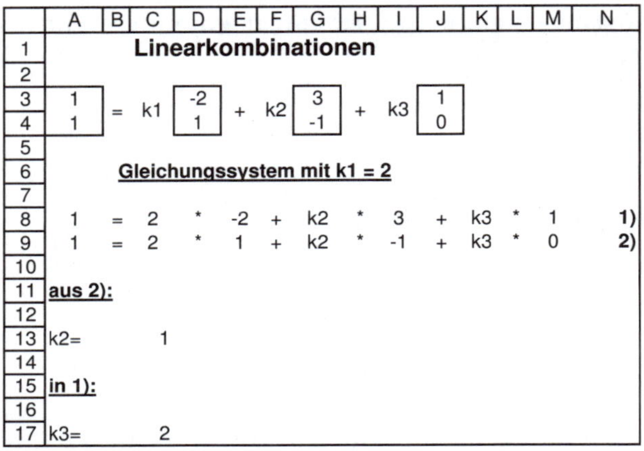

Abb. 2.15: Linearkombination von drei Vektoren (source/linearkombination.xls)

2.9 Lineare Abhängigkeit von Vektoren

Eine Anwendung der Linearkombinationen ist die Überprüfung, ob Vektoren linear abhängig sind oder linear unabhängig. Vektoren heißen genau dann linear abhängig, wenn sie eine nichttriviale Linearkombination des Nullvektors bilden, das heißt, dass die skalaren Faktoren ungleich Null sind.

Beispiel linear abhängiger Vektoren

Die drei Vektoren $\begin{pmatrix}1\\1\\0\end{pmatrix}$, $\begin{pmatrix}0\\-1\\-2\end{pmatrix}$ und $\begin{pmatrix}-2\\1\\6\end{pmatrix}$ sind linear abhängig. Sie können über folgende Gleichung als Linearkombination den Nullvektor erzeugen:

$$2\begin{pmatrix}1\\1\\0\end{pmatrix}+3\begin{pmatrix}0\\-1\\-2\end{pmatrix}+1\begin{pmatrix}-2\\1\\6\end{pmatrix}=\begin{pmatrix}0\\0\\0\end{pmatrix}$$

Im Gegensatz dazu sind die drei Vektoren $\begin{pmatrix}1\\1\\0\end{pmatrix}$, $\begin{pmatrix}0\\-1\\-2\end{pmatrix}$ und $\begin{pmatrix}-2\\1\\0\end{pmatrix}$ linear unabhängig. Der Ansatz des Gleichungssystems ergibt dann aus

$$k_1\begin{pmatrix}1\\1\\0\end{pmatrix}+k_2\begin{pmatrix}0\\-1\\-2\end{pmatrix}+k_3\begin{pmatrix}-2\\1\\0\end{pmatrix}=\begin{pmatrix}0\\0\\0\end{pmatrix}$$

folgende Gleichungen:

$$\begin{aligned} k_1 - 2 \cdot k_3 &= 0 \\ k_1 - k_2 + k_3 &= 0 \\ -2 \cdot k_2 &= 0 \end{aligned}$$

Dieses Gleichungssystem ist nur lösbar für $k_1 = k_2 = k_3 = 0$.

Mit Excel lässt sich die lineare Unabhängigkeit von Vektoren analog zu Beispiel 2.15 auf der vorherigen Seite untersuchen.

Einfacher ist die lineare Unabhängigkeit festzustellen, wenn es sich nur um zwei Vektoren handelt. Zwei Vektoren sind linear abhängig, wenn einer das skalare Vielfache des anderen ist. Diese Überprüfung kann mit Excel ebenfalls sehr einfach berechnet werden. Allerdings muss man auch hier das Gleichungssystem selbstständig aufstellen und nach dem skalaren Faktor auflösen.

Beispiel

Untersucht werden soll, ob die beiden Vektoren $\begin{pmatrix} -1 \\ 1 \end{pmatrix}$ und $\begin{pmatrix} 2 \\ -2 \end{pmatrix}$ linear abhängig sind. Dazu kann man verschiedene Lösungswege nutzen:

1. Aufstellen der Linearkombination $k_1 \begin{pmatrix} -1 \\ 1 \end{pmatrix} + k2 \begin{pmatrix} 2 \\ -2 \end{pmatrix} = \begin{pmatrix} 0 \\ 0 \end{pmatrix}$

   Abbildung 2.16 auf der nächsten Seite zeigt das Gleichungssystem, das sich aus dieser Linearkombination ergibt. Löst man dieses auf, so kommt man zu dem Ergebnis, dass für k_2 jeder beliebige Wert eingesetzt werden kann, k_1 ist dann doppelt so groß. Damit ist die lineare Abhängigkeit nachgewiesen. Die einzige Hilfestellung, die Excel in diesem Beispiel geben kann, ist dass man die Werte der Vektoren über direkte Bezüge in das Gleichungssystem übernehmen kann. Ehrlicherweise muss man sagen, mit dem Taschenrechner und dem Kopf ist man genauso schnell beim Ergebnis!

2. Überprüfung, ob $\begin{pmatrix} -1 \\ 1 \end{pmatrix}$ ein skalares Vielfaches von $\begin{pmatrix} 2 \\ -2 \end{pmatrix}$ ist. (Genaugenommen ist dies nur die Auflösung des Gleichungssystems aus 1) nach dem ersten Vektor!)

   Der Ansatz für diesen Lösungsweg lautet: $\begin{pmatrix} -1 \\ 1 \end{pmatrix} = k \begin{pmatrix} 2 \\ -2 \end{pmatrix}$

	A	B	C	D	E	F	G	H	I
1	**Lineare Abhängigkeit**								
2									
3	V1:	-1	V2:	2					
4		1		-2					
5									
6	Gleichungssystem:								
7									
8	-1	*	k1	+	2	*	k2	=	0
9	1	*	k1	+	-2	*	k2	=	0
10									
11	aus1:		k1	=	2	*	k2		
12									
13	in 2:		0	*	k2	=	0		
14									
15			**k2 ist beliebig**						

Abb. 2.16: Linearkombination zur Überprüfung der linearen Abhängigkeit (source/lin_abh.xls)

Löst man beide Gleichungen nach der Variablen auf, so muss das gleiche Ergebnis herauskommen um die lineare Abhängigkeit nachzuweisen. In diesem Beispiel ergibt sich bei beiden Gleichungen $k = -\frac{1}{2}$, die Vektoren sind also linear abhängig. Excel bietet bei diesem Lösungsweg den Vorteil, dass man über eine `WENN`-Funktion die beiden Lösungen vergleichen und gleich anzeigen kann, ob die beiden Vektoren linear abhängig sind. Die Berechnung der Faktoren ist für Excel trivial (siehe Abbildungen 2.17 und 2.18).

	A	B	C	D	E	F
1	**Lineare Abhängigkeit**					
2						
3	V1:	-1	V2:	2		
4		1		-2		
5						
6	eichungssyste					
7						
8	=B3	=	k	*	=D3	
9	=B4	=	k	*	=D4	
10						
11	1)		k	=	=A8/E8	
12						
13	2)		k	=	=A9/E9	
14						
15		**=WENN(E11=E13; "linear abhängig";"linear unabhängig")**				

Abb. 2.17: skalares Vielfaches zur Überprüfung der linearen Abhängigkeit (Formeln)

	A	B	C	D	E
1	**Lineare Abhängigkeit**				
2					
3	V1:	-1	V2:	2	
4		1		-2	
5					
6	Gleichungssystem:				
7					
8	-1	=	k	*	2
9	1	=	k	*	-2
10					
11	1)		k	=	-0,5
12					
13	2)		k	=	-0,5
14					
15		**linear abhängig**			

Abb. 2.18: Ergebnis (source/lin_abh2.xls)

Auch wenn drei Vektoren im $\mathbb{R}^3$ gegeben sind, gibt es ein einfacheres Lösungsverfahren für die Überprüfung auf lineare Abhängigkeit als die Lösung des linearen Gleichungssystems. Dazu berechnet man die Determinante der Matrix, die von den drei Vektoren gebildet wird (Genauere

Informationen zu Determinanten beinhaltet Kapitel 3.4 auf Seite 94). Ist die Determinante $D = 0$, so sind die Vektoren linear abhängig.

Da Excel über eine Funktion zur Berechnung von Determinanten verfügt, ist dieses Verfahren das geeignetste, wenn man Vektoren mit Excel auf ihre lineare Abhängigkeit hin untersuchen will.

Beispiel

Die drei Vektoren $\begin{pmatrix} 2 \\ 1 \\ -1 \end{pmatrix}$, $\begin{pmatrix} 4 \\ -2 \\ 3 \end{pmatrix}$ und $\begin{pmatrix} 0 \\ 1 \\ 0 \end{pmatrix}$ sollen auf ihre lineare Abhängigkeit untersucht werden. Die notwendige Determinante lautet demnach

$$\begin{vmatrix} 2 & 4 & 0 \\ 1 & -2 & 1 \\ -1 & 3 & 0 \end{vmatrix}$$

Die Determinante hat den Wert -10, die Vektoren sind also linear unabhängig.

Abb. 2.19: Lineare Abhängigkeit von drei Vektoren (source/lin_abh3.xls)

	A	B	C	D	E	F	G	H
1		**Lineare Abhängigkeit (über Determinante)**						
2								
3		**v1**	**v2**	**v3**				
4		2	4	0	Determinante:	**-10**		
5		1	-2	1				
6		-1	3	0				
7								
8		**linear unabhängig**						

Abbildung 2.19 zeigt die Umsetzung dieser Aufgabe in Excel. Die Determinante berechnet sich dabei in Zelle `F4` über die Formel: `=MDET(B4:D6)`.

Abgerundet wird das Beispiel durch eine `WENN`-Funktion in Zelle `B2`, die sofort in Abhängigkeit vom Determinantenwert die lineare Abhängigkeit oder Unabhängigkeit anzeigt. Diese Formel kann entweder direkt eingegeben werden (über `=WENN(F4=0;"linear abhängig";"linear unabhängig")`), oder aber wie in Abbildung 2.20 auf der nächsten Seite über den Funktionsassistenten. Diese Vorgehensweise bietet den Vorteil, dass Excel selbstständig die Anführungszeichen ergänzt, die den Text umgeben, man diese also nicht versehentlich vergessen kann.

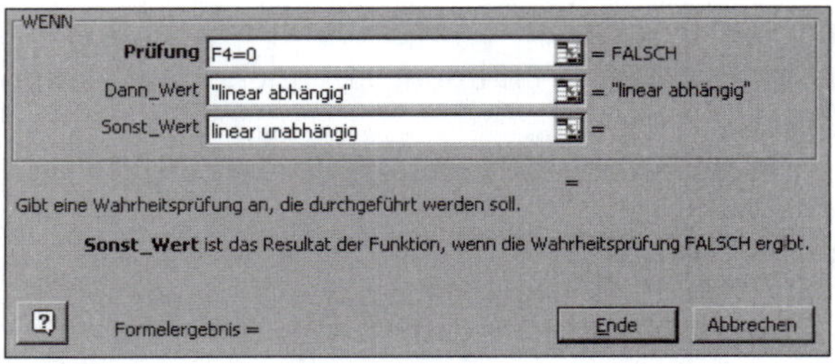

Abb. 2.20: Eingabe der Wenn-Funktion über den Funktionsassistenten

2.10 Geometrische Anwendungen

Eine der wichtigsten Anwendungen von Vektoren liegt in der Geometrie, insbesondere darin, die Lage von Punkten, Geraden und Ebenen zueinander zu beschreiben. Beispielsweise lassen sich Koordinaten eines Punktes über Vektoren darstellen. Mit der genaueren Untersuchung der Vektoren, z. B. auf lineare Abhängigkeit, lässt sich die Lage verschiedener Punkte zueinander genau charakterisieren.

Beispiel

Über Vektoren lässt sich beweisen, dass die vier Punkte A=(1|1), B=(5|1), C=(5|5) und D=(1|5) ein Quadrat bilden (siehe Abbildung 2.21).

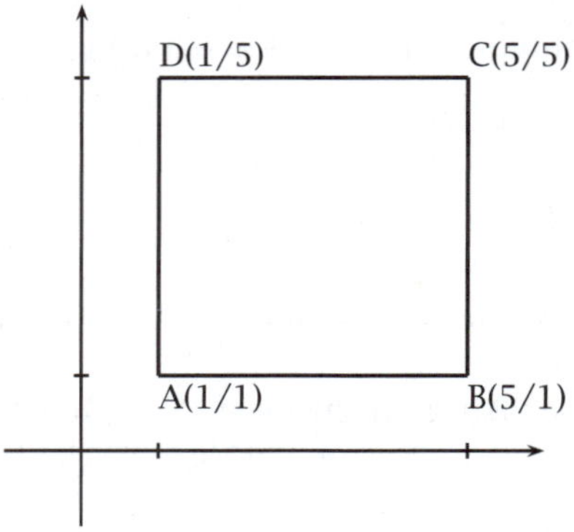

Abb. 2.21: Bilden diese vier Punkte tatsächlich ein Quadrat?

Der Beweis funktioniert, indem man die Vektoren $\overrightarrow{AB}$, $\overrightarrow{DC}$, $\overrightarrow{AD}$ und $\overrightarrow{BC}$ bildet. Es ergibt sich, dass $\overrightarrow{AB} = \overrightarrow{DC}$ und $\overrightarrow{AD} = \overrightarrow{BC}$. Die Vektoren sind also paarweise linear abhängig, die Verbindungslinien der Punkte also parallel zueinander. Da alle vier Vektoren den gleichen Betrag haben, die Verbindungen zwischen den Punkten also gleich lang sind, könnte es sich um ein Quadrat handeln. Der endgültige Beweis hierfür wird dadurch erbracht, dass das Skalarprodukt der Vektoren $\overrightarrow{AB}$ und $\overrightarrow{AD}$ Null ergibt, die beiden Vektoren also aufeinander senkrecht stehen.

Für die Umsetzung in Excel müssen die vier Vektoren für die Quadratseiten gebildet werden, anschließend werden die Beträge berechnet und das Skalarprodukt gebildet.

Abb. 2.22: Punktkoordinaten in Vektorendarstellung (source/punktkoordinaten.xls)

	A	B	C	D	E	F
1	**Punktkoordinaten**					
2						
3	A	B	C	D		
4						
5	1	5	5	1		
6	1	1	5	5		
7						
8						
9	**Vektor AB:**		4		**Betrag:**	4
10			0			
11						
12	**VektorDC:**		4		**Betrag:**	4
13			0			
14						
15	**Vektor AD:**		0		**Betrag:**	4
16			4			
17						
18	**Vektor BC:**		0		**Betrag:**	4
19			4			
20						
21	**Skalarprodukt AB*AD:**				0	
22						
23	**Die Punkte bilden ein Quadrat!!!**					

Um die Verbindungsvektoren zwischen den Punkten zu berechnen, muss jeweils die x- und y-Koordinate des Anfangspunktes vom Endpunkt abgezogen werden. Für den Vektor $\overrightarrow{AB}$ lauten die Formeln:

- x-Koordinate (Zelle C9): =B5-A5
- y-Koordinate (Zelle C10): =B6-A6

Die anderen Vektoren werden analog berechnet.

Die jeweiligen Vektorbeträge berechnen sich dann über die Wurzel der Summe der Quadrate der Vektorkoordinaten. Für $\overrightarrow{AB}$ lautet die Formel in Zelle F9 beispielsweise: =WURZEL(C9∧2+C10∧2)

Zum Abschluss muss nun noch nachgewiesen werden, dass die Vektoren senkrecht aufeinander stehen. Dazu wird in Zelle E21 das Skalarprodukt der Vektoren $\overrightarrow{AB}$ und $\overrightarrow{AD}$ gebildet. Die Formel lautet: =C9*C15+C10*C16

Da das Ergebnis Null ist, handelt es sich um ein Quadrat, was ja zu beweisen war!

2.10.1 Geradengleichungen in Vektorschreibweise

Nicht nur Punkte lassen sich mit Hilfe von Vektoren festlegen, sondern auch Geraden. Dazu benötigt man entweder zwei Punkte auf der Geraden, oder aber einen Punkt und die Richtung.

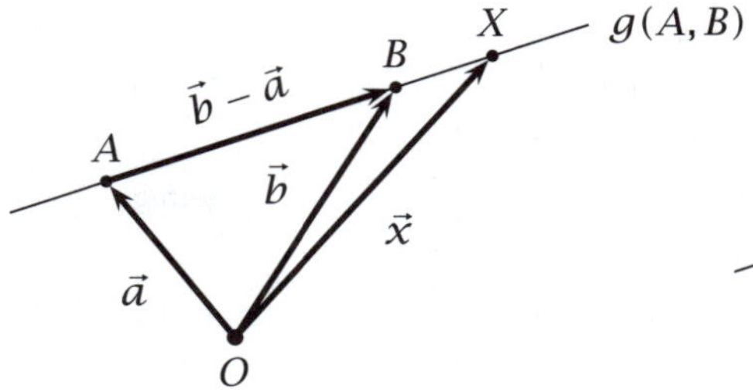

Abb. 2.23: Geradengleichung aus zwei Punkten

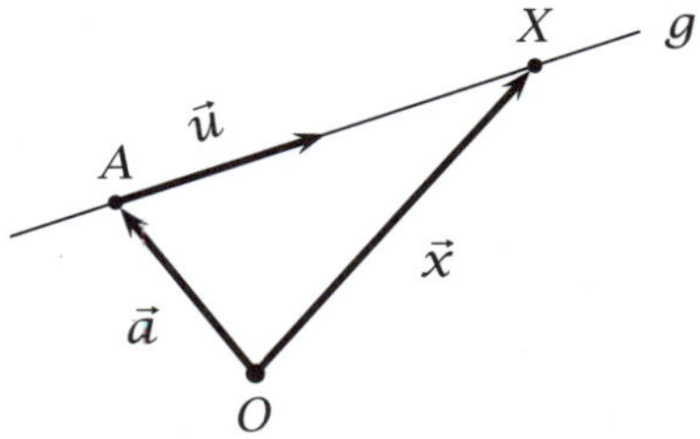

Abb. 2.24: Geradengleichung aus Punkt und Richtung

Sind zwei Punkte A und B gegeben, lässt sich dadurch eine Gerade eindeutig bestimmen. Jeder beliebige Punkt X der Gerade lässt sich dann als Linearkombination des Ortsvektors eines Punktes und des Verbindungsvektors beider Punkte berechnen (siehe Abbildung 2.23). Die Geradengeichung lautet:

$$\vec{x} = \vec{a} + k \cdot (\vec{b} - \vec{a})$$

Eine Geradengleichung lässt sich auch aufstellen, wenn ein Punkt und ein Richtungsvektor gegeben sind (siehe Abbildung 2.24). Die Gleichung lautet dann:

$$\vec{x} = \vec{a} + k \cdot \vec{u}$$

Eine typische Aufgabenstellung in diesem Zusammenhang ist die Überprüfung, ob ein Punkt auf der Geraden liegt oder nicht.

Beispiel

Die beiden Punkte A(1|2) und B(6|6) werden durch die Gerade g verbunden. Stellen Sie die Geradengleichung auf und überprüfen Sie, ob der Punkt P (3|3) auf dieser Geraden liegt.

Unter Verwendung der obigen Formel ergibt sich daraus folgende Geradengleichung:

$$\begin{pmatrix} x \\ y \end{pmatrix} = \begin{pmatrix} 1 \\ 2 \end{pmatrix} + k \cdot \begin{pmatrix} 6-1 \\ 6-2 \end{pmatrix}$$

Setzt man in diese Geradengleichung den Punkt P ein, liefert dies ein lineares Gleichungssystem mit einer Unbekannten. Löst man beide Gleichungen nach dieser Unbekannten auf und erhält bei beiden Gleichungen das selbe Ergebnis, so liegt der angegebene Punkt auf der Geraden.

$3 = 1 + k \cdot 5$	ergibt aufgelöst nach k:	$k = 0,4$
$3 = 2 + k \cdot 4$		$k = 0,25$

Da es in diesem Fall zwei unterschiedliche Ergebnisse gibt, liegt der Punkt nicht auf der Geraden.

Umgesetzt auf Excel lässt sich die Geradengleichung in derselben Weise aufstellen. Dies muss größtenteils von Hand geschehen, lediglich der Verbindungsvektor lässt sich über Formeln berechnen (in den Zellen `G8` und `G9`): `=E3-B3` beziehungsweise `=E4-B4`.

Die einzige Arbeitserleichterung ergibt sich, wenn man sich eine Eingabemaske erstellt, in die die beiden Punkte eingetragen werden können. Definiert man die Geradengleichung dann nicht mit festen Werten, sondern trägt die Vektoren als Bezug auf diese Punkte ein, so kann man die Tabelle für beliebige Punkte immer wieder verwenden, weil Excel sofort die Werte anpasst, sobald andere Ausgangspunkte eingetragen werden.

Für die Überprüfung, ob der Punkt auf der Geraden liegt, muss auch in Excel von Hand das Gleichungssystem aufgestellt werden (Zeile `16` und `17`, wobei sich die Werte wieder über Bezüge von oben übernehmen lassen. Der Verbindungsvektor berechnet sich hierbei mit den identischen Formeln wie oben.

In den Zeilen `19` und `20` werden die beiden Gleichungen nach dem Faktor k aufgelöst. Die Formeln hierfür lauten: `=(A16-C16)/G16` beziehungsweise `=(A17-C17)/G17`

Zum Abschluß müssen die beiden Ergebnisse für k noch verglichen werden, um festzustellen, ob der Punkt auf der Geraden liegt. Dies geschieht in Zelle `A22` über folgende `WENN`-Formel:
`=WENN(C19=C20;“P liegt auf g”;“P liegt nicht auf g”)`

Abbildung 2.25 auf der nächsten Seite zeigt das vollständige Ergebnis.

	A	B	C	D	E	F	G	H
1	**Geradengleichung:**							
2								
3	**Punkt A:**	1		**Punkt B:**	6			
4		2			6			
5								
6	**Geradengleichung:**							
7								
8	x_1	=	1	+	k	*	5	
9	x_2		2				4	
10								
11	**Lage eines Punktes bzgl. der Gerade**							
12								
13	3	=	1	+	k	*	5	
14	3		2				4	
15								
16	3	=	1	+	k	*	5	1)
17	3	=	2	+	k	*	4	2)
18								
19	k	=	0,4	1)				
20	k	=	0,25	2)				
21								
22	**P liegt nicht auf g**							

Abb. 2.25: Lage eines Punktes bzgl. einer Geraden (source/geradengleichung.xls)

2.10.2 Lagebeziehungen bei Geraden

Natürlich lässt sich mit der Vektorschreibweise auch die Lage zweier Geraden zueinander bestimmen. Generell gibt es folgende Möglichkeiten:

- Die Geraden sind identisch.
- Die Geraden sind parallel.
- Die Geraden schneiden sich.
- Die Geraden sind windschief (im $\mathbb{R}^3$).

Für jede dieser Situationen müssen bestimmte Bedingungen erfüllt sein.

Identische Geraden

Um nachzuweisen, dass zwei Geraden g und h identisch sind, müssen folgende Bedingungen erfüllt sein:

1. g und h haben die selbe Richtung, d. h. die beiden Richtungsvektoren $\vec{u}_1$ und $\vec{u}_2$ der beiden Geraden sind linear abhängig.
2. Der Punkt $A_2 \in h$ liegt auch auf g, d.h. die Vektoren $\vec{a}_1 - \vec{a}_2$ und $\vec{u}_1$ sind linear abhängig.

Beispiel

Es soll nachgewiesen werden, dass die beiden gegebenen Geraden identisch sind.

$$g : \vec{x} = \begin{pmatrix} 3 \\ 2 \\ 1 \end{pmatrix} + k \cdot \begin{pmatrix} 2 \\ 1 \\ -1 \end{pmatrix} \quad \text{und} \quad h : \vec{x} = \begin{pmatrix} -3 \\ -1 \\ 4 \end{pmatrix} + l \cdot \begin{pmatrix} -4 \\ -2 \\ 2 \end{pmatrix}$$

Dazu wird zunächst die lineare Abhängigkeit der beiden Richtungsvektoren nachgewiesen. In diesem Beispiel ist $\begin{pmatrix} 2 \\ 1 \\ -1 \end{pmatrix} = -\frac{1}{2} \begin{pmatrix} -4 \\ -2 \\ 2 \end{pmatrix}$, die Vektoren sind also linear abhängig. Anschließend wird der Verbindungsvektor der beiden Punkte gebildet: $\begin{pmatrix} -3 \\ -1 \\ 4 \end{pmatrix} - \begin{pmatrix} 3 \\ 2 \\ 1 \end{pmatrix} = \begin{pmatrix} -6 \\ -3 \\ 3 \end{pmatrix}$ Auch dieser ist wieder linear abhängig, da $\begin{pmatrix} 2 \\ 1 \\ -1 \end{pmatrix} = -\frac{1}{3} \cdot \begin{pmatrix} -6 \\ -3 \\ 3 \end{pmatrix}$ gilt.

Damit ist der Nachweis erbracht, dass die beiden Geraden identisch sind.

Umgesetzt auf Excel müssen auch hier zunächst die Geradengleichungen eingetragen werden. Anschließend wird die erste Bedingung mit einem Gleichungssystem überprüft. Hat man alle drei Gleichungen nach der Variablen aufgelöst, muss überprüft werden, ob alle drei Werte gleich sind. Bei dieser WENN-Formel müssen zwei Bedingungen kombiniert werden. Dies geschieht über die Bedingung

```
=WENN((I17=I18)*UND(I18=I19);''Richtungsvektoren linear abhängig'';''
    Richtungsvektoren linear unabhängig'')
```

Wichtig ist in dieser Formel das *. Wird dieses vergessen, meldet Excel einen Fehler in der Formel, schlägt dabei aber die richtige Schreibweise vor. Abbildung 2.26 auf der nächsten Seite zeigt die Formeln, die für diese Aufgabe notwendig sind. Die Überprüfung der zweiten Bedingung (Lineare Abhängigkeit des Verbindungsvektors der beiden Punkte und des Richtungsvektors der Geraden g) funktioniert analog.

Abbildung 2.27 auf der nächsten Seite zeigt die Ergebnisse der gesamten Überprüfung, ob die beiden Geraden identisch sind.

	A	B	C	D	E	F	G	H	I
15	**Bed1:**								
16									
17	=G5	=	k	*	=G11		k=	=A17/E17	
18	=G6	=	k	*	=G12		k=	=A18/E18	
19	=G7	=	k	*	=G13		k=	=A19/E19	
20									
21	**=WENN((I17=I18)*UND(I18=I19);"Richtungsvektoren linear abhängig";"Richtungsvektoren linear unabhängig")**								

Abb. 2.26: Lage zweier Geraden(Formeln,Ausschnitt)

	A	B	C	D	E	F	G	H	I
1	**Lage von Geraden**								
2									
3	**Gerade g:**								
4									
5	x_1		3				2		
6	x_2	=	2	+	k	*	1		
7	x_3		1				-1		
8									
9	**Gerade h:**								
10									
11	x_1		-3				-4		
12	x_2	=	-1	+	l	*	-2		
13	x_3		4				2		
14									
15	**Bed1:**								
16									
17	2	=	k	*	-4		k=		-0,5
18	1	=	k	*	-2		k=		-0,5
19	-1	=	k	*	2		k=		-0,5
20									
21	**Richtungsvektoren linear abhängig**								
22									
23	**Bed2:**								
24									
25	-6	=	k	*	2		k=		-3
26	-3	=	k	*	1		k=		-3
27	3	=	k	*	-1		k=		-3
28									
29	**Richtungsvektoren linear abhängig**								
30									
31	**Geraden sind identisch!**								

Abb. 2.27: identische Lage zweier Geraden (Ergebnisse) (source/geraden1.xls)

Parallele Geraden

Um nachzuweisen, dass zwei Geraden g und h parallel sind, müssen folgende Bedingungen erfüllt sein:

1. g und h haben die selbe Richtung, d. h. die beiden Richtungsvektoren $\vec{u_1}$ und $\vec{u_2}$der beiden Geraden sind linear abhängig.
2. Der Punkt $A_2 \in h$ liegt nicht auf g, d.h. die Vektoren $\vec{a_1} - \vec{a_2}$ und $\vec{u_1}$ sind linear unabhängig.

Beispiel

Es soll nachgewiesen werden, dass die beiden gegebenen Geraden parallel sind.

$$g : \vec{x} = \begin{pmatrix} 3 \\ 2 \\ 1 \end{pmatrix} + k \cdot \begin{pmatrix} 2 \\ 1 \\ -1 \end{pmatrix} \qquad \text{und} \qquad h : \vec{x} = \begin{pmatrix} 11 \\ -1 \\ 8 \end{pmatrix} + l \cdot \begin{pmatrix} -4 \\ -2 \\ 2 \end{pmatrix}$$

Der Nachweis der Parallelität erfolgt analog zur Identität. Wieder wird zunächst die lineare Abhängigkeit der beiden Richtungsvektoren nachgewiesen:

$\begin{pmatrix} 2 \\ 1 \\ -1 \end{pmatrix} = -\frac{1}{2} \begin{pmatrix} -4 \\ -2 \\ 2 \end{pmatrix}$, die Vektoren sind also linear abhängig.

Anschließend wird der Verbindungsvektor der beiden Punkte gebildet:

$$\begin{pmatrix} 11 \\ -1 \\ 8 \end{pmatrix} - \begin{pmatrix} 3 \\ 2 \\ 1 \end{pmatrix} = \begin{pmatrix} 8 \\ -3 \\ 7 \end{pmatrix}$$

Dieser ist linear unabhängig zum Richtungsvektor von g, da das Gleichungssystem $\begin{pmatrix} 2 \\ 1 \\ -1 \end{pmatrix} = k \cdot \begin{pmatrix} 8 \\ -3 \\ 7 \end{pmatrix}$ keinen Wert für k ergibt, der alle drei Gleichungen erfüllt.

Damit ist der Nachweis erbracht, dass die beiden Geraden parallel sind.

In Excel wurde die Eingabemaske in Abbildung 2.27 auf der vorherigen Seite so universell angelegt, dass sie auch für diese Aufgabe verwendet werden kann. Es müssen lediglich die Werte der Vektoren geändert werden, Excel passt dann sofort die Ergebnisse an. Lediglich der letzte Satz, der die endgültige Schlussfolgerung angibt, muss von Hand eingegeben werden. Das Ergebnis zeigt Abbildung 2.28 auf der nächsten Seite

Sich schneidende Geraden

Um nachzuweisen, dass zwei Geraden g und h sich schneiden, müssen folgende Bedingungen erfüllt sein:

1. g und h haben nicht die selbe Richtung, d. h. die beiden Richtungsvektoren $\vec{u_1}$ und $\vec{u_2}$ der beiden Geraden sind linear unabhängig.
2. g und h bilden eine Ebene, in der auch der Verbindungsvektor $\vec{a_1} - \vec{a_2}$ liegt, d.h. die Vektoren $\vec{a_1} - \vec{a_2}$, $\vec{u_1}$ und $\vec{u_2}$ sind linear abhängig.

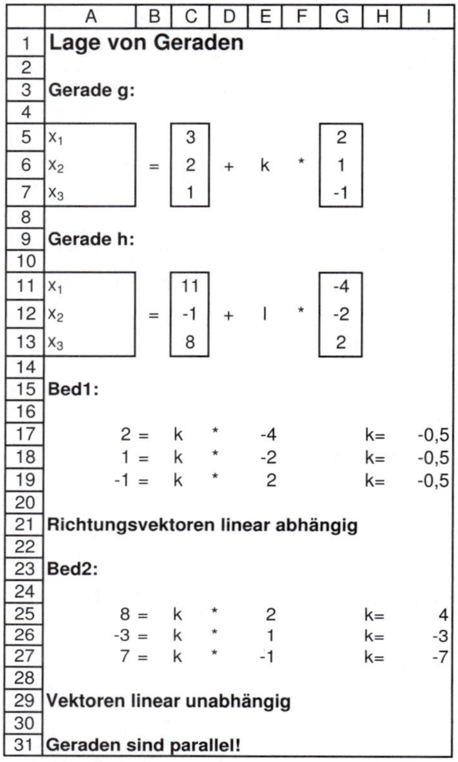

	A	B	C	D	E	F	G	H	I
1	**Lage von Geraden**								
2									
3	**Gerade g:**								
4									
5	x_1		3				2		
6	x_2	=	2	+	k	*	1		
7	x_3		1				-1		
8									
9	**Gerade h:**								
10									
11	x_1		11				-4		
12	x_2	=	-1	+	l	*	-2		
13	x_3		8				2		
14									
15	**Bed1:**								
16									
17	2	=	k	*	-4			k=	-0,5
18	1	=	k	*	-2			k=	-0,5
19	-1	=	k	*	2			k=	-0,5
20									
21	**Richtungsvektoren linear abhängig**								
22									
23	**Bed2:**								
24									
25	8	=	k	*	2			k=	4
26	-3	=	k	*	1			k=	-3
27	7	=	k	*	-1			k=	-7
28									
29	**Vektoren linear unabhängig**								
30									
31	**Geraden sind parallel!**								

Abb. 2.28: Parallelität zweier Geraden (Ergebnisse) (source/geraden2.xls)

Beispiel

Es soll nachgewiesen werden, dass sich die beiden gegebenen Geraden schneiden.

$$g : \vec{x} = \begin{pmatrix} 3 \\ 2 \\ 1 \end{pmatrix} + k \cdot \begin{pmatrix} 2 \\ 1 \\ -1 \end{pmatrix} \qquad \text{und} \qquad h : \vec{x} = \begin{pmatrix} 11 \\ -1 \\ 8 \end{pmatrix} + l \cdot \begin{pmatrix} 3 \\ -2 \\ 4 \end{pmatrix}$$

Die lineare Unabhängigkeit der beiden Richtungsvektoren lässt sich nachweisen, da es keinen Wert für k gibt, der alle drei Gleichungen des Gleichungssystems erfüllt:

$$\begin{pmatrix} 2 \\ 1 \\ -1 \end{pmatrix} \neq k \begin{pmatrix} 3 \\ -2 \\ 4 \end{pmatrix}.$$

Die lineare Abhängigkeit der drei Vektoren $\vec{a_1} - \vec{a_2}$, $\vec{u_1}$ und $\vec{u_2}$ lässt sich am einfachsten über das Determinantenverfahren nachweisen. Die Vektoren sind linear abhängig, wenn die Determinante 0 ist.

$$\begin{vmatrix} 2 & 3 & (11-3) \\ 1 & -2 & (-1-2) \\ -1 & 4 & (8-1) \end{vmatrix} = 0$$

Damit ist der Nachweis erbracht, das sich die beiden Geraden schneiden.

In Excel lässt sich auch für diesen Fall zumindest die erste Bedingung aus dem Beispiel 2.27 auf Seite 60 übernehmen, es genügt, die Werte anzupassen. Für die zweite Bedingung muss die Exceltabelle jedoch abgeändert werden, da nun die lineare Abhängigkeit von drei Vektoren zu beweisen ist. Dazu bietet Excel jedoch eine einfache Formel für die Determinantenberechnung. Dieses Ergebnis wird dann überprüft, ob es Null ergibt. Die Formeln hierfür lauten dann:

- Berechnung der Determinante (Zelle G26):
  `=MDET(B25:D27)`
- Überprüfung des Ergebnisses:
  `=WENN(G26=0;"Vektoren linear abhängig";`
  `"Vektoren linear unabhängig")`

Auch hier wird zum Abschluß von Hand die Lage der Geraden zueinander eingetragen, wie in Abbildung 2.29 auf der nächsten Seite zu sehen.

Schnittpunkt sich schneidender Geraden

Den Schnittpunkt sich schneidender Geraden erhält man, indem man die beiden Geradengleichungen gleich setzt, da der Schnittpunkt auf beiden Geraden liegen muss. Für obiges Beispiel ergibt sich dadurch folgendes Gleichungssystem:

$$\vec{x} = \begin{pmatrix} 3 \\ 2 \\ 1 \end{pmatrix} + k \cdot \begin{pmatrix} 2 \\ 1 \\ -1 \end{pmatrix} = \begin{pmatrix} 11 \\ -1 \\ 8 \end{pmatrix} + l \cdot \begin{pmatrix} 3 \\ -2 \\ 4 \end{pmatrix}$$

Bringt man beide Variablen auf eine Seite, so ergibt sich:

$$k \cdot \begin{pmatrix} 2 \\ 1 \\ -1 \end{pmatrix} + l \cdot \begin{pmatrix} 3 \\ -2 \\ 4 \end{pmatrix} = \begin{pmatrix} 8 \\ -3 \\ 7 \end{pmatrix}$$

Dies ist ein „überbestimmtes“ Gleichungssystem mit drei Gleichungen für zwei Unbekannte. Ein derartiges System löst man, indem man aus zwei

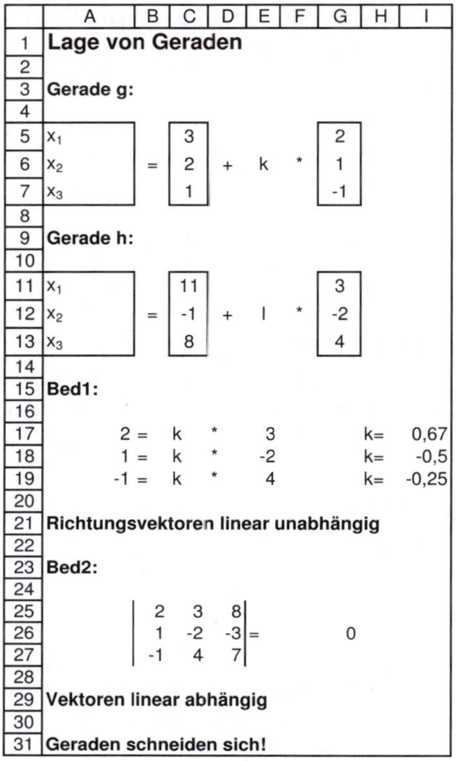

Abb. 2.29: sich schneidende Geraden (Ergebnisse) (source/geraden3.xls)

Gleichungen die Variablen bestimmt und das Ergebnis mit der dritten Gleichung überprüft. In diesem Beispiel folgt aus

$$\begin{aligned} 2k - 3l &= 8 \\ k + 2l &= -3 \end{aligned} \qquad k = 1 \text{ und } l = -2$$

Die beiden Werte erfüllen auch die dritte Gleichung $-k - 4l = 7$.

Setzt man nun einen dieser beiden errechneten Parameter in die dazugehörige Geradengleichungen ein, so ergibt sich der Schnittpunkt:

$$\vec{s} = \begin{pmatrix} 3 \\ 2 \\ 1 \end{pmatrix} + 1 \cdot \begin{pmatrix} 2 \\ 1 \\ -1 \end{pmatrix} \Rightarrow S = \begin{pmatrix} 5 \\ 3 \\ 0 \end{pmatrix}$$

Auch diese Aufgabenstellung kann mit Excel gelöst werden, allerdings muss man das Gleichungssystem selbst umstellen, hierfür ist Excel nur bedingt geeignet. Es lassen sich lediglich die einzelnen Werte in die nächste Zeile übernehmen, so dass sich alle Werte automatisch ändern, wenn die Ausgangsgeraden geändert werden. Die Werte, die nur aus Zahlen bestehen, lassen sich ebenfalls über einfache Formeln der Grundrechenarten berechnen. Abbildung 2.30 zeigt die vollständige Lösung. Die Probe in Zelle K57 wurde dabei erzeugt über die WENN-Formel:

`=WENN(G57=I57;“richtig”;“falsch”).`

Abb. 2.30: Schnittpunkt zweier sich schneidender Geraden (source/geraden3.xls)

	A	B	C	D	E	F	G	H	I	J	K	L	M	N	O	P
33	**Schnittpunkt**															
34																
35	3				2		11				3					
36	2	+	k	*	1	=	-1	+	l	*	-2					
37	1				-1		8				4					
38																
39			2				3		8							
40	k	*	1	+	l	*	-2	=	-3							
41			-1				4		7							
42																
43	2	*	k	+	3	*	l	=	8		1)					
44	1	*	k	-	2	*	l	=	-3		2)					
45																
46	aus 2)		k	=	-3	+	2	*	l							
47	in 1)		2	*	(	-3	+	2	*	l	)+	3	*	l	=	8
48			-6	+	4	*	l	+	3	*	l	=	8			
49			7	*	l	=	14									
50					**l**	**=**	**2**									
51	in 2)		k	-	2	*	2	=	-3							
52			**k**	**=**	**1**											
53																
54	**Probe in Gleichung 3):**															
55																
56	1	*	-1	+	2	*	4	=	7							
57							7	=	7		richtig					
58																
59	**Schnittpunkt:**															
60																
61	s_1		3				2		**5**							
62	s_2	=	2	+	1	*	1	=	**2**							
63	s_3		1				-1		**1**							

Windschiefe Geraden

Um nachzuweisen, dass zwei Geraden g und h im $\mathbb{R}^3$ windschief sind, sich also nicht schneiden, müssen folgende Bedingungen erfüllt sein:

1. g und h haben nicht die selbe Richtung, d. h. die beiden Richtungsvektoren $\vec{u_1}$ und $\vec{u_2}$ der beiden Geraden sind linear unabhängig.
2. g und h bilden eine Ebene, in der aber nicht der Verbindungsvektor $\vec{a_1} - \vec{a_2}$ liegt, d.h. die Vektoren $\vec{a_1} - \vec{a_2}$, $\vec{u_1}$ und $\vec{u_2}$ sind linear unabhängig.

Beispiel

Es soll nachgewiesen werden, dass die beiden gegebenen Geraden windschief sind.

$$g : \vec{x} = \begin{pmatrix} 3 \\ 2 \\ 1 \end{pmatrix} + k \cdot \begin{pmatrix} 2 \\ 1 \\ -1 \end{pmatrix} \qquad \text{und} \qquad h : \vec{x} = \begin{pmatrix} 11 \\ 0 \\ 8 \end{pmatrix} + l \cdot \begin{pmatrix} 3 \\ -2 \\ 4 \end{pmatrix}$$

Die lineare Unabhängigkeit der beiden Richtungsvektoren lässt sich wie bei den schneidenden Geraden nachweisen, da es keinen Wert für k gibt, der alle drei Gleichungen des Gleichungssystems erfüllt:

$$\begin{pmatrix} 2 \\ 1 \\ -1 \end{pmatrix} \neq k \begin{pmatrix} 3 \\ -2 \\ 4 \end{pmatrix}.$$

Die lineare Abhängigkeit der drei Vektoren $\vec{a_1} - \vec{a_2}$, $\vec{u_1}$ und $\vec{u_2}$ lässt sich wieder über das Determinantenverfahren nachweisen. Die Vektoren sind linear unabhängig, wenn die Determinante $\neq 0$ ist.

$$\begin{vmatrix} 2 & 3 & (11-3) \\ 1 & -2 & (0-2) \\ -1 & 4 & (8-1) \end{vmatrix} = -22$$

Damit ist der Nachweis erbracht, das die zwei Geraden sich nicht schneiden, also windschief sind.

Für die Lösung in Excel genügt es, die Eingabewerte aus Beispiel 2.29 auf Seite 64 anzupassen und den letzten Lösungssatz zu ändern, die Formeln an sich bleiben unverändert.

2.10.3 Ebenengleichungen in Vektorschreibweise

Um eine Ebene durch Vektoren darzustellen, benötigt man zwei linear unabhängige Vektoren, die diese Ebene aufspannen. Jeder beliebige Punkt der Ebene lässt sich als Linearkombination dieser beiden Vektoren darstellen. Um also die Gleichung einer Ebene aufzustellen, benötigt man entweder drei Punkte, die nicht auf einer Linie liegen oder aber einen Punkt und zwei Richtungsvektoren.

Sind A, B und C Punkte der Ebene, so lautet die Ebenengleichung:

$$\vec{x} = \vec{a} + k \cdot (\vec{b} - \vec{a}) + l \cdot (\vec{c} - \vec{a})$$

Abb. 2.31: Windschiefe Geraden (Ergebnisse) (source/geraden4.xls)

	A	B	C	D	E	F	G	H	I
1	**Lage von Geraden**								
2									
3	**Gerade g:**								
4									
5	x_1		3				2		
6	x_2	=	2	+	k	*	1		
7	x_3		1				-1		
8									
9	**Gerade h:**								
10									
11	x_1		11				3		
12	x_2	=	0	+	l	*	-2		
13	x_3		8				4		
14									
15	**Bed1:**								
16									
17		2 =	k	*	3			k=	0,67
18		1 =	k	*	-2			k=	-0,5
19		-1 =	k	*	4			k=	-0,25
20									
21	**Richtungsvektoren linear unabhängig**								
22									
23	**Bed2:**								
24									
25		2	3	8					
26		1	-2	-2	=		-11		
27		-1	4	7					
28									
29	**Vektoren linear unabhängig**								
30									
31	**Geraden sind windschief!**								

Abb. 2.32: Ebenengleichung aus drei Punkten

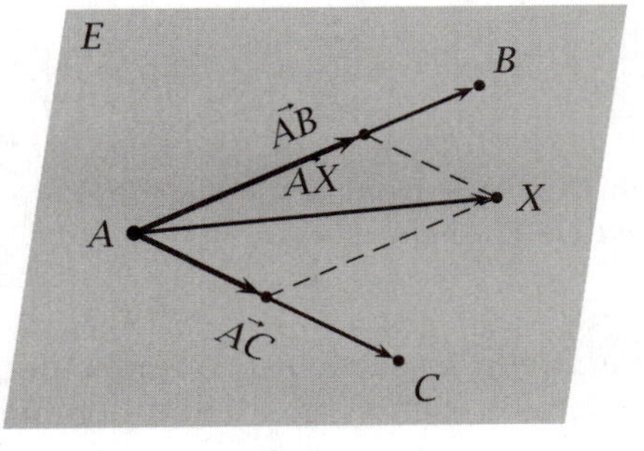

Beispiel

Wie lautet die Gleichung der Ebene, die von den drei Punkten $A = \begin{pmatrix} 2 \\ 1 \\ -1 \end{pmatrix}$,

$B = \begin{pmatrix} -2 \\ 3 \\ 0 \end{pmatrix}$ und $C = \begin{pmatrix} 1 \\ -3 \\ 2 \end{pmatrix}$ aufgespannt wird?

Nach obiger Formel muss die Gleichung lauten:

$$\vec{x} = \begin{pmatrix} 2 \\ 1 \\ -1 \end{pmatrix} + k \cdot \begin{pmatrix} -2-2 \\ 3-1 \\ 0-(-1) \end{pmatrix} + l \cdot \begin{pmatrix} 1-2 \\ -3-1 \\ 2-(-1) \end{pmatrix}$$

$$\vec{x} = \begin{pmatrix} 2 \\ 1 \\ -1 \end{pmatrix} + k \cdot \begin{pmatrix} -4 \\ 2 \\ 1 \end{pmatrix} + l \cdot \begin{pmatrix} -1 \\ -4 \\ 3) \end{pmatrix}$$

Diese Aufgabe lässt sich mit Excel einfach lösen. Es müssen lediglich die Verbindungsvektoren gebildet werden. Die Abbildungen 2.33 und 2.34 zeigen diese Aufgabe, einmal die Formeln und einmal das Ergebnis.

	A	B	C	D	E	F	G	H	I	J	K	L
1	Ebenengleichung aus drei Punkten											
2												
3	A	B	C									
4	2	-2	1									
5	1	3	-3									
6	-1	0	2									
7												
8	Ebenengleichung:											
9												
10	x_1		=A4				=B4-A4				=C4-A4	
11	x_2	=	=A5	+	k	*	=B5-A5	+	l	*	=C5-A5	
12	x_3		=A6				=B6-A6				=C6-A6	

Abb. 2.33: Ebenengleichung aus drei Punkten (Formeln)

	A	B	C	D	E	F	G	H	I	J	K	L
1	Ebenengleichung aus drei Punkten											
2												
3	A	B	C									
4	2	-2	1									
5	1	3	-3									
6	-1	0	2									
7												
8	Ebenengleichung:											
9												
10	x_1		2				-4				-1	
11	x_2	=	1	+	k	*	2	+	l	*	-4	
12	x_3		-1				1				3	

Abb. 2.34: Ebenengleichung aus drei Punkten (Ergebnisse) (source/ebene1.xls)

Eine Ebene lässt sich aber nicht nur durch drei Punkte, sondern auch durch zwei sich schneidende Geraden aufspannen. Als Punkt kann man dann den Schnittpunkt verwenden. Eine derartige Ebenengleichung hat die Form:

$$\vec{x} = \vec{a} + k \cdot \vec{u} + l \cdot \vec{v}$$

Eine andere Möglichkeit, eine Ebene anzugeben besteht darin, eine Gerade und einen Punkt zu verwenden. Der Verbindungsvektor zwischen dem gegebenen Punkt und dem Punkt auf der Gerade bildet hierbei den zweiten Richtungsvektor.

Die Ebenengleichung hat dann die Form

$\vec{x} = \vec{a} + k \cdot \vec{u} + l \cdot (\vec{b} - \vec{a})$.

Die Lösung dieser beiden Aufgaben in Excel erfolgt wie in Abbildung 2.33 auf der vorherigen Seite.

2.10.4 Lagebeziehungen bei Ebenen

Wie bei den Geraden gibt es eine Vielzahl verschiedenster Aufgabenstellung, um die Lage von Punkten, Geraden und Ebenen zueinander zu beschreiben.

Lage eines Punktes bezüglich einer Ebene

Die Überprüfung, ob ein Punkt in einer gegebenen Ebene liegt, ist sehr einfach. Man muss lediglich den Ortsvektor des Punktes in die Ebenengleichung einsetzen und dieses Gleichungssystem dann nach den Parametern k und l auflösen. Gibt es eine Lösung für beide Parameter, die alle drei Gleichungen erfüllt, so liegt der Punkt in der Ebene, andernfalls nicht.

Beispiel

Gegeben ist die Ebene E: $\vec{x} = \begin{pmatrix} -1 \\ 0 \\ 2 \end{pmatrix} + k \cdot \begin{pmatrix} 1 \\ 1 \\ -1 \end{pmatrix} + l \cdot \begin{pmatrix} -2 \\ 1 \\ 3 \end{pmatrix}$. Es soll überprüft werden, ob der Punkt P(3|1|0) in dieser Ebene liegt.

Das Gleichungssystem, das diese Aufgabe löst, muss lauten:

$$\begin{pmatrix} 3 \\ 1 \\ 0 \end{pmatrix} = \begin{pmatrix} -1 \\ 0 \\ 2 \end{pmatrix} + k \cdot \begin{pmatrix} 1 \\ 1 \\ -1 \end{pmatrix} + l \cdot \begin{pmatrix} -2 \\ 1 \\ 3 \end{pmatrix}$$

also

$$\begin{aligned} 3 &= -1 + k \cdot 1 + l \cdot -2 \\ 1 &= 0 + k \cdot 1 + l \cdot 1 \\ 0 &= 2 + k \cdot -1 + l \cdot 3 \end{aligned}$$

Aus der zweiten Gleichung ergibt sich $k = 1 - l$. Setzt man dieses Ergebnis in Gleichung 1 ein, so ergibt sich $l = -1$. Setzt man diese Ergebnisse jedoch in Gleichung 3 ein, so ergibt sich der Widerspruch $0 = -3$, der Punkt liegt also nicht in der Ebene.

Als zusätzliche Aufgabe könnte man nun überprüfen, welche z-Koordinate der Punkt P haben muss, damit er in der Ebene liegt. Dazu müsste man die beiden Ergebnisse aus den ersten beiden Gleichungen in die dritte einsetzen und diese nach z auflösen.

$z = 2 - (1 - (-1)) - 1 \cdot 3 \Rightarrow z = -3$

Der Punkt P (3|1|-3) liegt also in der Ebene E.

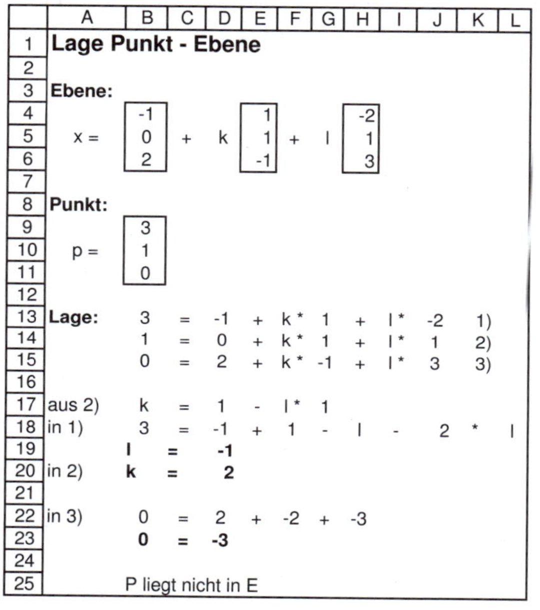

	A	B	C	D	E	F	G	H	I	J	K	L
1	**Lage Punkt - Ebene**											
2												
3	**Ebene:**											
4		-1			1			-2				
5	x =	0	+	k	1	+	l	1				
6		2			-1			3				
7												
8	**Punkt:**											
9		3										
10	p =	1										
11		0										
12												
13	**Lage:**	3	=	-1	+	k *	1	+	l *	-2	1)	
14		1	=	0	+	k *	1	+	l *	1	2)	
15		0	=	2	+	k *	-1	+	l *	3	3)	
16												
17	aus 2)	k	=	1	-	l *	1					
18	in 1)	3	=	-1	+	1	-	l	-	2	*	l
19		**l**	**=**	**-1**								
20	in 2)	**k**	**=**	**2**								
21												
22	in 3)	0	=	2	+	-2	+	-3				
23		**0**	**=**	**-3**								
24												
25		P liegt nicht in E										

Abb. 2.35: Lage Punkt - Ebene (Ergebnisse) (source/punkt_ebene.xls)

Excel ist auch hier wieder nicht unbedingt für die Lösung geeignet, da man die Umstellung der Gleichungen selbst vornehmen muss. Abbildung 2.35 zeigt die Umsetzung der obigen Aufgabe, Abbildung 2.36 auf der nächsten Seite die dazu genutzten Formeln. Diese entsprechen im wesentlichen der Aufgabenstellung bei der Lagebeziehung zwischen Punkt und Gerade.

Die Berechnung der z-Koordinate des Punktes P, wenn er in der Ebene liegen soll, ist dann einfaches Einsetzen der errechneten Parameter und Berechnen mit einfachen Formeln, wie Abbildung 2.37 auf der nächsten Seite zeigt. Abbildung 2.38 auf der nächsten Seite liefert das zugehörige Ergebnis.

	A	B	C	D	E	F	G	H	I	J	K	L
13	**Lage:**	=B9	=	=B4	+	k *	=E4	+	l *	=H4	1)	
14		=B10	=	=B5	+	k *	=E5	+	l *	=H5	2)	
15		=B11	=	=B6	+	k *	=E6	+	l *	=H6	3)	
16												
17	aus 2)	k	=	=B14	-	l *	=J14					
18	in 1)	3	=	=D13	+	=D17	-	l	-	2	*	l
19		**l**	**=**	**=(B18-D18-F18)/-3**								
20	in 2)	**k**	**=**	**=D17-D19**								
21												
22	in 3)	=B11	=	=B6	+	=D20*E6	+	=D19*H6				
23		**0**	**=**	**=D22+F22+H22**								
24												
25		=WENN(B23=D23;"P liegt in E";"P liegt nicht in E")										

Abb. 2.36: Lage Punkt - Ebene (Formeln)

	A	B	C	D	E	F	G	H	I	J	K	L
27				**z-Koordinate eines Punktes in der Ebene:**								
28												
29		z	=	=B6	+	=D20	*	=E6	+	=D19	*	=H6
30		z	=	=D29+F29*H29+J29*L29								

Abb. 2.37: Lage Punkt - Ebene (Formeln)

Abb. 2.38: Lage Punkt - Ebene (Ergebnisse) (source/-punkt_ebene.xls)

	A	B	C	D	E	F	G	H	I	J	K	L
27	**z-Koordinate eines Punktes in der Ebene:**											
28												
29		z	=	2	+	2	*	-1	+	-1	*	3
30		z	=	-3								

Lagebeziehungen zwischen Geraden und Ebenen

Für die Lagebeziehung zwischen Gerade und Ebene gibt es drei Möglichkeiten:

1. **Die Gerade schneidet die Ebene, es existiert ein Schnittpunkt.**
   Dies ist dann der Fall, wenn der Richtungsvektor der Gerade und die Richtungsvektoren der Ebene linear unabhängig sind.
2. **Die Gerade und die Ebene sind parallel.**
   Dies ist dann der Fall, wenn die drei Richtungsvektoren linear abhängig sind und gleichzeitig die Richtungsvektoren der Ebene und der Verbindungsvektor zwischen Punkt auf der Geraden und Punkt auf der Ebene linear unabhängig sind.
3. **Die Gerade liegt in der Ebene.**
   Dies ist dann der Fall, wenn sowohl die drei Richtungsvektoren, als

auch der Verbindungsvektor und die Richtungsvektoren der Ebene linear abhängig sind.

Von den in Kapitel 2.9 auf Seite 50 gezeigten Verfahren, die lineare Unabhängigkeit zu zeigen, ist das Determinantenverfahren sicherlich das schnellste. Da es sich auch am besten für die Anwendung in Excel eignet, wird hier für diese Aufgabe auch nur dieses Vorgehen beschrieben.

Beispiel

Gegeben sind die Ebene E und die Gerade g.

$$E:\vec{x} = \begin{pmatrix} 2 \\ 1 \\ -1 \end{pmatrix} + k \cdot \begin{pmatrix} 1 \\ -1 \\ -1 \end{pmatrix} + l \cdot \begin{pmatrix} -3 \\ 1 \\ 4 \end{pmatrix} \quad \text{und} \quad g:\vec{x} = \begin{pmatrix} 3 \\ 0 \\ 1 \end{pmatrix} + r \cdot \begin{pmatrix} 4 \\ -1 \\ 2 \end{pmatrix}$$

Es soll überprüft werden, ob die Gerade die Ebene schneidet und gegebenfalls der Schnittpunkt berechnet werden.

Zur Lösung dieser Aufgabe wird die Matrix der drei Richtungsvektoren aufgestellt und die Determinante berechnet.

$$\begin{vmatrix} 1 & -3 & 4 \\ -1 & 1 & -1 \\ -1 & 4 & 2 \end{vmatrix} = -15$$

Da diese nicht Null ergibt, sind die Vektoren linear unabhängig, es muss also einen Schnittpunkt geben. Dieser kann durch Gleichsetzen der Ebenengleichung mit der Geradengleichung ermittelt werden. Es ergibt sich ein lineares Gleichungssystem mit drei Unbekannten, nämlich den Parametern der Ebenen- und der Geradengleichung. Dieses wird analog zur Schnittpunktermittlung bei den Geraden aufgelöst.

Setzt man den errechneten Parameter in die Geradengleichung ein, so erhält man den Schnittpunkt. Man könnte auch die errechneten Ebenenparameter in die Ebenengleichung einsetzen, das Ergebnis müsste identisch sein, Wenn nicht, hat man sich irgendwo verrechnet.

$$\begin{pmatrix} 2 \\ 1 \\ -1 \end{pmatrix} + k \cdot \begin{pmatrix} 1 \\ -1 \\ -1 \end{pmatrix} + l \cdot \begin{pmatrix} -3 \\ 1 \\ 4 \end{pmatrix} = \begin{pmatrix} 3 \\ 0 \\ 1 \end{pmatrix} + r \cdot \begin{pmatrix} 4 \\ -1 \\ 2 \end{pmatrix}$$

liefert durch Umstellung das Gleichungssystem:

$$\begin{aligned} k - 3 \cdot l - 4 \cdot r &= 1 \\ -k + l + r &= -1 \\ -k + 4 \cdot l - 2 \cdot r &= 2 \end{aligned}$$

Es ergibt sich daraus: $k = 1,2$, $l = 0,6$ und $r = -0,4$.

Setzt man den Wert für r in die Geradengleichung ein, so ergibt sich der Schnittpunkt.

$\vec{s} = \begin{pmatrix} 3 \\ 0 \\ 1 \end{pmatrix} - \frac{2}{5} \cdot \begin{pmatrix} 4 \\ -1 \\ 2 \end{pmatrix} = \begin{pmatrix} \frac{7}{5} \\ \frac{2}{5} \\ \frac{1}{5} \end{pmatrix}$ also ist der Schnittpunkt $S(\frac{7}{5} | \frac{2}{5} | \frac{1}{5})$.

In Excel muss für die Lösung dieser Aufgabe sehr viel Handarbeit geleistet werden. Zunächst werden die Angaben in die Tabelle eingetragen. Danach wird die Determinante der drei Richtungsvektoren aufgestellt(Zellbereich `B17:D19`) und in Zelle `G18` mit der Formel `=MDET(B17:D19)` berechnet.

In Zelle `A21` erfolgt dann über die `WENN`-Funktion
`=WENN(G18=0;“Vektoren linear abhängig”;`
`“Vektoren linear unabhängig”)` die Entscheidung über die lineare Unabhängigkeit der Richtungsvektoren. Die Schlussfolgerung daraus bildet den Abschluss, wie in Abbildung 2.39 zu sehen.

Abb. 2.39: Lage Gerade - Ebene (source/gerade_ebene.xls)

	A	B	C	D	E	F	G	H	I	J	K
1	**Lage von Gerade und Ebene**										
2											
3	**Ebene E:**										
4											
5	x_1		2				1				-3
6	x_2	=	1	+	k	*	-1	+	l	*	1
7	x_3		-1				-1				4
8											
9	**Gerade g:**										
10											
11	x_1		3				4				
12	x_2	=	0	+	r	*	-1				
13	x_3		1				2				
14											
15	**Bed:**										
16											
17		1	-3	4							
18		-1	1	-1		=	-15				
19		-1	4	2							
20											
21	**Vektoren linear unabhängig**										
22											
23	**Gerade und Ebene schneiden sich!**										

Die Schnittpunktberechnung besteht darin, das lineare Gleichungssystem nach den drei Parametern aufzulösen. Dabei bietet Excel kaum Hilfe.

	A	B	C	D	E	F	G	H	I	J	K	L	M	N	O	P
25	**Schnittpunkt**															
26																
27	2				1				-3		3				4	
28	1	+	k	*	-1	+	l	*	1	=	0	+	r	*	-1	
29	-1				-1				4		1				2	
30																
31			1				-3				4		1			
32	k	*	-1	+	l	*	1	-	r	*	-1	=	-1			
33			-1				4				2		2			
34																
35		k	-	3	*	l	-	4	*	r	=	1		1)		
36	-	k	+	1	*	l	+	1	*	r	=	-1		2)		
37	-	k	+	4	*	l	-	2	*	r	=	2		3)		
38																
39	1)+2)	0	-	2	*	l	-	3	*	r	=	0				
40	1)+3)	0	+			l	-	6	*	r	=	3		|*2		
41				2	*	l	-	12	*	r	=	6		|Zeile 39+Zeile41		
42							**-**	15	*	r	=	6				
43										**r**	**=**	**-0,4**		|in Zeile 40		
44																
45						l	-	6 *		-0,4	=	3				
46										**l**	**=**	**0,6**		|in 1)		
47																
48		k	-	3	*	0,6	-	4	*	-0,4	=	1				
49										**k**	**=**	**1,2**				
50																
51	**Schnittpunkt:**															
52																
53	s_1		3				4		**1,4**							
54	s_2	=	0	+	-0,4	*	-1	=	**0,4**							
55	s_3		1				2		**0,2**							

Abb. 2.40: Schnittpunkt Gerade - Ebene (source/gerade_ebene.xls)

Abbildung 2.40 zeigt die einzelnen Rechenschritte. Von Zeile 27 bis Zeile 42 muss dabei alles von Hand eingetragen werden. Erst beim letzten Rechenschritt der Parameterberechnung kann Excel wieder effektiver eingesetzt werden. Die drei Parameter berechnen sich dann über folgende Formeln:

- Parameter r in Zelle `L43`: `=-L42/H42`
- Parameter l in Zelle `L46`: `=L45+(H45*J45)`
- Parameter k in Zelle `L49`: `=L48+(D48*F48)+(H48*J48)`

Der Schnittpunkt berechnet sich dann durch Einsetzen des Parameters r in die Geradengleichung. Die einzelnen Koordinaten werden in den Zellen

I53 bis I55 berechnet über die Formeln:
=C53+$E$54*G53, =C54+$E$54*G54 und =C55+$E$54*G55

Der Nachweis, dass eine Gerade zu einer Ebene parallel ist, lässt sich mit Excel einfacher realisieren. Man benötigt zwei verschiedene Determinanten, einmal die Determinante der drei Richtungsvektoren und einmal die Determinante des Verbindungsvektors zwischen den beiden gegebenen Punkten und den Richtungsvektoren der Ebene.

Beispiel

Gegeben sind die Ebene E und die Gerade g.

$$E : \vec{x} = \begin{pmatrix} 2 \\ 1 \\ -1 \end{pmatrix} + k \cdot \begin{pmatrix} 1 \\ -1 \\ -1 \end{pmatrix} + l \cdot \begin{pmatrix} -3 \\ 1 \\ 4 \end{pmatrix} \quad \text{und} \quad g : \vec{x} = \begin{pmatrix} 3 \\ 0 \\ 1 \end{pmatrix} + r \cdot \begin{pmatrix} 4 \\ -2 \\ -5 \end{pmatrix}$$

Die Determinante der drei Richtungsvektoren lautet also

$$\begin{vmatrix} 1 & -3 & 4 \\ -1 & 1 & -2 \\ -1 & 4 & -5 \end{vmatrix} = 0$$

Die erste Bedingung der Parallelität ist demnach gegeben, die Vektoren sind linear abhängig. Um nun die echte Parallelität nachzuweisen benötigt man die zweite Determinante.

$$\begin{vmatrix} 1 & -3 & 2-3 \\ -1 & 1 & 1-0 \\ -1 & 4 & -1-1 \end{vmatrix} = 6$$

Da diese Determinante $\neq 0$ ist, sind diese drei Vektoren linear unabhängig, die Gerade ist also wirklich parallel. Wären die drei Vektoren linear abhängig, hätte also die zweite Determinante wieder den Wert Null, so würde die Gerade in der Ebene liegen.

Der erste Teil der Überprüfung entspricht dem Vorgehen in Beispiel 2.39 auf Seite 73, lediglich mit den anderen Werten für den Richtungsvektor der Geraden. Die zweite Bedingung wird ebenfalls ähnlich überprüft, die beiden ersten Spalten der Determinante sind identisch mit der ersten Bedingung, die dritte Spalte berechnet sich als Differenz aus den beiden gegebenen Punkten. Die Formel für die erste Koordinate lautet demnach =C5-C11, die anderen Koordinaten werden analog berechnet. Die Berechnung der Determinante läuft dann wieder wie bei der ersten Bedingung, ebenso die Überprüfung mit der WENN-Funktion. Abbildung 2.41 auf der nächsten Seite zeigt die vollständige Lösung.

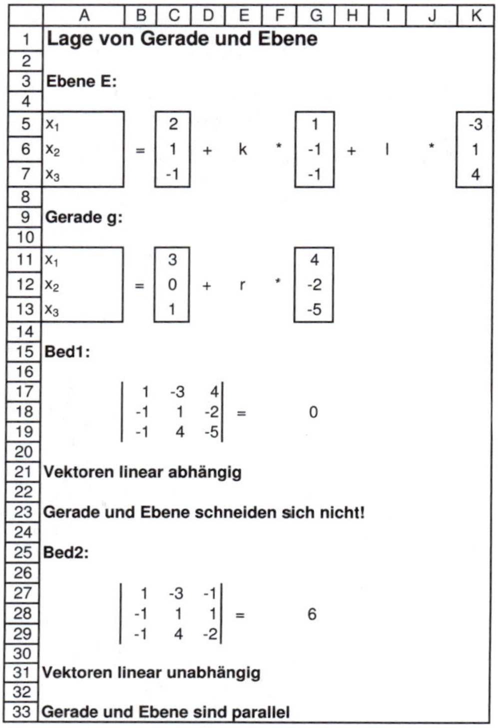

Abb. 2.41: Lage Gerade - Ebene (source/gerade_ebene.xls)

Lagebeziehungen zwischen zwei Ebenen

Für die Lagebeziehung zwischen zwei Ebenen gibt es ebenfalls wieder drei Möglichkeiten:

1. Die beiden Ebenen schneiden sich, es existiert ein Schnittgerade. Dies ist dann der Fall, wenn ein Richtungsvektor der ersten Ebene und die Richtungsvektoren der zweiten Ebene oder beide Richtungsvektoren der ersten Ebenen und ein Richtungsvektor der zweiten Ebene linear unabhängig sind.
2. Die beiden Ebenen sind parallel. Dies ist dann der Fall, wenn jeweils drei Richtungsvektoren linear abhängig sind und gleichzeitig die Richtungsvektoren der Ebene und der Verbindungsvektor zwischen einem Punkt auf der ersten Ebene und dem Punkt auf der zweiten Ebene linear unabhängig sind.
3. Die Ebene liegt in der Ebene. Dies ist dann der Fall, wenn sowohl jeweils drei Richtungsvektoren, als

auch der Verbindungsvektor und die Richtungsvektoren der Ebenen linear abhängig sind.

Beispiel

Es soll geprüft werden, ob die beiden gegebenen Ebenen sich schneiden und gegebenenfalls soll die Schnittgerade bestimmt werden.

$$E_1 : \vec{x} = \begin{pmatrix} 1 \\ 0 \\ 2 \end{pmatrix} + k \cdot \begin{pmatrix} 1 \\ 2 \\ 4 \end{pmatrix} + l \cdot \begin{pmatrix} 5 \\ -5 \\ 2 \end{pmatrix} \qquad E_2 : \vec{x} = \begin{pmatrix} 1 \\ 2 \\ 3 \end{pmatrix} + r \cdot \begin{pmatrix} 2 \\ -1 \\ 3 \end{pmatrix} + s \cdot \begin{pmatrix} -1 \\ 3 \\ -2 \end{pmatrix}$$

Zunächst wird die lineare Unabhängigkeit dreier Richtungsvektoren über die Determinante nachgewiesen:

$$\begin{vmatrix} 1 & 5 & 2 \\ 2 & -5 & -1 \\ 4 & 2 & 3 \end{vmatrix} = -15$$

Da diese Determinante $\neq 0$ ist, sind diese drei Vektoren linear unabhängig, die beiden Ebenen schneiden sich. Es existiert also eine Schnittgerade, die im folgenden bestimmt werden soll.

Die Schnittgerade wird berechnet, indem die beiden Ebenen gleichgesetzt werden. Dadurch entsteht ein lineares Gleichungssystem mit drei Gleichungen für 4 Unbekannte.

$$\begin{aligned} k + 5l - 2r + s &= 0 \\ 2k - 5l + r - 3s &= 2 \\ 4k + 2l - 3r + 2s &= 1 \end{aligned}$$

Dieses Gleichungssystem ist unterbestimmt, deshalb muss ein Parameter auf die rechte Seite der Gleichung gebracht werden, die anderen drei Parameter werden dann in Abhängigkeit von diesem Parameter bestimmt. Damit dieser Lösungsweg funktioniert, müssen jedoch die drei Vektoren auf der linken Seite linear unabhängig sein, das Gleichungssystem also eine eindeutige Lösung besitzen. Da der Nachweis der linearen Unabhängigkeit für drei Vektoren bereits geführt wurde, sollte man hier also den Parameter s auf die rechte Seite bringen.

Das dadurch entstehende inhomogene Gleichungssystem soll in diesem Beispiel dadurch gelöst werden, dass das Koeffizientenschema in die Diagonalform gebracht wird. So lassen sich die drei Parameter am Ende einfach ablesen.

> **Zur Erinnerung:**
>
> Um ein Koeffizientenschema (Matrix) in Diagonalform zu bringen, sind folgende Zeilenumformungen erlaubt:
> 1. Vertauschung zweier kompletter Zeilen
> 2. Addition eines geeigneten Vielfachen einer Zeile zu einer anderen Zeile
> 3. Multiplikation einer kompletten Zeile mit einer Zahl $\neq 0$

Das Schema

$$\left(\begin{array}{ccc|c} 1 & 5 & -2 & -s \\ 2 & -5 & 1 & 2+3s \\ 4 & 2 & -3 & 1-2s \end{array}\right)$$

wird zu

$$\left(\begin{array}{ccc|c} 1 & 5 & -2 & -s \\ 0 & -15 & 5 & 5s+2 \\ 0 & -18 & 5 & 2s+1 \end{array}\right),$$

indem man das (-2)-fache der ersten Zeile zur zweiten Zeile und das (-4)-fache der ersten Zeile zur dritten Zeile addiert. Im nächsten Schritt wird die zweite Zeile durch 5 geteilt und anschließend ihr 6-faches zur 3. Zeile addiert. Das ergibt

$$\left(\begin{array}{ccc|c} 1 & 5 & -2 & -s \\ 0 & -3 & 1 & s+2/5 \\ 0 & 0 & -1 & -4s-7/5 \end{array}\right).$$

Damit ist bereits eine obere Dreiecksmatrix entstanden. Um die Diagonalform zu erhalten, müssen jedoch noch weitere Schritte durchgeführt werden. Zunächst wird das (-2)-fache der dritten Zeile zur ersten Zeile addiert, sowie die zweite und dritte Zeile zusammengezählt. Es ergibt sich folgende Matrix:

$$\left(\begin{array}{ccc|c} 1 & 5 & 0 & 7s+14/5 \\ 0 & -3 & 0 & -1-3s \\ 0 & 0 & -1 & -4s-7/5 \end{array}\right)$$

Teilt man hier nun noch die zweite Zeile durch -3 und multipliziert die dritte Zeile mit -1, so muss man nun nur noch das (-5)-fache der zweiten Zeile mit der ersten addieren um zur gewünschten Diagonalmatrix zu gelangen. Sie lautet:

$$\left(\begin{array}{ccc|c} 1 & 0 & 0 & 2s+17/5 \\ 0 & 1 & 0 & s+1/3 \\ 0 & 0 & 1 & 4s+7/5 \end{array}\right),$$

die gesuchten Parameter sind also: $k = 2s + \frac{17}{15}$, $l = s + \frac{1}{3}$ und $r = 4s + \frac{7}{5}$.

Die gesuchte Schnittgerade ergibt sich, indem man den Parameter r in die Ebenengleichung einsetzt:

$$\vec{x} = \begin{pmatrix} 1 \\ 2 \\ 3 \end{pmatrix} + (4s + \tfrac{7}{5}) \cdot \begin{pmatrix} 2 \\ -1 \\ 3 \end{pmatrix} + s \cdot \begin{pmatrix} -1 \\ 3 \\ -2 \end{pmatrix}$$

Zusammenfassen kann man diese Gleichung, indem man den Parameter r in seine Bestandteile aufteilt (Distributivgesetz!) und dann mit den restlichen Gliedern der Gleichung zusammenrechnet:

$$\vec{x} = \begin{pmatrix} 1 \\ 2 \\ 3 \end{pmatrix} + \tfrac{7}{5} \cdot \begin{pmatrix} 2 \\ -1 \\ 3 \end{pmatrix} + 4s \begin{pmatrix} 2 \\ -1 \\ 3 \end{pmatrix} \cdot +s \cdot \begin{pmatrix} -1 \\ 3 \\ -2 \end{pmatrix} = \tfrac{1}{5} \cdot \begin{pmatrix} 19 \\ 3 \\ 36 \end{pmatrix} + s \cdot \begin{pmatrix} 7 \\ -1 \\ 10 \end{pmatrix}$$

In Excel lässt sich die Überprüfung der linearen Unabhängigkeit aus den vorangegangenen Beispielen übernehmen (siehe Abbildung 2.42).

Abb. 2.42: Lage Ebene - Ebene (source/ebene_ebene.xls)

	A	B	C	D	E	F	G	H	I	J	K
1	**Lage von zwei Ebenen**										
2											
3	**Ebene E_1:**										
4											
5	x_1		1				1				5
6	x_2	=	0	+	k	*	2	+	l	*	-5
7	x_3		2				4				2
8											
9	**Ebene E_2:**										
10											
11	x_1		1				2				-1
12	x_2	=	2	+	r	*	-1	+	s	*	3
13	x_3		3				3				-2
14											
15	**Bed:**										
16											
17		1	5	2							
18		2	-5	-1	=		-15				
19		4	2	3							
20											
21	**Vektoren linear unabhängig**										
22											
23	**Ebenen schneiden sich!**										

Für die Berechnung der Schnittgerade wird zunächst das Gleichungssystem eingetragen, bei dem alle Parameter auf eine Seite gebracht werden (siehe Abbildung 2.43 auf der nächsten Seite).

Die Lösung erfolgt jedoch über die Bildung der Diagonalenform, wie oben beschrieben. Die einzelnen Rechenschritte können zwar mit Excel über einfache Formeln realisiert werden, welcher Rechenschritt jedoch sinnvoll ist, muss man selbst entscheiden. Die Abbildungen 2.44 bis 2.49 auf Seite 81 zeigen die Formeln, die für die einzelnen Schritte der Umformung notwendig sind, damit das Ergebnis aus Abbildung 2.43 entsteht.

	A	B	C	D	E	F	G	H	I	J	K	L	M	N	O	P	Q	R	S
25	**Schnittgerade**																		
26																			
27	1				1				5		1				2				-1
28	0	+	k	*	2	+	l	*	-5	=	2	+	r	*	-1	+	s	*	3
29	2				4				2		3				3				-2
30																			
31			1				5				2				-1		0		
32	k	*	2	+	l	*	-5	-	r	*	-1	-	s	*	3	=	2		
33			4				2				3				-2		1		
34																			
35	1	*	k	+	5	*	l	-	2	*	r	+	1	*	s	=	0		1)
36	2	*	k	+	-5	*	l	+	1	*	r	-	3	*	s	=	2		2)
37	4	*	k	+	2	*	l	-	3	*	r	+	2	*	s	=	1		3)
38																			
39	1	*	k	+	5	*	l	-	2	*	r	=	0	-	1	*	s		
40	2	*	k	+	-5	*	l	+	1	*	r	=	2	+	3	*	s		
41	4	*	k	+	2	*	l	-	3	*	r	=	1	-	2	*	s		
42																			
43	Vereinfachtes Schema:																		
44																			
45	1	5	-2	0-s		1	5	-2	0-s		1	5	-2	0-s					
46	2	-5	1	2+3s	-'->	0	-15	5	5s+2	-'->	0	-3	1	s+2/5		-'->			
47	4	2	-3	1-2s		0	-18	5	2s+1		0	0	-1	-4s-7/5					
48																			
49	1	5	0	7s+14/5		1	5	0	7s+14/5		1	0	0	2s+17/15					
50	0	-3	0	-1-3s	-'->	0	1	0	s+1/3	-'->	0	1	0	s+1/3					
51	0	0	-1	-4s-7/5		0	0	1	4s+7/5		0	0	1	4s+7/5					
52																			
53		**k**	**=**	**2s+17/15**															
54		**l**	**=**	**s+1/3**															
55		**r**	**=**	**4s+7/5**															

Abb. 2.43: Lage Ebene - Ebene (source/ebene_ebene.xls)

	A	B	C	D	E	F	G	H	I
45	1	5	-2	0-s		=A45	=B45	=C45	=D45
46	2	-5	1	2+3s	-'->	=(-2*A45)+A46	=(-2*B45)+B46	=(-2*C45)+C46	5s+2
47	4	2	-3	1-2s		=(-4*A45)+A47	=(-4*B45)+B47	=(-4*C45)+C47	2s+1

Abb. 2.44: Schritt 1 der Umformung

	K	L	M	N
45	=F45	=G45	=H45	=I45
46	=F46/5	=G46/5	=H46/5	s+2/5
47	=-6*K46+F47	=-6*L46+G47	=-6*M46+H47	-4s-7/5

Abb. 2.45: Schritt 2 der Umformung

	A	B	C	D
49	=-2*K47+K45	=-2*L47+L45	=-2*M47+M45	7s+14/5
50	=K46+K47	=L46+L47	=M46+M47	-1-3s
51	=K47	=L47	=M47	=N47

Abb. 2.46: Schritt 3 der Umformung

	F	G	H	I
49	=A49	=B49	=C49	=D49
50	=A50/-3	=B50/-3	=C50/-3	s+1/3
51	=-A51	=-B51	=-C51	4s+7/5

Abb. 2.47: Schritt 4 der Umformung

	K	L	M	N
49	=-5*F50+F49	=-5*G50+G49	=-5*H50+H49	2s+17/15
50	=F50	=G50	=H50	=I50
51	=F51	=G51	=H51	=I51

Abb. 2.48: Schritt 5 der Umformung

	B	C	D
53	**k**	=	**=N49**
54	**l**	=	**=N50**
55	**r**	=	**=N51**

Abb. 2.49: Schritt 6 der Umformung

Leider muss man die rechte Seite des Koeffizientenschemas, in dem Zahlen mit dem Parameter kombiniert sind, von Hand berechnen, dazu ist Excel nicht in der Lage.

Nachdem nun die Parameter berechnet sind, muss nun nur noch der Parameter r in die Ebenengleichung der Ebene E_2 eingesetzt und zusammengefasst werden. Das Ergebnis zeigt Abbildung 2.50.

	A	B	C	D	E	F	G	H	I	J	K	L	M	N	O
58	**Schnittgerade:**														
59															
60	x_1		1				2				-1				
61	x_2	=	2	+	4s+7/5	*	-1	+	s	*	3				
62	x_3		3				3				-2				
63															
64	x_1		1				2				2				-1
65	x_2	=	2	+	1 2/5	*	-1	+	4s	*	-1	+	s	*	3
66	x_3		3				3				3				-2
67															
68	x_1		3 4/5				7								
69	x_2	=	3/5	+	s	*	-1								
70	x_3		7 1/5				10								
71															
72	$\mathbf{x_1}$				**19**				**7**						
73	$\mathbf{x_2}$	**=**	**1/5**	*	**3**	**+**	**s**	*	**-1**						
74	$\mathbf{x_3}$				**36**				**10**						

Abb. 2.50: Schnittgerade der Ebenen (source/ebene_ebene.xls)

Um die Parallelität zweier Ebenen nachzuweisen benötigt man insgesamt drei Determinanten. Zunächst müssen zwei Determinanten aus den Richtungsvektoren gebildet werden, hier genügt eine Determinante nicht.

Beispiel

Sind die beiden Ebenen parallel?

$$E_1 : \vec{x} = \begin{pmatrix} 1 \\ 0 \\ 2 \end{pmatrix} + k \cdot \begin{pmatrix} 5 \\ -5 \\ 8 \end{pmatrix} + l \cdot \begin{pmatrix} 1 \\ 2 \\ 1 \end{pmatrix} \qquad E_2 : \vec{x} = \begin{pmatrix} 1 \\ 2 \\ 3 \end{pmatrix} + r \cdot \begin{pmatrix} 2 \\ -1 \\ 3 \end{pmatrix} + s \cdot \begin{pmatrix} -1 \\ 3 \\ -2 \end{pmatrix}$$

Zunächst stellt man die Determinante aus den beiden Richtungsvektoren der ersten Ebene und dem ersten Richtungsvektor der zweiten Ebene auf.

$$\begin{vmatrix} 5 & 1 & 2 \\ -5 & 2 & -1 \\ 8 & 1 & 3 \end{vmatrix} = 0;$$

Als zweite Bedingung muss auch die Determinante aus den beiden Richtungsvektoren der ersten Ebene und dem zweiten Richtungsvektor der zweiten Ebene den Wert Null haben, damit ist die lineare Abhängigkeit der Richtungsvektoren nachgewiesen:

$$\begin{vmatrix} 5 & 1 & -1 \\ -5 & 2 & 3 \\ 8 & 1 & -2 \end{vmatrix} = 0$$

Nun muss nur noch überprüft werden, ob die Ebenen tatsächlich parallel oder identisch sind. Dazu bildet man die Determinante aus den Richtungsvektoren der ersten Ebene und dem Verbindungsvektor zwischen den Punkten. Liefert diese die lineare Unabhängigkeit der Vektoren, sind die Ebenen parallel, bei linearer Unabhängigkeit sind sie identisch. Hier handelt es sich tatsächlich um parallele Ebenen, da

$$\begin{vmatrix} 5 & 1 & (1-1) \\ -5 & 2 & (0-2) \\ 8 & 1 & (2-3) \end{vmatrix} = -21$$

In Excel lassen sich für diese Aufgabe wieder die vorangegangenen Beispiele anpassen, weshalb hier auf eine ausführliche Beschreibung verzichtet wird. Abbildung 2.51 auf der nächsten Seite zeigt die vollständige Lösung.

	A	B	C	D	E	F	G	H	I	J	K	L	M
1	**Lage von zwei Ebenen**												
2													
3	**Ebene E_1:**												
4													
5	x_1		1				5				1		
6	x_2	=	0	+	k	*	-5	+	l	*	2		
7	x_3		2				8				1		
8													
9	**Ebene E_2:**												
10													
11	x_1		1				2				-1		
12	x_2	=	2	+	r	*	-1	+	s	*	3		
13	x_3		3				3				-2		
14													
15	**Bed 1:**								**Bed2:**				
16													
17		5	1	2					5	1	-1		
18		-5	2	-1	=	0			-5	2	3	=	0
19		8	1	3					8	1	-2		
20													
21	**Vektoren linear abhängig**								**Vektoren linear abhängig**				
22													
23			**Ebenen sind parallel oder identisch**										
24													
25	**Bed3:**												
26													
27		5	1	0									
28		-5	2	-2	=	-21							
29		8	1	-1									
30													
31	**Vektoren linear unabhängig**												
32													
33	**Ebenen sind parallel**												

Abb. 2.51: parallele Ebenen (source/ebene_ebene2.xls)

2.10.5 Normalenformen

Eine weitere Darstellungsform für Geraden ist die mit Hilfe eines Normalenvektors. Daraus lässt sich auch eine elegante Möglichkeit herleiten, den Abstand eines Punktes zu einer Geraden zu bestimmen.

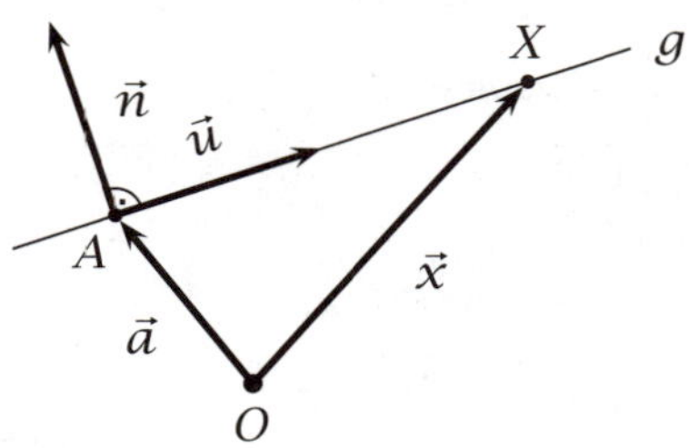

Abb. 2.52: Normalenvektor

Ein Normalenvektor ist derjenige Vektor, der auf der Geraden senkrecht steht. Hat man eine Gerade $g : \vec{x} = \vec{a} + k \cdot \vec{u}$ und deren Normalenvektor $\vec{n} \neq \vec{0}$ gegeben, lässt sich die Gerade auch darstellen über die Normalenform

$$\vec{n} \cdot (\vec{x} - \vec{a}) = 0,$$

da sich der Richtungsvektor $k \cdot \vec{u}$ schreiben lässt als $\vec{x} - \vec{a}$, und das Skalarprodukt von Vektoren, die aufeinander senkrecht stehen, Null ergibt (vgl. Abbildung 2.52 auf der vorherigen Seite).

Beispiel

Gegeben ist die Gerade $g : \vec{x} = \begin{pmatrix} 1 \\ 4 \end{pmatrix} + k \cdot \begin{pmatrix} 3 \\ 1 \end{pmatrix}$ Wie lautet ihre Gleichung in Normalenform?

Als Erstes muss der Normalenvektor gebildet werden. Bei einer Geraden im $\mathbb{R}^2$ geht das sehr einfach. Man vertauscht die beiden Koordinaten und bei einer Koordinate dreht man das Vorzeichen um. Der Normalenvektor $\vec{n}$ muss hier also lauten: $\begin{pmatrix} -1 \\ 3 \end{pmatrix}$.

Probe: $\begin{pmatrix} 3 \\ 1 \end{pmatrix} \cdot \begin{pmatrix} -1 \\ 3 \end{pmatrix} = (3 \cdot -1) + (1 \cdot 3) = 0.$

Die Normalenform der Geraden lautet also:

$$\begin{pmatrix} -1 \\ 3 \end{pmatrix} \cdot (\vec{x} - \begin{pmatrix} 1 \\ 4 \end{pmatrix}) = 0$$

Die Lösung dieser Aufgabe in Excel besteht nur aus sehr einfachen Formeln, wie die Abbildungen 2.53 (Formeln) und 2.54 (Ergebnis) zeigen.

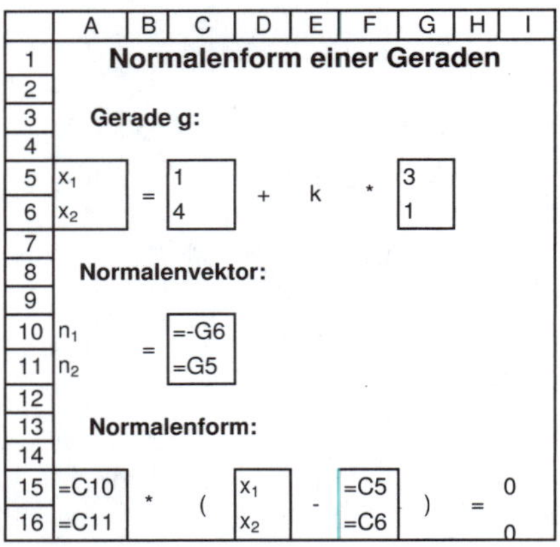

Abb. 2.53: Normalenform der Geraden (Formeln)

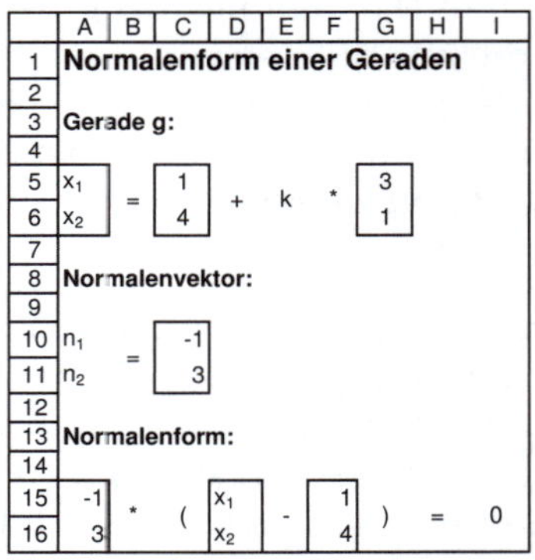

Abb. 2.54: Ergebnis (source/normalenform.xls

Die Hesse'sche Normalenform

Eine besondere Normalenform ist die Hesse'sche Normalenform. Bei ihr wird der normierte Normalenvektor verwendet, also der Normalenvektor der Länge 1. Die Hesse'sche Normalenform dient im $\mathbb{R}^2$ dazu, den Abstand eines Punktes zur Gerade zu ermitteln. Dazu muss nur der Ortsvektor des Punktes anstelle von $\vec{x}$ in die Normalenform $\vec{n}^\circ \cdot (\vec{x} - \vec{a})$ eingesetzt werden.

Der Abstand des Punktes zur Gerade berechnet sich damit über den Betrag der Normalenform: $d(P;g) = | \vec{n}^\circ \cdot (\vec{p} - \vec{a})|$.

Das Vorzeichen des Skalarproduktes gibt dabei an, auf welcher Seite der Geraden der Punkt P liegt. Ist $d>0$, so liegen P und der Ursprung nicht in der selben Halbebene, ist $d<0$, so liegen Punkt und Ursprung auf der selben Seite der Geraden. Ist $d=0$ liegt P auf der Geraden.

Beispiel

Welchen Abstand hat der Punkt P(2|1) von der Geraden
$g : \vec{x} = \begin{pmatrix} 1 \\ 4 \end{pmatrix} + k \cdot \begin{pmatrix} 3 \\ 1 \end{pmatrix}$?

Der Normalenvektor dieser Geraden ist wie bereits berechnet $\vec{n} = \begin{pmatrix} -1 \\ 3 \end{pmatrix}$.

Dieser Vektor hat den Betrag $\sqrt{10}$, somit lautet der normierte Normalenvektor $\vec{n}^\circ = \begin{pmatrix} \frac{-1}{\sqrt{10}} \\ \frac{3}{\sqrt{10}} \end{pmatrix}$.

Setzt man den Punkt P nun in die Hesse'sche Normalenform ein, so ergibt sich:

$$\begin{pmatrix} \frac{-1}{\sqrt{10}} \\ \frac{3}{\sqrt{10}} \end{pmatrix} \cdot \left(\begin{pmatrix} 2 \\ 1 \end{pmatrix} - \begin{pmatrix} 1 \\ 4 \end{pmatrix} \right) = \begin{pmatrix} \frac{-1}{\sqrt{10}} \\ \frac{3}{\sqrt{10}} \end{pmatrix} \cdot \begin{pmatrix} 1 \\ -3 \end{pmatrix} =$$

$$-\frac{1}{\sqrt{10}} \cdot 1 + \frac{3}{\sqrt{10}} \cdot (-3) = -\frac{1}{\sqrt{10}} - \frac{9}{\sqrt{10}} = -\frac{10}{\sqrt{10}}.$$

Der Punkt hat also einen Abstand von $d = \frac{10}{\sqrt{10}}$. Das negative Vorzeichen sagt, dass Punkt und Ursprung auf der selben Seite der Geraden liegen.

In Excel kann man für die Lösung dieser Aufgabe auf die bereits erstellte Normalenform zurückgreifen (Abbildung 2.54 auf der vorherigen Seite) und diese entsprechend ergänzen. Der berechnete Normalenvektor muss normiert werden, wird also durch seinen Betrag geteilt. Dazu lauten die Formeln in Zelle `J10` bzw. `J11`:
`=C10/WURZEL(C10^2 + C11^2)` bzw. `=C11/WURZEL(C10^2 + C11^2)`

Die Normalenform wird dann mit diesem normierten Vektor aufgestellt.

Um den Abstand zwischen Punkt und Gerade zu ermitteln, wird nun in diese Normalenform der Punkt eingesetzt (hier in den Zellen `D20` und `D21`)

In den Zeilen `23` und `24` wird dann die Differenz der beiden Ortsvektoren gebildet und dann das Skalarprodukt zwischen Normalenvektor und Differenzvektor berechnet. Die Formel für das Skalarprodukt in Zelle `I23` lautet: `=A23*D23 + A24*D24`

Da es sich um ein negatives Ergebnis handelt, muss man für den Abstand davon noch den Betrag berechnen, da Längen ja nie negativ sein dürfen. In Zelle `C26` steht also die Betragsformel `=ABS(I23)`.

Über das Vorzeichen des Skalarprodukts lässt sich noch die Lage des Punktes näher bestimmen. Excel liefert dies über eine Wenn-Funktion in Zelle `F26`: `=WENN(I23>0;“P liegt nicht in der Halbebene von 0”; “P liegt in der Halbebene von P”)`.

Die gesamte Berechnung zeigt Abbildung 2.55.

	A	B	C	D	E	F	G	H	I	J	K	L
1	**Hesse'sche Normalenform einer Geraden**											
2												
3	**Gerade g:**								**Punkt P:**			
4												
5	x_1	=	1	+	k	*	3			2		
6	x_2		4				1			1		
7												
8	**Normalenvektor:**							**Normalenvektor normiert:**				
9												
10	n_1	=	-1					n_1	=	-0,32		
11	n_2		3					n_2		0,949		
12												
13	**Normalenform:**											
14												
15	-0,32	*	(	x_1	-	1	)	=	0			
16	0,949			x_2		4						
17												
18	**Abstand:**											
19												
20	-0,32	*	(	2	-	1	)	=				
21	0,949			1		4						
22												
23	-0,32	*		1				=	-3,2			
24	0,949			-3								
25												
26	**d**	**=**	**3,2**			**P liegt in der Halbebene von 0**						

Abb. 2.55: Hesse’sche Normalenform der Geraden (source/hesse_normalenform.xls)

Normalenform einer Ebene

Auch Ebenen lassen sich in Normalenform darstellen. Die Normalenform der Ebene lautet wie bei der Geraden

$$\vec{n} \cdot (\vec{x} - \vec{a}) = 0,$$

allerdings ist der Normalenvektor etwas schwieriger zu bestimmen. Der Normalenvektor wird berechnet über das Vektorprodukt der beiden Richtungsvektoren der Ebene (vgl. Kapitel 2.6 auf Seite 45).

Die Hesse'sche Normalenform wird aus der Normalenform genauso berechnet wie bei der Geraden. Damit lässt sich dann der Abstand eines Punktes von der Ebene angeben. Dabei gelten für die Lage dieselben Regeln.

Auf eine Realisierung mit Excel wird hier verzichtet, da sowohl das Vektorprodukt als auch die Hesse'sche Normalenform bei der Geraden bereits gezeigt wurden. Es bleibt jedem selbst überlassen, aus den gezeigten Einzelteilen eine derartige Aufgabe zu lösen.

2.11 Aufgaben

1. Gegeben sind die Vektoren
   $\vec{a} = \begin{pmatrix} 4 \\ 0 \\ -2 \end{pmatrix}$, $\vec{b} = \begin{pmatrix} -2 \\ 3 \\ 1 \end{pmatrix}$, $\vec{c} = \begin{pmatrix} 1 \\ -3 \\ 1 \end{pmatrix}$ Berechnen Sie:

   a) $\vec{a} + \vec{b}$
   b) $\vec{a} - \vec{b} + \vec{c}$
   c) $(\vec{a} + \vec{b}) - (\vec{c} - \vec{a})$
   d) $\vec{a} + \vec{b} + \vec{c} - (\vec{c} - \vec{b})$
   e) $2\vec{a} - 3\vec{c}$
   f) $\frac{1}{2}\vec{a} + (\vec{b} - 2\vec{c})$
   g) $\frac{1}{3}[(\vec{a} + \frac{1}{3}\vec{b}) \cdot 3 - 3\vec{c}]$

   (Lösung: loesungen/vektor1.xls)

2. Berechnen Sie den Vektor $\vec{x}$ aus den Vektorgleichungen:

   a)
   $$2\begin{pmatrix} 0 \\ -1 \\ 3 \end{pmatrix} - \frac{1}{2}\begin{pmatrix} 2 \\ 2 \\ 4 \end{pmatrix} = \vec{x} + \begin{pmatrix} -2 \\ -1 \\ 1 \end{pmatrix}$$

   b)
   $$\vec{x} - \begin{pmatrix} 2 \\ 1 \\ 5 \end{pmatrix} = \begin{pmatrix} -1 \\ 2 \\ 3 \end{pmatrix} - 2\vec{x} + \frac{1}{3}\begin{pmatrix} -3 \\ 0 \\ 12 \end{pmatrix}$$

   (Lösung: loesungen/vektor2.xls)

3. Gegeben sind die Vektoren

   $$\vec{a} = \begin{pmatrix} 2 \\ 1 \\ -1 \end{pmatrix}, \vec{b} = \begin{pmatrix} 0 \\ -1 \\ 3 \end{pmatrix}, \vec{c} = \begin{pmatrix} 2 \\ 2 \\ 4 \end{pmatrix}$$

   Bestimmen Sie die Komponentendarstellung von

   a) $\vec{d} = \vec{a} - 2\vec{b}$
   b) $\vec{e} = \vec{a} + 2\vec{b} - \frac{1}{2}\vec{c}$

   (Lösung: loesungen/vektor3.xls)

4. Untersuchen Sie, ob die gegebenen Vektoren linear abhängig sind.

a) $\begin{pmatrix} 4 \\ 0 \\ -2 \end{pmatrix}, \begin{pmatrix} -2 \\ 3 \\ 1 \end{pmatrix}, \begin{pmatrix} 1 \\ -3 \\ 1 \end{pmatrix}$ b) $\begin{pmatrix} 1 \\ 2 \\ 4 \end{pmatrix}, \begin{pmatrix} -3 \\ 7 \\ 0 \end{pmatrix}, \begin{pmatrix} 5 \\ -3 \\ 8 \end{pmatrix}$ c) $\begin{pmatrix} 1 \\ 0 \\ -2 \end{pmatrix}, \begin{pmatrix} -2 \\ 0 \\ 4 \end{pmatrix}, \begin{pmatrix} 1 \\ 1 \\ 1 \end{pmatrix}$

(Lösung: loesungen/vektor4.xls)

5. Weisen Sie nach, dass die Punkte $A = \begin{pmatrix} 1 \\ 1,5 \end{pmatrix}$, $B = \begin{pmatrix} 4 \\ 2 \end{pmatrix}$, $C = \begin{pmatrix} 6,5 \\ 6 \end{pmatrix}$ und $D = \begin{pmatrix} 3,5 \\ 5,5 \end{pmatrix}$ ein Parallelogramm bilden.
(Lösung: loesungen/vektor5.xls)

6. Überprüfen Sie, ob der Punkt $Q = \begin{pmatrix} 1 \\ 0 \\ 10 \end{pmatrix}$ auf der Gerade liegt, die durch die beiden Punkte $A = \begin{pmatrix} 3 \\ 2 \\ 0 \end{pmatrix}$ und $B = \begin{pmatrix} 2 \\ 1 \\ 5 \end{pmatrix}$ festgelegt wird.

(Lösung: loesungen/vektor6.xls)

7. Welchen Abstand haben die Punkte P(1|1) und Q(-1|5) von der Geraden $g : \vec{x} = \begin{pmatrix} 3 \\ 4 \end{pmatrix} + k \cdot \begin{pmatrix} 1 \\ 0 \end{pmatrix}$?

(Lösung: loesungen/vektor7.xls)

8. Untersuchen Sie die gegenseitige Lage der beiden Ebenen und berechnen Sie gegebenenfalls die Schnittgerade.

$E_1 : \begin{pmatrix} 1 \\ 4 \\ -2 \end{pmatrix} + k \cdot \begin{pmatrix} 5 \\ 2 \\ 1 \end{pmatrix} + l \cdot \begin{pmatrix} 1 \\ 3 \\ 8 \end{pmatrix}$ $E_2 : \begin{pmatrix} 4 \\ 0 \\ 15 \end{pmatrix} + r \cdot \begin{pmatrix} 7 \\ -5 \\ 26 \end{pmatrix} + s \cdot \begin{pmatrix} 21 \\ 11 \\ -4 \end{pmatrix}$

(Lösung: loesungen/vektor8.xls)

3 Rechnen mit Matrizen

Matrizen sind ein wichtiges Element der linearen Algebra. Sie dienen unter anderem der Lösung von linearen Gleichungssystemen, indem man die Koeffizienten des Gleichungssystems als Matrix schreibt und mit dieser die Variablen berechnet. So hat etwa das Gleichungssystem

$$\begin{aligned} 2x - 3y + z &= 1 \\ 2x - y + 4z &= 0 \\ 3x + 5y - 3z &= 11 \end{aligned}$$

die einfache Matrix $\begin{pmatrix} 2 & -3 & 1 \\ 2 & -1 & 4 \\ 3 & 5 & -3 \end{pmatrix}$ und die erweiterte $\begin{pmatrix} 2 & -3 & 1 & 1 \\ 2 & -1 & 4 & 0 \\ 3 & 5 & -3 & 11 \end{pmatrix}$.

3.1 Addition und Subtraktion von Matrizen

Wie bei den Vektoren werden auch Matrizen addiert und subtrahiert, indem man die entsprechenden Koeffizienten der Matrizen addiert bzw. subtrahiert.

$$\begin{pmatrix} 2 & -3 & 1 \\ 2 & -1 & 4 \\ 3 & 5 & -3 \end{pmatrix} + \begin{pmatrix} 1 & 2 & 1 \\ 3 & -1 & 5 \\ -2 & 1 & 3 \end{pmatrix} = \begin{pmatrix} 3 & -1 & 2 \\ 5 & -2 & 9 \\ 1 & 6 & 0 \end{pmatrix}$$

In Excel wird eine derartige Rechnung mit einfachsten Formeln zur Addition und Subtraktion realisiert, da immer nur zwei Zahlen addiert oder subtrahiert werden müssen. Abbildung 3.1 auf der nächsten Seite zeigt alle notwendigen Formeln um das obige Beispiel zu realisieren, Abbildung 3.2 auf der nächsten Seite zeigt das Ergebnis dieser Berechnungen.

	A	B	C	D	E	F	G	H	I	J	K
1	Addition von Matrizen										
2											
3	2	-3	1		1	2	1		=A3+E3	=B3+F3	=C3+G3
4	2	-1	4	+	3	-1	5	=	=A4+E4	=B4+F4	=C4+G4
5	3	5	-3		-2	1	3		=A5+E5	=B5+F5	=C5+G5
6											
7	Subtraktion von Matrizen										
8											
9	2	-3	1		1	2	1		=A9-E9	=B9-F9	=C9-G9
10	2	-1	4	-	3	-1	5	=	=A10-E10	=B10-F10	=C10-G10
11	3	5	-3		-2	1	3		=A11-E11	=B11-F11	=C11-G11

Abb. 3.1: Addition und Subtraktion zweier Matrizen (Formeln)

	A	B	C	D	E	F	G	H	I	J	K
1	Addition von Matrizen										
2											
3	2	-3	1		1	2	1		3	-1	2
4	2	-1	4	+	3	-1	5	=	5	-2	9
5	3	5	-3		-2	1	3		1	6	0
6											
7	Subtraktion von Matrizen										
8											
9	2	-3	1		1	2	1		1	-5	0
10	2	-1	4	-	3	-1	5	=	-1	0	-1
11	3	5	-3		-2	1	3		5	4	-6

Abb. 3.2: Addition und Subtraktion zweier Matrizen (Ergebnisse) (source/matrixaddsub.xls)

3.2 Vielfaches einer Matrix

Auch das Vielfache einer Matrix wird analog zum Vielfachen eines Vektors gebildet. Jedes Element der Matrix wird mit dem skalaren Faktor multipliziert.

So ergibt sich:

$$3 \cdot \begin{pmatrix} 2 & -3 & 1 \\ 2 & -1 & 4 \\ 3 & 5 & -3 \end{pmatrix} = \begin{pmatrix} 6 & -9 & 3 \\ 6 & -3 & 12 \\ 9 & 15 & -9 \end{pmatrix}$$

Diese Rechnung ist mit Excel ebenfalls wieder kein Problem, wie die Abbildungen 3.3 und 3.4 auf der nächsten Seite zeigen.

	A	B	C	D	E	F	G	H	I
1	**Vielfaches einer Matrix**								
2									
3			2	-3	1		=$A$4*C3	=$A$4*D3	=$A$4*E3
4	3	*	2	-1	4	=	=$A$4*C4	=$A$4*D4	=$A$4*E4
5			3	5	-3		=$A$4*C5	=$A$4*D5	=$A$4*E5

Abb. 3.3: Vielfaches einer Matrix (Formeln)

	A	B	C	D	E	F	G	H	I
1	**Vielfaches einer Matrix**								
2									
3			2	-3	1		6	-9	3
4	3	*	2	-1	4	=	6	-3	12
5			3	5	-3		9	15	-9

Abb. 3.4: Vielfaches einer Matrix (Ergebnisse) (source/matrixvielf.xls)

3.3 Multiplikation von Matrizen

Die Multiplikation von Matrizen ist nur erklärt, wenn die Spaltenzahl der ersten Matrix gleich der Zeilenzahl der zweiten Matrix ist. Die Elemente der Ergebnismatrix berechnen sich allgemein nach der Formel:

$$c_{ij} = \sum_{l=1}^{n} a_{il} b_{lj}$$

Dies bedeutet, das erste Element berechnet sich als Skalarprodukt des ersten Zeilenvektors der ersten Matrix mit dem ersten Spaltenvektor der zweiten Matrix usw.

Beispiel

$$\begin{pmatrix} 2 & 4 & -3 \\ 1 & 0 & 6 \end{pmatrix} \cdot \begin{pmatrix} 1 & 7 \\ 2 & 5 \\ 6 & 0 \end{pmatrix} = \begin{pmatrix} -8 & 34 \\ 37 & 7 \end{pmatrix}$$

Die Ergebnismatrix errechnet sich über folgende vier Skalarprodukte:

- $c_{11} = 2 \cdot 1 + 4 \cdot 2 + (-3) \cdot 6 = -8$
- $c_{12} = 2 \cdot 7 + 4 \cdot 5 + (-3) \cdot 0 = 34$
- $c_{21} = 1 \cdot 1 + 0 \cdot 2 + 6 \cdot 6 = 37$
- $c_{22} = 1 \cdot 7 + 0 \cdot 5 + 6 \cdot 0 = 7$

Diese aufwändige und fehleranfällige Rechnung lässt sich auch mit Excel erledigen, auch wenn man dabei einige Feinheiten beachten muss. Excel besitzt die Funktion `MMULT` für die Matrixmultiplikation. Um diese verwenden zu können, muss man zunächst den Bereich, in dem die Ergebnismatrix angezeigt werden soll, markieren. Dazu muss man jedoch wissen, wie groß die Matrix wird. Das obige Beispiel hat gezeigt, dass die Multiplikation einer 2X3-Matrix mit einer 3X2-Matrix eine 2X2-Matrix ergibt. Die

Ergebnismatrix hat also die Zeilenzahl der ersten und die Spaltenzahl der zweiten Matrix. Bei Matrizen mit gleich vielen Zeilen und Spalten ist dies ungleich einfacher.

	A	B	C	D	E	F	G	H
1	**Multiplikation von Matrizen**							
2								
3	1	2	*	2	1	=	4	11
4	3	4		1	5		10	23

Abb. 3.5: Multiplikation zweier Matrizen (source/matrixmultiplikation.xls)

Für die Matrixmultiplikation in Abbildung 3.5 wurde zunächst die Angabe eingetragen. Für die Ergebnismatrix muss hier der Bereich `G3:H4` markiert werden. Anschließend kann über den Funktionsassistenten die Funktion `MMULT` ausgewählt werden. Als Matrix1 wird der Bereich `A3:B4` eingetragen bzw. per Maus ausgewählt, als Matrix2 der Bereich D3:E4 (siehe Abbildung 3.6). Beendet man die Eingabe nun, wie es eigentlich logisch wäre, über den Ende-Button, so erlebt man eine böse Überraschung! Excel trägt nur das erste Matrixelement ein, hier also die 4. Beendet man das Eingabefenster jedoch über die Tastenkombination `Strg-Umschalt-Return`, so trägt Excel alle vier Matrixelemente in die zuvor markierten Zellen ein, wie es eigentlich sein sollte.

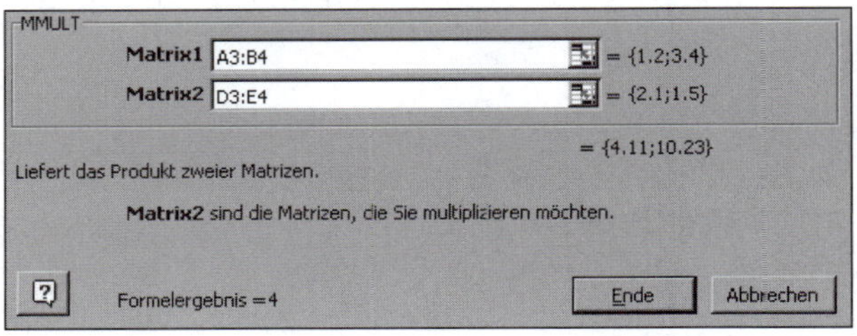

Abb. 3.6: Eingabefenster der MMULT-Funktion

3.4 Determinante einer quadratischen Matrix

Besitzt eine Matrix gleich viele Zeilen und Spalten, so spricht man von einer quadratischen Matrix. Von derartigen Matrizen kann man die Determinante berechnen. Die Determinante einer 2X2-Matrix berechnet sich über folgende Formel:

$$\begin{vmatrix} a_{11} & a_{12} \\ a_{21} & a_{22} \end{vmatrix} = a_{11} \cdot a_{22} - a_{21} \cdot a_{12}$$

Es wird also vom Produkt der Elemente der Hauptdiagonalen (von links oben nach rechts unten) das Produkt der Elemente der Nebendiagonalen (von links unten nach rechts oben) subtrahiert.

Auch die Determinante einer 3x3-Matrix lässt sich noch relativ einfach berechnen. Hilfreich ist dabei die Merkregel von Sarrus:

> „Man schreibe die ersten beiden Spalten der Determinante noch einmal hin und bilde dann die Summe der Produkte der Hauptdiagonalelemente und der Elemente parallel zur Hauptdiagonalen, wovon die Summe der Produkte der Nebendiagonalen und der Elemente parallel zur Nebendiagonalen zu subtrahieren ist."

Nach dieser Regel berechnet sich die Determinante also wie folgt:

$$\begin{vmatrix} a_{11} & a_{12} & a_{13} \\ a_{21} & a_{22} & a_{23} \\ a_{31} & a_{32} & a_{33} \end{vmatrix} \begin{matrix} a_{11} & a_{12} \\ a_{21} & a_{22} \\ a_{31} & a_{32} \end{matrix} =$$

$$a_{11} \cdot a_{22} \cdot a_{33} + a_{12} \cdot a_{23} \cdot a_{31} + a_{13} \cdot a_{21} \cdot a_{32}$$

$$-a_{31} \cdot a_{22} \cdot a_{13} - a_{32} \cdot a_{23} \cdot a_{11} - a_{33} \cdot a_{21} \cdot a_{12}$$

Diese zeitaufwändige und fehleranfällige Berechnung lässt sich auch mit Excel durchführen. Dazu dient die Funktion `=MDET(Matrix)`.

Abbildung 3.7 zeigt eine Tabelle, in der die Determinante für eine 2x2-Matrix und eine 3x3-Matrix berechnet werden. Die Formel für die 2x2-Matrix in Zelle `E3` lautet: `=MDET(A3:B4)`

Analog muss die Formel für die dreireihige Matrix in Zelle `E7` lauten: `=MDET(A7:C9)`

Abb. 3.7: Determinantenberechnung (source/determinante.xls)

	A	B	C	D	E	F	G
1	**Determinante einer quadratischen Matrix**						
2							
3	1	2		Determinante:	**-2**		
4	3	4					
5							
6							
7	1	2	3	Determinante:	**-18**		
8	2	3	1				
9	3	1	2				

3.4.1 Determinantenverfahren nach Cramer

Wie bereits erwähnt, lassen sich mit Hilfe von Matrizen bzw. Determinanten Gleichungssysteme lösen. Allgemein lautet ein derartiges Gleichungssystem:

$$a_1x + b_1y + c_1 = 0$$
$$a_2x + b_2y + c_2 = 0$$

Um dieses Gleichungssystem über das sogenannte Determinantenverfahren lösen zu können, müssen drei verschiedene Determinanten gebildet werden.

1. Die Koeffizientenmatrix D: $\begin{vmatrix} a_1 & b_1 \\ a_2 & b_2 \end{vmatrix} = a_1 \cdot b_2 - a_2 \cdot b_1$
2. Die x-Determinante D_x: $\begin{vmatrix} b_1 & c_1 \\ b_2 & c_2 \end{vmatrix} = b_1 \cdot c_2 - b_2 \cdot c_1$
3. Die y-Determinante D_y: $\begin{vmatrix} c_1 & a_1 \\ c_2 & a_2 \end{vmatrix} = c_1 \cdot a_2 - c_2 \cdot a_1$

Dabei hilft die Determinante zu bestimmen, wieviele Lösungen es gibt:

- Ist $D \neq 0$, so existiert eine eindeutige Lösung des Gleichungssystems, da sich dann die beiden Geraden schneiden. Die Lösung ergibt sich über die Cramer'sche Regel, die lautet:

$$x = \frac{D_x}{D}; \qquad y = \frac{D_y}{D}$$

- Ist $D = 0$, so sind die Geraden parallel oder identisch. Um dies zu überprüfen, muss man sich das Gleichungssystem bzw. D_x und D_y genauer ansehen.
  - Sind D_x und D_y beide Null, so sind die beiden Geraden identisch und es gibt unendlich viele Lösungen.
  - Ist entweder D_x oder D_y ungleich Null, so sind die beiden Geraden parallel und es existiert keine Lösung.

☞ **Gabriel Cramer**

Der schweizer Mathematiker Gabriel Cramer (1704-1752) war der Erste, der Gleichungssysteme über die Determinanten löste.

Abb. 3.8: Determinantenverfahren zur Lösung linearer Gleichungssysteme (source/cramer.xls)

	A	B	C	D	E	F	G	H	I	J
1	**Determinantenverfahren (Cramer`sche Regel)**									
2										
3	**Gleichung1:**	3	x	+	5	y	+	4	=	0
4	**Gleichung2:**	7	x	+	2	y	+	3	=	0
5										
6	**D:**	3	5	=	-29		eindeutig lösbar			
7		7	2							
8										
9	**D_x:**	5	4	=	7					
10		2	3							
11										
12	**D_y:**	4	3	=	19					
13		3	7							
14										
15	**x:**	**-0,24**		**y:**		**-0,66**				

Mit Excel kann man sich eine Tabelle erstellen, in der man die Koeffizienten des Gleichungssystems variabel hält, die entsprechenden Determinanten berechnet und so die Lösung des Gleichungssystems bestimmt (siehe Abbildung 3.8).

Dazu wird zunächst das Gleichungssystem aufgeschrieben (jedes Element erhält eine eigene Zelle!). Danach werden die drei Determinanten gebildet, indem ihnen die Werte der Koeffizienten als Matrixelemente zugewiesen werden. D berechnet sich beispielsweise über folgende vier Formeln:

- Zelle B6: =B3
- Zelle B7: =B4
- Zelle C6: =C3
- Zelle C7: =C4

Analog werden die x-Determinante und die y-Determinante mit den entsprechenden Koeffizienten gebildet.

Anschließend müssen die Werte der drei Determinanten berechnet werden. Die Formel für D in Zelle E6 lautet: `=MDET(B6:C7)`

Entsprechend werden die beiden anderen Determinanten berechnet. Zelle E9 (D_x): `=MDET(B9:C10)`

Zelle E12 (D_y): `=MDET(B12:C13)`

Da die Cramer'sche Regel nur angewendet werden kann, wenn $D \neq 0$, findet in Zelle G6 eine Überprüfung von D mittels einer WENN-Formel statt: `=WENN(E6<>0;"eindeutig lösbar";" ")`

Fällt diese Überprüfung positiv aus, gibt es also eine eindeutige Lösung, so werden in Zeile 15 die beiden Variablen x und y über die Cramer'sche Regel berechnet:

- Variable x in Zelle `B15`: `=E9/E6`
- Variable y in Zelle `F15`: `=E12/E6`

Damit ist das gegebene Gleichungssystem gelöst. Eine andere Möglichkeit ist die Lösung des Gleichungssystems mit der inversen Matrix (siehe Kapitel 3.6 auf der nächsten Seite).

3.5 Transponierte Matrix

Die transponierte Matrix A^T erzeugt man, indem man die Ausgangsmatrix an der Hauptdiagonalen spiegelt, also die Zeilenvektoren der Ausgangsmatrix als Spaltenvektoren schreibt.

Beispiel

Für $A = \begin{pmatrix} 1 & 2 \\ 3 & 4 \end{pmatrix}$ lautet die transponierte Matrix $A^T = \begin{pmatrix} 1 & 3 \\ 2 & 4 \end{pmatrix}$

Excel besitzt zum Erzeugen der transponierten Matrix A^T eine spezielle Funktion, die Funktion `MTRANS`. Um wie in Abbildung 3.9 die transponierte Matrix zu berechnen, müssen folgende Schritte durchgeführt werden, damit die gesamte Matrix und nicht nur das erste Element angezeigt wird:

1. Den Bereich markieren, in dem die transponierte Matrix dargestellt werden soll (hier `D4:E5`)
2. Funktion für die transponierte Matrix über den Funktionsassistenten oder direkt eintragen (`=MTRANS(A4:B5)`)
3. Strg+Umschalt+Return drücken

	A	B	C	D	E
1	**Transponierte Matrix**				
2					
3	**A**			**A^T**	
4	1	2		1	3
5	3	4		2	4

Abb. 3.9: Berechnung der transponierten Matrix

3.6 Inverse einer Matrix

Jede quadratische Matrix A besitzt eine inverse Matrix. Diese ergibt multipliziert mit der Ausgangsmatrix die Einheitsmatrix. Mit Hilfe der inversen Matrix lassen sich Gleichungssysteme lösen. Um die inverse Matrix zu berechnen, gibt es mehrere Methoden. Die einfachste ist jedoch über den Ansatz:

$$A^{-1} = \frac{1}{\det A} A^T$$

Die inverse Matrix der Matrix $A = \begin{pmatrix} 1 & 2 \\ 3 & 4 \end{pmatrix}$ ist dann nach obiger Formel:

$$A^{-1} = \frac{1}{-2} \begin{pmatrix} 1 & 3 \\ 2 & 4 \end{pmatrix} = \begin{pmatrix} \frac{1}{-2} & \frac{3}{-2} \\ \frac{2}{-2} & \frac{4}{-2} \end{pmatrix}$$

Für die Berechnung der inversen Matrix stellt Excel die Funktion `MINV` zur Verfügung. Da das Ergebnis dieser Funktion wieder eine Matrix ergibt, müssen die gleichen Tricks angewendet werden wie bei der Matrixmultiplikation, damit Excel die Rechnung auch richtig durchführt und die komplette Matrix anzeigt. Um wie in Abbildung 3.10 auf der nächsten Seite die inverse Matrix zu berechnen, müssen folgende Schritte durchgeführt werden:

1. Den Bereich markieren, in dem die inverse Matrix dargestellt werden soll (hier `B9:D11`)
2. Funktion für die inverse Matrix direkt eintragen (`=MINV(B2:D4)`) oder über den Funktionsassistenten
3. Strg+Umschalt+Return drücken

Zur Kontrolle kann man nun die Ausgangsmatrix und die soeben berechnete Inverse wieder miteinander multiplizieren. Herauskommen muss dabei die Einheitsmatrix. Die Formel für den Bereich `B15:D17` muss lauten (Nicht vergessen, den Bereich zuvor zu markieren und die Eingabe mit `Strg+Umschalt+Return` zu beenden): `=MMULT(B2:D4;B9:D11)`

Nun ist es möglich, ein lineares Gleichungssystem mit der inversen Matrix zu lösen. Allgemein löst man ein Gleichungssystem der Form $A\vec{x} = \vec{b}$, indem man den Vektor $\vec{b}$ von links mit der Inversen Matrix A^{-1} multipliziert. Übertragen auf das Beispiel muss die Formel für den Bereich `E21:E23` lauten: `=MMULT(B9:D11;B21:B23)`

So lässt sich jedes beliebige lineare Gleichungssystem lösen.

	A	B	C	D	E
1	**Inverse einer Matrix**				
2					
3		1	-2	-2	
4	**A=**	-2	2	-3	
5		-3	-2	3	
6					
7					
8					
9		0	-0,2	-0,2	
10	**A^{-1}=**	-0,3	0,06	-0,14	
11		-0,2	-0,16	0,04	
12					
13	**Kontrolle :**				
14					
15		1	0	-0	
16	**A A^{-1}=**	0	1	0	
17		0	0	1	
18					
19	**Gleichungssystem: A x = b** **Lösung: x = A^{-1} b**				
20					
21		1			-1
22	**b =**	2		**x =**	-0,6
23		3			-0,4

Abb. 3.10: Lösung eines Gleichungssystems über die inverse Matrix

3.7 Aufgaben

1. Berechnen Sie:

   a) $3 \cdot \begin{pmatrix} 2 & 4 \\ 1 & 0 \\ 3 & -1 \end{pmatrix} \cdot \begin{pmatrix} -1 & 0 & 1 \\ 2 & -3 & 1 \end{pmatrix} =$

   b) $\begin{pmatrix} 2 & -1 \\ 0 & -1 \end{pmatrix}^T \cdot \begin{pmatrix} 5 & 1 \\ 3 & 2 \end{pmatrix} =$

   c) $2 \cdot \begin{pmatrix} 1 & 2 \\ -1 & 4 \end{pmatrix} + \begin{pmatrix} 1 & -1 & 3 \\ 2 & 0 & 2 \end{pmatrix} \cdot \begin{pmatrix} 0 & 1 \\ 1 & 4 \\ 3 & -2 \end{pmatrix}$

   (Lösung:loesungen/matrix1.xls)

2. Überprüfen Sie mit Excel das Beispiel zur Matrixmultiplikation aus Kapitel 3.3 auf Seite 93

   (Lösung:loesungen/matrix2.xls)

3. Berechnen Sie:

   $$\begin{pmatrix} 1 & -1 & 3 & 4 \\ -7 & 2 & -2 & 1 \\ -2 & -3 & -1 & 3 \end{pmatrix} \cdot \begin{pmatrix} -3 & 2 \\ 4 & 2 \\ -1 & 3 \\ 1 & 0 \end{pmatrix} =$$

   (Lösung:loesungen/matrix3.xls)

4. Bilden Sie die inverse und die transponierte Matrix, sowie die Determinante der Matrix

   $$\begin{pmatrix} 1 & 4 & 8 \\ 2 & 0 & 1 \\ -7 & 3 & 2 \end{pmatrix}$$

   (Lösung:loesungen/matrix4.xls)

5. Lösen Sie das Gleichungssystem
   $13x - 3y + 5 = 0$
   $-8x + 2y - 1 = 0$

   a) Mit dem Determinantenverfahren nach Cramer

   b) Mit der inversen Matrix

   (Lösung:loesungen/matrix5.xls)

6. Beweisen Sie, dass die Matrix

$$\begin{pmatrix} 0 & 0,3 & -0,2 & -0,1 \\ -1 & -0,1 & 0,5 & 0,3 \\ 0,1 & 0,1 & -0,2 & -0,1 \\ -0,1 & -0,1 & 0,1 & 0,2 \end{pmatrix}$$

die inverse Matrix zur Matrix

$$\begin{pmatrix} -3 & 2 & 8 & -2 \\ 4 & 2 & 1 & 0 \\ -1 & 3 & 0 & -5 \\ 1 & 0 & 3 & 6 \end{pmatrix}$$

ist.

(Lösung:loesungen/matrix6.xls)

7. Bilden Sie die Determinante der Ergebnismatrix

$$\begin{pmatrix} 2 & 41 \\ 31 & 100 \\ 43 & -71 \end{pmatrix} \cdot \begin{pmatrix} -51 & 203 & 61 \\ 24 & -53 & 151 \end{pmatrix} =$$

(Lösung:loesungen/matrix7.xls)

4 Abbildungen

Bei einer Abbildung wird eine Figur im Koordinatensystem durch bestimmte mathematische Vorschriften einer anderen Figur im Koordinatensystem zugeordnet, man sagt: sie wird auf die andere Figur abgebildet. Auf der einen Seite kann man die Abbildung graphisch durchführen, andererseits lassen sich die Koordinaten der Bildfigur oder auch der zur Abbildung benötigten mathematischen Hilfsmittel berechnen. Die wohl einfachste Art der Abbildung kennt man aus dem Alltag: Die Achsenspiegelung!

Abb. 4.1: Achsenspiegelung im Alltag (Taj Mahal in Agra, Indien)

4.1 Achsenspiegelung

Bei der Achsenspiegelung benötigt man als mathematisches Hilfsmittel eine Gerade, die als Spiegelachse dient. Die (Spiegel-)Achse teilt die Ebene in zwei Halbebenen. Jedem Punkt der Urfigur wird als Bildpunkt der Punkt zugeordnet, der in der jeweils anderen Halbebene im gleichen Abstand zur Spiegelachse liegt. Zeichnerisch erreicht man die Spiegelung durch folgende Arbeitsschritte (vgl. Abbildung 4.2 auf der nächsten Seite):

1. Fällen eines Lotes vom ursprünglichen Punkt auf die Achse und Verlängern des Lotes in die andere Halbebene hinein
2. Abtragen des Abstandes vom ursprünglichen Punkt zur Achse vom Lotfußpunkt in die andere Halbebene hinein.
3. Bildpunkt ist der Schnittpunkt zwischen verlängertem Lot aus 1. und abgetragenem Abstand aus 2.

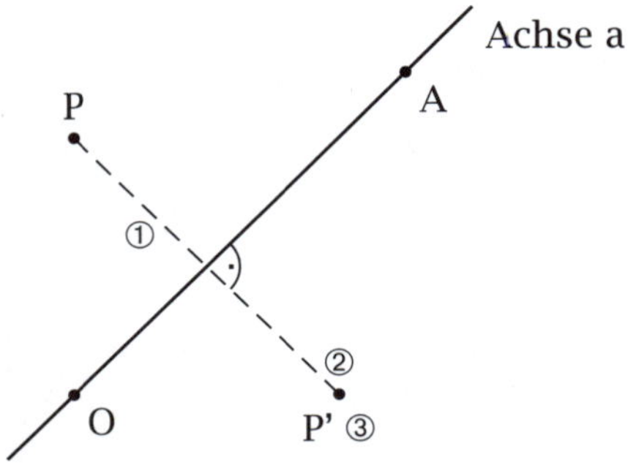

Abb. 4.2: Arbeitsschritte der Achsenspiegelung

Punkte, die auf der Achse liegen, bleiben bei der Achsenspiegelung unverändert. Man bezeichnet sie als „Fixpunkte“. Die Achse selbst wird deshalb auch „Fixpunktgerade“ genannt.

Eine Gerade, die genau senkrecht zur Achse verläuft, wird bei der Achsenspiegelung auf sich selbst abgebildet; man bezeichnet sie daher als „Fixgerade“. Eine Abbildung, die die Urfigur auf sich selbst abbildet, nennt man „identische Abbildung“.

> ☞ **Beachte:**
>
> Eine einmalige Achsenspiegelung kehrt den Drehsinn einer Figur, z. B. eines Dreiecks, um!

Beispiel-Aufgabe zur Achsenspiegelung

Das Dreieck ABC mit den Punkten A (0|0), B(2|0) und C(0|5) wird an der Achse AD mit D (0|-3) gespiegelt. Gib die Koordinaten des Bilddreiecks an!

Graphische Lösung

siehe Abbildung 4.3

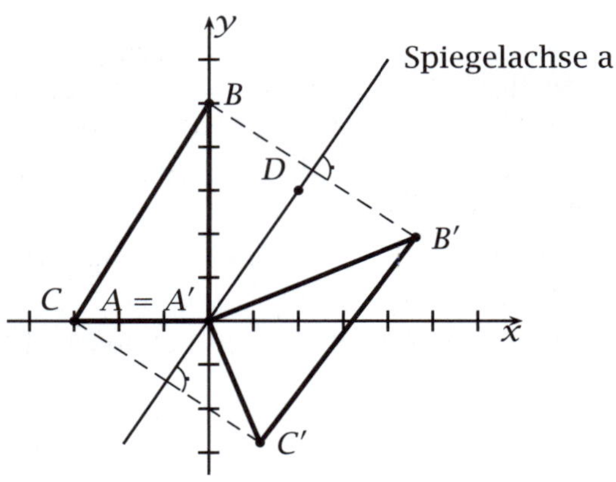

Abb. 4.3: Beispielaufgabe zur Achsenspiegelung, graphische Lösung

Rechnerische Lösung

Abbildungsmatrix der Achsenspiegelung mit einer Ursprungsgeraden als Spiegelachse:

$$\begin{pmatrix} \cos 2\varphi & \sin 2\varphi \\ \sin 2\varphi & -\cos 2\varphi \end{pmatrix}$$

> ☞ **Hinweis:**
>
> Jede Abbildung lässt sich durch ihre zugehörige Abbildungsmatrix berechnen.
> Die Herleitung der entsprechenden Abbildungsmatrix ist im Abschnitt „Drehung“ (siehe Kapitel 4.2.2 auf Seite 111) beispielhaft besprochen und lässt sich bei den anderen Abbildungsarten analog durchführen. Da dies allerdings den Rahmen dieses Buches sprengen würde, verweisen wir auf die einschlägige Literatur zum Thema.
> Bei manchen Abbildungsarten sind die Koordinaten der Bildpunkte auch über einfachere (geometrische) Wege zu berechnen.

Die Abbildungsgleichung der Achsenspiegelung (mit einer Ursprungsgeraden als Spiegelachse) lautet damit:

$$\begin{pmatrix} x' \\ y' \end{pmatrix} = \begin{pmatrix} \cos 2\varphi & \sin 2\varphi \\ \sin 2\varphi & -\cos 2\varphi \end{pmatrix} \otimes \begin{pmatrix} x \\ y \end{pmatrix}$$

also:

$$x' = x \cdot \cos 2\varphi + y \cdot \sin 2\varphi$$

$$y' = x \cdot \sin 2\varphi - y \cdot \cos 2\varphi$$

auf diese Aufgabe angewandt:

Der Punkt A ist Fixpunkt der Abbildung, das heißt, der Punkt A´ hat die gleichen Koordinaten wie der Punkt A, nämlich A´(0|0). Zur Berechnung des Punktes B´ in Excel steigen wir zunächst in die Zeile „x´ = ... “ ein und wenden die Daten des Punktes B an. Die entsprechende Formel in Excel (siehe Zelle C32) lautet:

```
=C17*COS(BOGENMASS(2*D29))+C18*SIN(BOGENMASS(2*D29))
```

Dabei gebraucht man die Koordinaten des Punktes B aus den Zellen C17 und C18 sowie den Neigungswinkel φ der Spiegelachse aus der Zelle D29. Den Neigungswinkel φ der Spiegelachse muss man sich jedoch zunächst über die Beziehung Steigung der Geraden $m = \tan\varphi$ berechnen; siehe dazu auch Band 1, Kapitel „Lineare Funktionen".

> ☞ **Beachte:**
>
> Die trigonometrischen Winkelfunktionen sin, cos und tan beziehen sich in Excel immer auf den Winkel im Bogenmaß (siehe dazu Band 1, Kapitel „Trigonometrie")! Daher muss hier die Funktion „BOGENMASS" vor den Winkel geschaltet werden, um den Zahlenwert zunächst ins Bogenmaß umzurechnen.

Entsprechend sehen die Formeln für die Berechnung der y-Koordinate des Punktes B´ sowie die x- und y-Koordinate des Punktes C´ aus (siehe Abbildung 4.4).

	B	C
31	**Punkt B´:**	
32	$x_{B'}$ =	=C17*COS(BOGENMASS(2*D29))+C18*SIN(BOGENMASS(2*D29))
33	$y_{B'}$ =	=C17*SIN(BOGENMASS(2*D29))-C18*COS(BOGENMASS(2*D29))
34		
35	**Punkt C´:**	
36	$x_{C'}$ =	=C19*COS(BOGENMASS(2*D29))+C20*SIN(BOGENMASS(2*D29))
37	$y_{C'}$ =	=C19*SIN(BOGENMASS(2*D29))-C20*COS(BOGENMASS(2*D29))

Abb. 4.4: Beispielaufgabe zur Achsenspiegelung, rechnerische Lösung (Formeln)

Das vollständige Lösungsmuster der Aufgabe in Excel zeigt Abbildung 4.5 auf der nächsten Seite.

Über die Achsenspiegelung gelangt man aber noch zu weiteren Abbildungen:

	A	B	C	D	E	F	G	H	I	J
1	**Aufgabe zur Achsenspiegelung**									
4	**Abbildungsmatrix der Achsenspiegelung:**				cos 2φ	sin 2φ				
5					sin 2φ	- cos 2φ				
7	**Abbildungsgleichung der Achsenspiegelung:**				x´	=	cos 2φ	sin 2φ	*	x
8					y´		sin 2φ	- cos 2φ		y
11	also:				x´ =	x * cos 2φ + y * sin 2φ				
12					y´ =	x * sin 2φ - y * cos 2φ				
15	hier:	x_A =	0							
16		y_A =	0							
17		x_B =	2							
18		y_B =	0							
19		x_C =	0							
20		y_C =	5							
21		x_D =	0							
22		y_D =	-3							
25	hier:	**Punkt A** ist Fixpunkt, da A Element der Spiegelachse a								
26		also: A´ (0 | 0] = A (0 | 0)								
28		tan φ = Geradensteigung m = 1,5								
29		also: φ = arctan 1,5 =		56,31						
31		**Punkt B´:**								
32		$x_{B'}$ =	-0,77							
33		$y_{B'}$ =	1,85							
35		**Punkt C´:**								
36		$x_{C'}$ =	4,62							
37		$y_{C'}$ =	1,92							

Abb. 4.5: Beispielaufgabe zur Achsenspiegelung, rechnerische Lösung (Ergebnisse) (source/achsenspiegelung.xls)

4.2 Doppelachsenspiegelungen

Doppelachsenspiegelungen sind - wie der Name schon andeutet - nichts anderes als das hintereinander Ausführen zweier einzelner Achsenspiegelungen an verschiedenen Achsen, wie Abbildung 4.6 zeigt.

> ☞ **Beachte:**
> Eine Doppelachsenspiegelung kehrt den Drehsinn einer Figur zweimal um (vergleiche oben: einmalige Achsenspiegelung), so dass das Ergebnis der Abbildung wieder den gleichen Drehsinn wie die ursprüngliche Figur hat.

Wenn diese Achsen eine bestimmte Lage zueinander haben, versucht man, die zwei Achsenspiegelungen mit mathematischen Hilfsmitteln durch eine einzige Abbildung zu ersetzen:

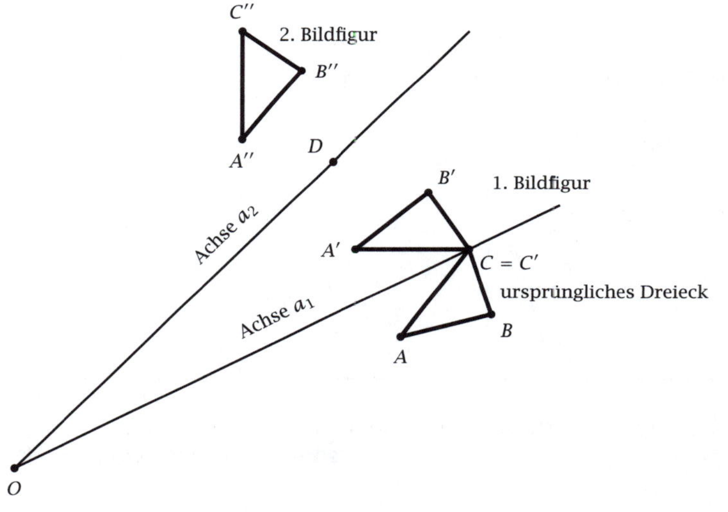

Abb. 4.6: Doppelachsenspiegelung

4.2.1 Parallelverschiebung

Die Parallelverschiebung mit Hilfe eines Vektors (mehr zu Vektoren in Kapitel 2 auf Seite 41) ersetzt eine Doppelachsenspiegelung an zwei zueinander parallelen Achsen (vgl. Abbildungen 4.7 und 4.8).

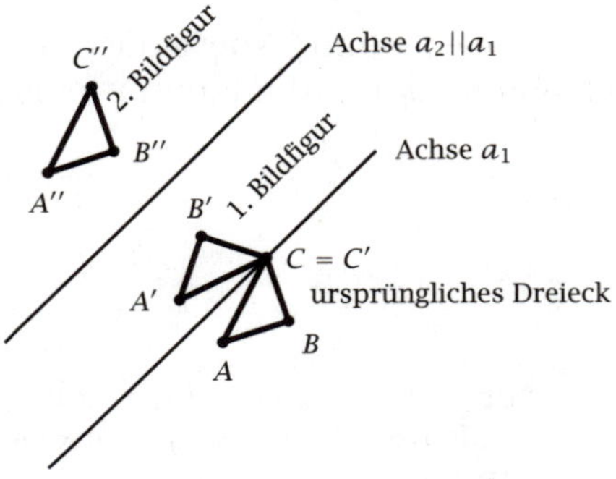

Abb. 4.7: Doppelachsenspiegelung an zwei zueinander parallelen Achsen

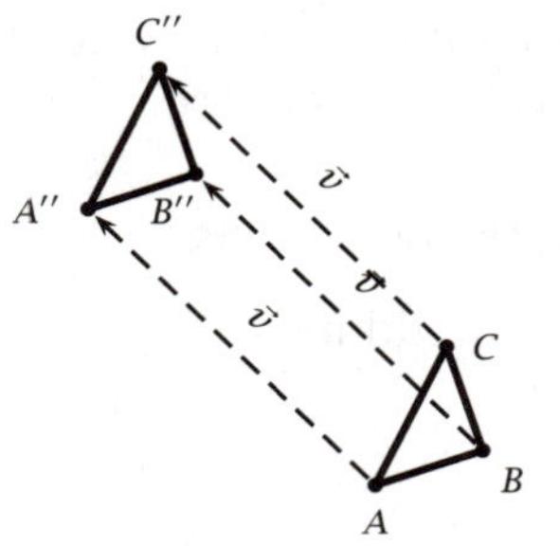

Abb. 4.8: Parallelverschiebung mit Hilfe eines Vektors

Dabei entspricht die Länge des Vektors genau dem doppelten Abstand zwischen den beiden parallelen Achsen.

Zeichnerisch erhält man die Parallelverschiebung durch folgende Arbeitsschritte (vgl. Abbildung 4.9):

Abb. 4.9: Arbeitsschritte zur Parallelverschiebung

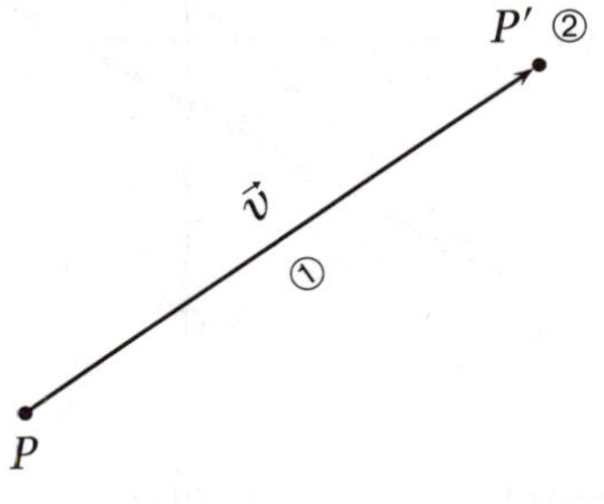

1. Antragen des Verschiebungsvektors mit Fußpunkt auf dem ursprünglichen Punkt
2. Bildpunkt ist die Spitze des Verschiebungsvektors

Beispiel-Aufgabe zur Parallelverschiebung

Der Punkt P (-3,5|-2,7) wird durch Parallelverschiebung mit den Vektoren

$\vec{u} = \begin{pmatrix} 5,2 \\ 4,8 \end{pmatrix}$, $\vec{v} = \begin{pmatrix} -2,3 \\ 4,5 \end{pmatrix}$ und $\vec{w} = \begin{pmatrix} 3,6 \\ -5,6 \end{pmatrix}$ nacheinander auf die Punkte Q, R und S abgebildet. Gesucht sind die Punkte Q, R und S sowie die Koordinaten des Vektors $\vec{s}$ der Parallelverschiebung, durch die P unmittelbar auf S abgebildet wird.

Graphische Lösung

siehe Abbildung 4.10

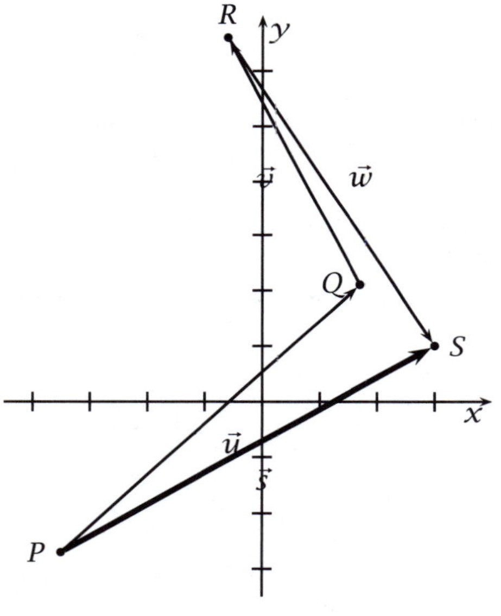

Abb. 4.10: Beispielaufgabe zur Parallelverschiebung, graphische Lösung

Rechnerische Lösung

Zur identischen Abbildungsmatrix der Parallelverschiebung, die vernachlässigt werden kann, da sie nichts verändert, werden lediglich noch die Koordinaten des Verschiebungsvektors hinzugefügt:

$$\begin{pmatrix} 1 & 0 \\ 0 & 1 \end{pmatrix} \oplus \vec{v}$$

Mathematisch müssen also zu den ursprünglichen Punktkoordinaten einfach nur die Vektorkoordinaten addiert werden. In Excel ergeben sich daraus folgende Formeln, wie sie in Abbildung 4.11 dargestellt sind.

Das vollständige Lösungsmuster in Excel zeigt Abbildung 4.12.

Abb. 4.11: Beispielaufgabe zur Parallelverschiebung, rechnerische Lösung(Formeln)

	A	B	C	D	E	F	G	H	I
1	**Parallelverschiebung**								
2									
3	Berechnung der Koordinaten der Punkte Q, R und S und des Vektors s:								
4									
5	**Vektor**	**OP**	**u**	**OQ**	**v**	**OR**	**w**	**OS**	**s**
6	x	-3,5	5,2	=B6+C6	-2,3	=D6+E6	3,6	=F6+G6	=C6+E6+G6
7	y	-2,7	4,8	=B7+C7	4,5	=D7+E7	-5,6	=F7+G7	=C7+E7+G7

Abb. 4.12: (Ergebnisse) (source/parallelverschiebung.xls)

	A	B	C	D	E	F	G	H	I
1	**Parallelverschiebung**								
2									
3	Berechnung der Koordinaten der Punkte Q, R und S und des Vektors s:								
4									
5	**Vektor**	**OP**	**u**	**OQ**	**v**	**OR**	**w**	**OS**	**s**
6	x	-3,5	5,2	1,7	-2,3	-0,6	3,6	3,0	6,5
7	y	-2,7	4,8	2,1	4,5	6,6	-5,6	1,0	3,7

4.2.2 Drehung

Die Drehung mit Hilfe eines Punktes als Drehzentrum und eines Drehwinkels ersetzt eine Doppelachsenspiegelung an zwei sich schneidenden Achsen (siehe Abbildung 4.13).

Abb. 4.13: Drehung mit Hilfe eines Punktes als Drehzentrum und eines Drehwinkels

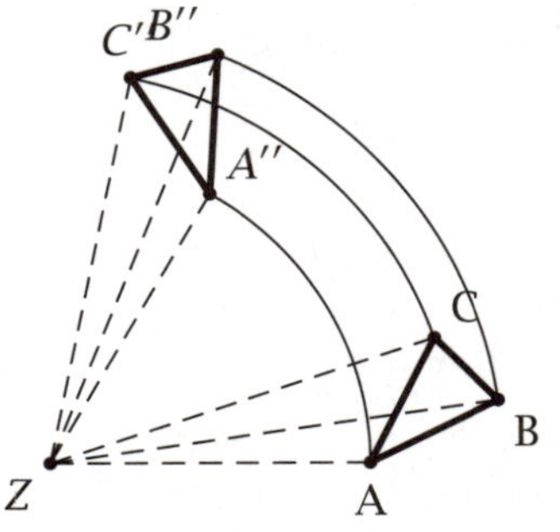

Zum Vergleich sei auf Abbildung 4.6 auf Seite 108 verwiesen.

Dabei ist das Drehzentrum der Schnittpunkt der beiden sich schneidenden Achsen der Doppelachsenspiegelung, aus der die Drehung hervorgeht. Zeichnerisch erhält man die Drehung durch folgende Arbeitsschritte (siehe Abbildung 4.14 auf der nächsten Seite):

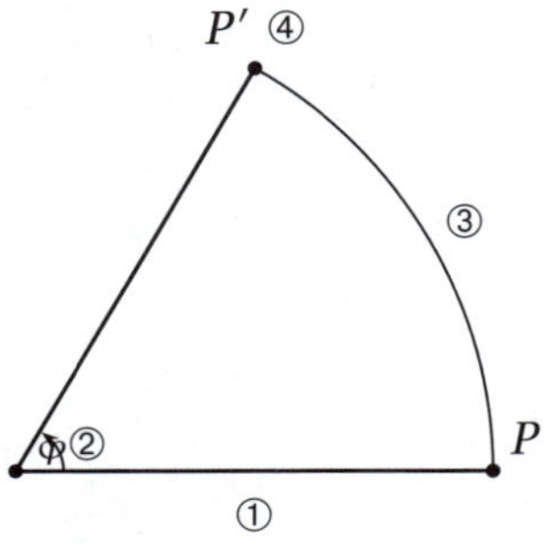

Abb. 4.14: Arbeitsschritte zur Drehung

1. Verbinden des ursprünglichen Punktes mit dem Drehzentrum
2. Abtragen des Drehwinkels mit der Verbindungslinie von ursprünglichem Punkt und Drehzentrum aus 1. als erstem Schenkel des Winkels
3. Übertragen der Entfernung des ursprünglichen Punktes zum Drehzentrum auf den in 2. entstandenen zweiten Schenkel des Winkels
4. Bildpunkt ist der Schnittpunkt aus zweitem Schenkel des Winkels und übertragener Entfernung aus 3.

Beispiel-Aufgabe zur Drehung

Das Dreieck PQR mit P (3|-2), Q (5|0) und R (2|1) soll mit dem Drehzentrum Z (0|0) und dem Drehwinkel $\alpha = 150°$ abgebildet werden. Bestimme die Koordinaten der Bildfigur.

Graphische Lösung

siehe Abbildung 4.15

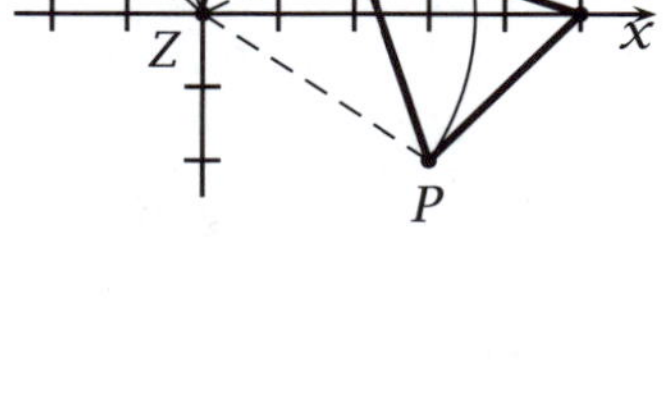

Abb. 4.15: Beispielaufgabe zur Drehung, graphische Lösung

Einschub: Herleitung der Abbildungsmatrix der Drehung um den Ursprung

Das Dreieck $\triangle OF'P'$ ist das durch Drehung um den Ursprung O (0|0) mit dem Winkel φ hervorgegangene Bild des Dreiecks $\triangle OFP$, dessen Seiten $\overline{OF}$ und $\overline{FP}$ parallel zu den Koordinatenachsen sind. Da die Drehung längentreu ist, gilt: $\overline{OF'}$ = x und $\overline{F'P'}$ = y. Da die Drehung auch winkeltreu ist, gilt: $\sphericalangle P'F'O = 90°$. Die Dreiecke $\triangle OGF'$ und $\triangle F'EP'$ sind damit Koordinatendreiecke der Pfeile $\overrightarrow{OF'}$ und $\overrightarrow{F'P'}$.

Aus dem Koordinatendreieck $\triangle OGF'$ ergibt sich: $\overrightarrow{OF'} = \begin{pmatrix} x \cdot \cos\varphi \\ x \cdot \sin\varphi \end{pmatrix}$

und aus dem Koordinatendreieck $\triangle F'EP'$: $\overrightarrow{F'P'} = \begin{pmatrix} -y \cdot \sin\varphi \\ y \cdot \cos\varphi \end{pmatrix}$.

Die Vektorkette $\overrightarrow{OP'} = \overrightarrow{OF'} \oplus \overrightarrow{F'P'}$ ergibt somit die Abbildungsgleichung der Drehung um den Ursprung:

$$\begin{pmatrix} x' \\ y' \end{pmatrix} = \begin{pmatrix} x \cdot \cos\varphi \\ x \cdot \sin\varphi \end{pmatrix} \oplus \begin{pmatrix} -y \cdot \sin\varphi \\ y \cdot \cos\varphi \end{pmatrix}.$$

Daraus erhält man die Abbildungsmatrix der Drehung um den Ursprung: vgl. Kapitel 3 auf Seite 91

$$\begin{pmatrix} \cos\varphi & -\sin\varphi \\ \sin\varphi & \cos\varphi \end{pmatrix}$$

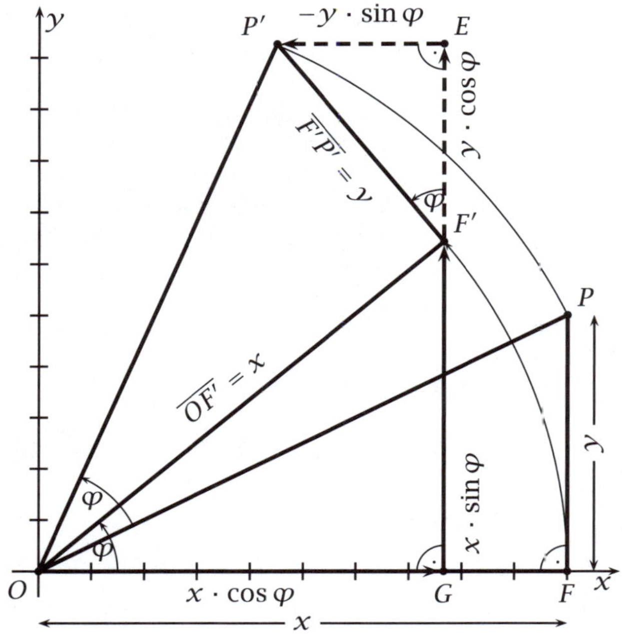

Abb. 4.16: Herleitung der Abbildungsmatrix der Drehung um den Ursprung

Rechnerische Lösung

Die Abbildungsgleichung der Drehung um den Ursprung lautet damit:

$$\begin{pmatrix} x' \\ y' \end{pmatrix} = \begin{pmatrix} \cos\varphi & -\sin\varphi \\ \sin\varphi & \cos\varphi \end{pmatrix} \otimes \begin{pmatrix} x \\ y \end{pmatrix}$$

also:

$$x' = x \cdot \cos\varphi - y \cdot \sin\varphi$$

$$y' = x \cdot \sin\varphi + y \cdot cos\varphi$$

auf diese Aufgabe angewandt:

Zur Berechnung des Punktes P´ in Excel steigen wir zunächst in die Zeile „x´ = ... “ ein und wenden die Daten des Punktes P an. Die entsprechende Formel in Excel (siehe Zelle C24) lautet:

```
=C15*COS(BOGENMASS(15))-C16*SIN(BOGENMASS(G15))
```

Dabei gebraucht man die Koordinaten des Punktes P aus den Zellen C15 und C16 sowie den Drehwinkel φ aus der Zelle G15. Zur Verwendung des Bogenmaßes siehe Kapitel 4.1 auf Seite 106.

Entsprechend sehen die Formeln für die Berechnung der y-Koordinate des Punktes P´ sowie die x- und y-Koordinaten der Punkte Q´ und R´ aus (siehe Abbildung 4.17).

	B	C
23	**Punkt P´:**	
24	$x_{P'}$ =	=C15*COS(BOGENMASS(G15))-C16*SIN(BOGENMASS(G15))
25	$y_{P'}$ =	=C15*SIN(BOGENMASS(G15))+C16*COS(BOGENMASS(G15))
26		
27	**Punkt Q´:**	
28	$x_{Q'}$ =	=C17*COS(BOGENMASS(G15))-C18*SIN(BOGENMASS(G15))
29	$y_{Q'}$ =	=C17*SIN(BOGENMASS(G15))+C18*COS(BOGENMASS(G15))
30		
31	**Punkt R´:**	
32	$x_{R'}$ =	=C19*COS(BOGENMASS(G15))-C20*SIN(BOGENMASS(G15))
33	$y_{R'}$ =	=C19*SIN(BOGENMASS(G15))+C20*COS(BOGENMASS(G15))

Abb. 4.17: Beispielaufgabe zur Drehung, rechnerische Lösung(Formeln)

Die vollständige Lösungs der Aufgabe in Excel zeigt Abbildung 4.18 auf der nächsten Seite.

Soll um einen anderen Punkt als den Ursprung gedreht werden, so wird die Abbildungsgleichung etwas komplizierter.

Beispiel

Der Punkt P(1|-1) soll mit einem Drehwinkel $\varphi = 60°$ um den Punkt M(-3|5) gedreht werden. Allgemein lautet die Abbildungsgleichung:

$$\begin{pmatrix} x' \\ y' \end{pmatrix} = \begin{pmatrix} \cos\varphi & -\sin\varphi \\ \sin\varphi & \cos\varphi \end{pmatrix} \otimes \begin{pmatrix} x \\ y \end{pmatrix} + \begin{pmatrix} x_m \\ y_m \end{pmatrix} - \begin{pmatrix} \cos\varphi & -\sin\varphi \\ \sin\varphi & \cos\varphi \end{pmatrix} \otimes \begin{pmatrix} x_m \\ y_m \end{pmatrix}$$

also:

$$x' = x \cdot \cos\varphi - y \cdot \sin\varphi + x_m - x_m \cdot \cos\varphi - y_m \cdot \sin\varphi$$

$$y' = x \cdot \sin\varphi + y \cdot cos\varphi + y_m - x_m \cdot \sin\varphi + y_m \cdot cos\varphi$$

Setzt man hier den Punkt P ein, so ergibt sich für den Bildpunkt P´=(4,20|5,46).

Für die Lösung in Excel muss man die Tabelle für die Drehung um den Nullpunkt etwas erweitern.

	A	B	C	D	E	F	G	H	I	J
1	**Aufgabe zur Drehung**									
2										
3										
4	**Abbildungsmatrix der Drehung:**				cos φ	- sin φ				
5					sin φ	cos φ				
6										
7	**Abbildungsgleichung der Drehung:**				x´	=	cos φ	- sin φ	*	x
8					y´		sin φ	cos φ		y
9										
10										
11	also:				x´ =	x * cos φ - y * sin φ				
12					y´ =	x * sin φ + y * cos φ				
13										
14										
15	hier:	x_P =	3		Drehwinkel φ =		110			
16		y_P =	-2							
17		x_Q =	5							
18		y_Q =	0							
19		x_R =	2							
20		y_R =	1							
21										
22										
23		**Punkt P´:**								
24		$x_{P'}$ =	4,78							
25		$y_{P'}$ =	3,50							
26										
27		**Punkt Q´:**								
28		$x_{Q'}$ =	-1,71							
29		$y_{Q'}$ =	4,70							
30										
31		**Punkt R´:**								
32		$x_{R'}$ =	-1,62							
33		$y_{R'}$ =	1,54							

Abb. 4.18: Beispielaufgabe zur Drehung, rechnerische Lösung(Ergebnisse) (source/drehung.xls)

Die Formeln für die Berechnung der beiden Koordinaten des Bildpunktes lauten dann:
`=C19*COS(BOGENMASS(G19))-C20*SIN(BOGENMASS(G19))+B3-(B3*COS(BOGENMASS(G19))-B4*SIN(BOGENMASS(G19)))` bzw.

`=C19*SIN(BOGENMASS(G19))+C20*COS(BOGENMASS(G19))+B4-(B3*SIN(BOGENMASS(G19))+B4*COS(BOGENMASS(G19)))`

Die vollständige Lösung zeigt Abbildung 4.19 auf der nächsten Seite.

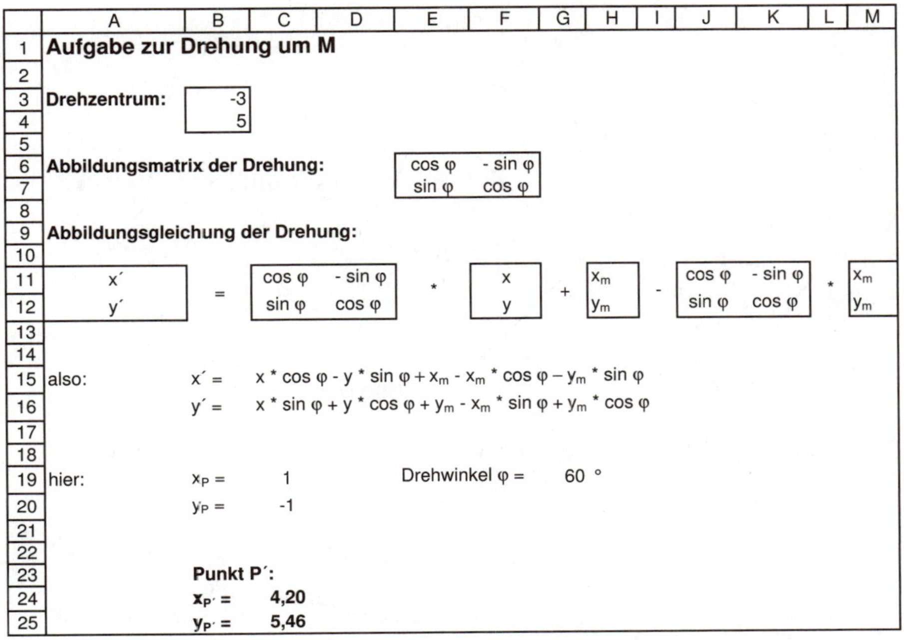

Abb. 4.19: Beispielaufgabe zur Drehung, rechnerische Lösung(Ergebnisse) (source/drehung.xls)

4.2.3 Punktspiegelung

Die Punktspiegelung mit Hilfe eines Punktes als Spiegelzentrum ersetzt eine Doppelachsenspiegelung an zwei zueinander senkrechten Achsen (siehe Abbildung 4.20 und 4.21 auf der nächsten Seite).

Man kann die Punktspiegelung genauso als Sonderfall der Drehung mit einem Drehwinkel $\alpha = 180°$ ansehen. Zeichnerisch erhält man die Punktspiegelung durch folgende Arbeitsschritte (vgl. Abbildung 4.22 auf der nächsten Seite)

1. Verbinden des ursprünglichen Punktes mit dem Spiegelzentrum und verlängern dieser Linie über das Spiegelzentrum hinaus
2. Abtragen des Abstandes vom ursprünglichen Punkt zum Spiegelzentrum auf die andere Seite des Spiegelzentrums
3. Bildpunkt ist der Schnittpunkt zwischen verlängerter Verbindungslinie des ursprünglichen Punktes mit dem Spiegelzentrum aus 1. und abgetragenem Abstand aus 2.

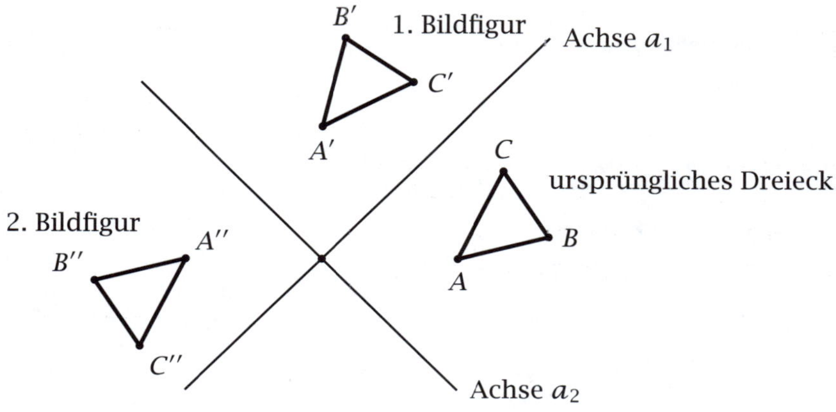

Abb. 4.20: Doppelachsenspiegelung an zwei zueinander senkrechten Achsen

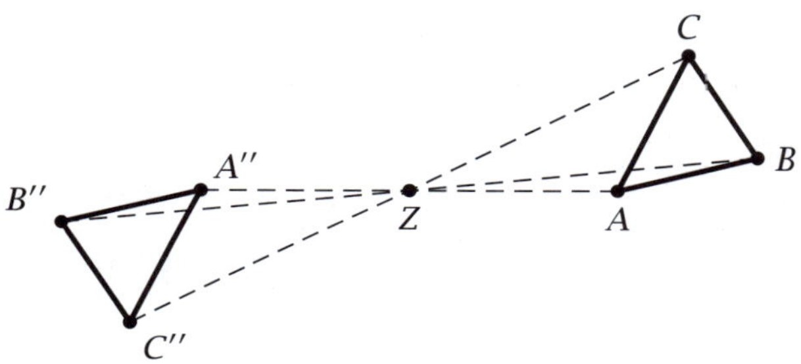

Abb. 4.21: Punktspiegelung mit Hilfe eines Punktes als Spiegelzentrum

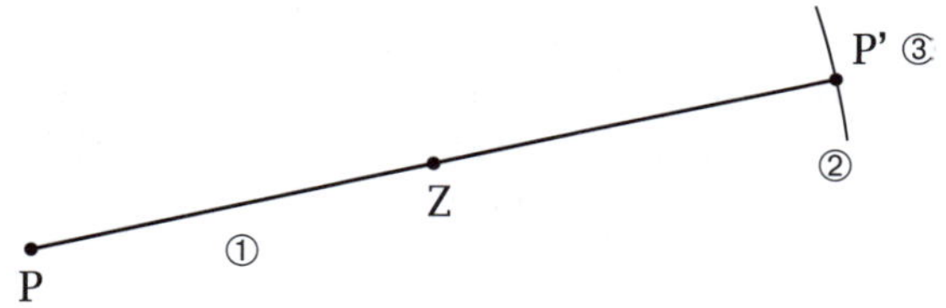

Abb. 4.22: Arbeitsschritte zur Punktspiegelung

Beispiel-Aufgabe zur Punktspiegelung

Bei einer Punktspiegelung sind gegeben:

1. Urpunkt P (8|12); Zentrum Z(78,3|45)
2. Urpunkt P (-1,2|-7,6); Bildpunkt P´ (18,1|22,7).

Gesucht sind:

1. Bildpunkt P´
2. Zentrum Z.

Graphische Lösung

1. Graphische Lösung zu 1) siehe Abbildung 4.23

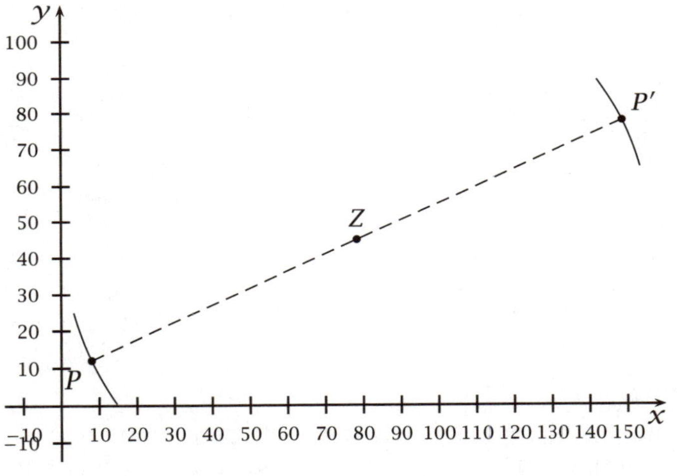

Abb. 4.23: Beispielaufgabe zur Punktspiegelung, graphische Lösung 1)

2. Graphische Lösung zu 2) siehe Abbildung 4.24 auf der nächsten Seite

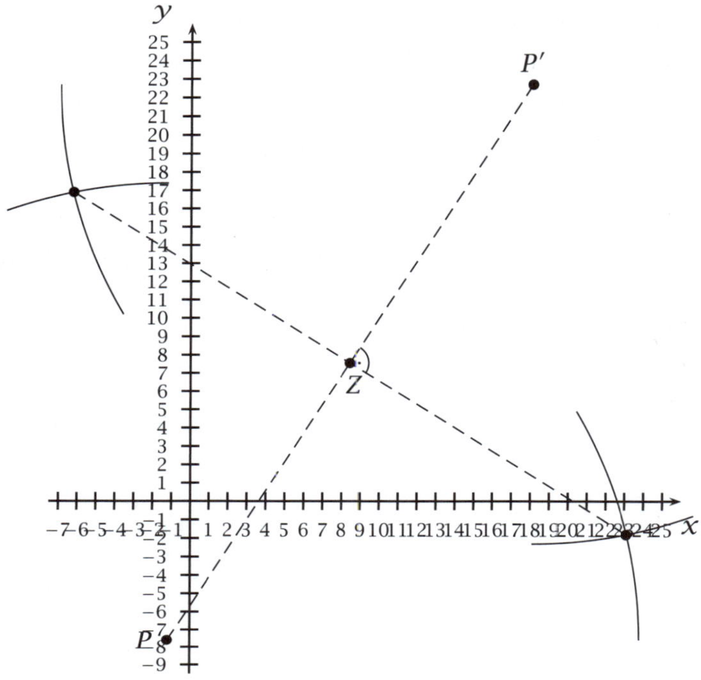

Abb. 4.24: Beispielaufgabe zur Punktspiegelung, graphische Lösung 2)

Rechnerische Lösung

Zur richtungsändernden Abbildungsmatrix der Punktspiegelung werden lediglich noch die verdoppelten Koordinaten des Zentrums hinzugefügt:

$$\begin{pmatrix} -1 & 0 \\ 0 & -1 \end{pmatrix} \oplus 2 \otimes \overrightarrow{OZ}$$

Um die Aufgabe zur Punktspiegelung rechnerisch lösen zu können, ist es aber einfacher, wenn wir uns nachfolgender Vektorketten bedienen (vgl. Abbildung 4.25 und 4.26 auf der nächsten Seite:

1. $\overrightarrow{OP'} = \overrightarrow{OZ} \oplus (\overrightarrow{OZ} \ominus \overrightarrow{OP})$
2. $\overrightarrow{OZ} = (\overrightarrow{OP'} \ominus \overrightarrow{OP}) : 2$

Wendet man die Vektorketten auf diese Aufgabe an, so ergeben sich in Excel die in Abbildung 4.27 auf der nächsten Seite und 4.28 auf der nächsten Seite gezeigten Formeln.

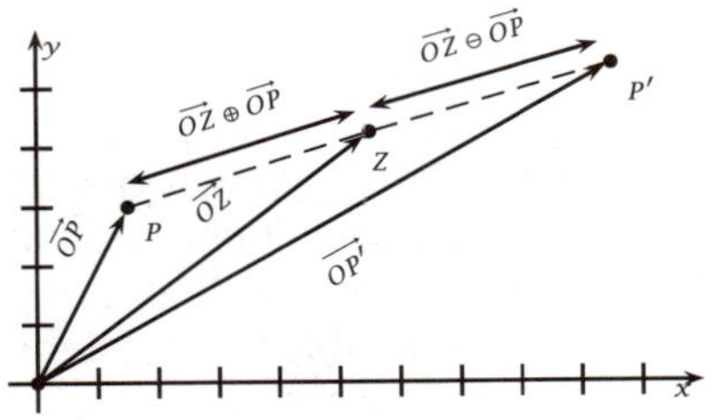

Abb. 4.25: Vektorkette zur Punktspiegelung, rechnerische Lösung 1)

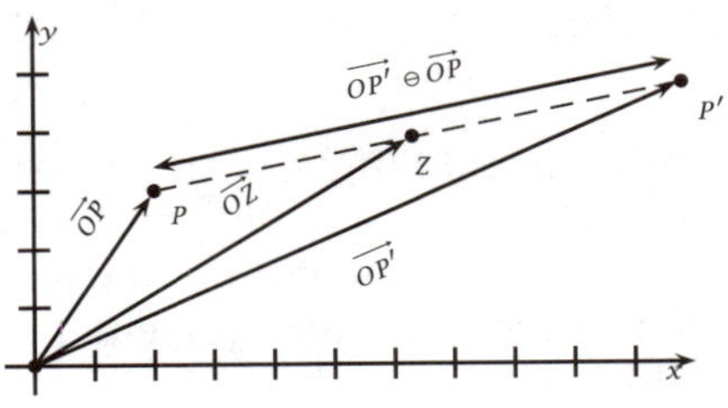

Abb. 4.26: Vektorkette zur Punktspiegelung, rechnerische Lösung 2)

	A	B	C
1	**Aufgabe 1) zur Punktspiegelung**		
2			
3	Berechnen der Koordinaten des Bildpunktes P´:		
4			
5		x	y
6	Urpunkt P:	8	12
7	Zentrum Z:	78,3	45
8	Bildpunkt P´:	=B7+(B7-B6)	=C7+(C7-C6)

Abb. 4.27: Beispielaufgabe zur Punktspiegelung, rechnerische Lösung 1) (Formeln)

	A	B	C
1	**Aufgabe 2) zur Punktspiegelung**		
2			
3	Berechnung der Koordinaten des Zentrums Z:		
4			
5		x	y
6	Urpunkt P:	-1,2	-7,6
7	Bildpunkt P´:	18,1	22,7
8	Zentrum Z:	=(B7-B6)/2	=(C7-C6)/2

Abb. 4.28: Beispielaufgabe zur Punktspiegelung, rechnerische Lösung 2) (Formeln)

Das vollständige Lösungsmuster der beiden Aufgaben in Excel zeigen die Abbildungen 4.29 und 4.30.

	A	B	C	D
1	**Aufgabe 1) zur Punktspiegelung**			
2				
3	Berechnen der Koordinaten des Bildpunktes P´:			
4				
5		x	y	
6	Urpunkt P:	8,0	12,0	
7	Zentrum Z:	78,3	45,0	
8	Bildpunkt P´:	148,6	78,0	

Abb. 4.29: Beispielaufgabe zur Punktspiegelung, rechnerische Lösung 1) (Ergebnisse) (source/punktspiegelung1.xls)

	A	B	C	D
1	**Aufgabe 2) zur Punktspiegelung**			
2				
3	Berechnung der Koordinaten des Zentrums Z:			
4				
5		x	y	
6	Urpunkt P:	-1,2	-7,6	
7	Bildpunkt P´:	18,1	22,7	
8	Zentrum Z:	9,7	15,2	

Abb. 4.30: Beispielaufgabe zur Punktspiegelung, rechnerische Lösung 2) (Ergebnisse) (source/punktspiegelung2.xls)

Bei allen bis jetzt besprochenen Abbildungen bleiben sowohl Winkel und Figuren als auch Längen erhalten. Solche Abbildungen nennt man „Kongruenzabbildungen “, da das Bild zur Urfigur kongruent, also deckungsgleich ist. Es gibt aber auch andere Abbildungen, bei denen das nicht unbedingt der Fall ist.

4.3 Zentrische Streckung

Bei einer Abbildung eines Dias an eine Leinwand handelt es sich um eine Vergrößerung des Bildes. Man könnte jedoch auch umgekehrt davon sprechen, dass das Bild an der Wand im Dia verkleinert ist. Jede derartige Vergrößerung oder Verkleinerung ist eine zentrische Streckung (siehe Abbildung 4.31).

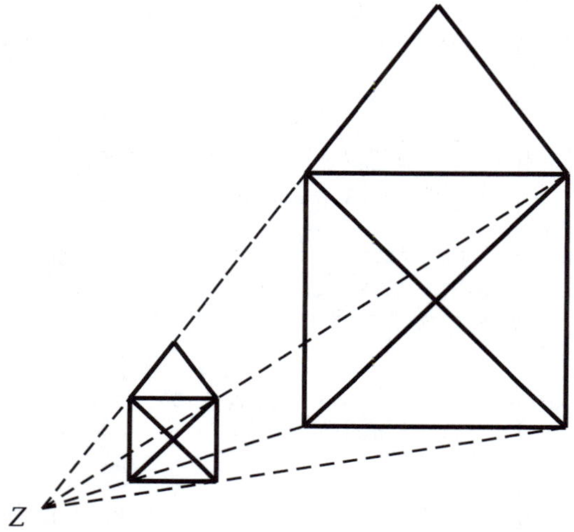

Abb. 4.31: Zentrische Streckung

Dabei ist ein Punkt das Zentrum der Streckung, wie schon der Name sagt. Desweiteren kommt es auf den Vergrößerungs- bzw. Verkleinerungsfaktor an, man nennt ihn den Streckungsfaktor k. Zeichnerisch erhält man die zentrische Streckung, hier zunächst mit dem Streckungsfaktor k = 2 dargestellt, durch folgende Arbeitsschritte (vgl. Abbildung 4.32):

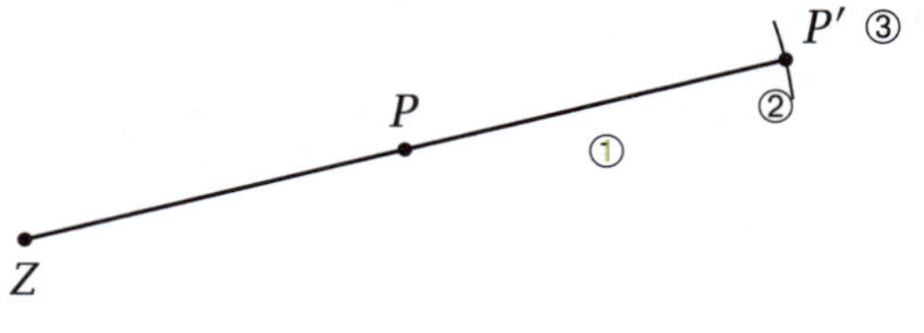

Abb. 4.32: Arbeitsschritte zur Zentrischen Streckung für k = 2

1. Verbinden des Punktes mit dem Zentrum und Verlängern dieser Verbindungslinie über den Punkt hinaus
2. Abtragen des Abstandes vom Zentrum zum Punkt auf der anderen Seite des Punktes auf die Verlängerung von 1.

3. Bildpunkt ist der Schnittpunkt zwischen verlängerter Linie aus 1. und abgetragenem Abstand aus 2.

Fixpunkt bei der zentrischen Streckung ist nur das Zentrum selbst.

Beispiel zur zentrischen Streckung mit Streckungsfaktor k = 2

Bilde das Trapez ABCD mit den Koordinaten A (1|0), B (2|0), C (0|2) und D (0|1) durch zentrische Streckung am Zentrum Z (-1|-1) mit dem Streckungsfaktor k = 2 ab und bestimme die Koordinaten der Bildfigur.

- Graphische Lösung siehe Abbildung 4.33

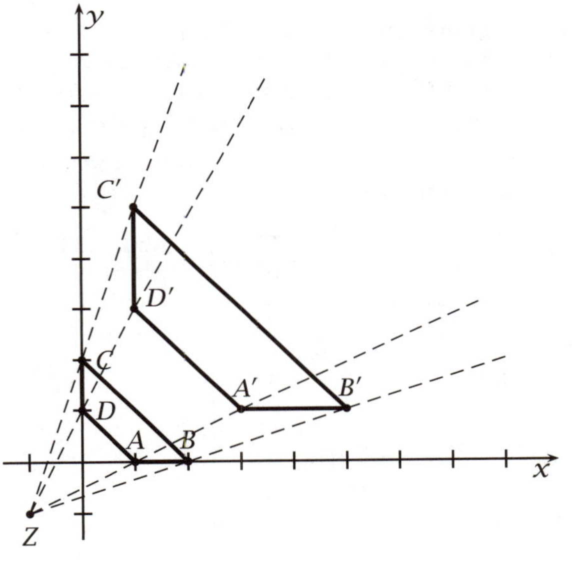

Abb. 4.33: Beispiel-Aufgabe zur zentrischen Streckung mit k = 2, graphische Lösung

- Rechnerische Lösung

  Abbildungsmatrix der zentrischen Streckung:

$$\begin{pmatrix} k & 0 \\ 0 & k \end{pmatrix}$$

Einfacher (geometrisch) bedeutet dies, dass die Länge der Bildstrecke immer k-mal, hier: zweimal so lang ist wie die Länge der ursprünglichen Strecke. Mathematisch ausgedrückt:

$$\overrightarrow{ZP'} = 2 \otimes \overrightarrow{ZP}$$

also:

$$x_{P'} - x_Z = 2 \cdot (x_P - x_Z)$$
$$y_{P'} - y_Z = 2 \cdot (y_P - y_Z)$$

nach x´ und y´ aufgelöst:

$$x_{P'} = 2 \cdot (x_P - x_Z) + x_Z$$
$$y_{P'} = 2 \cdot (y_P - y_Z) + y_Z$$

auf diese Aufgabe angewandt:

Zur Berechnung des Punktes A´ in Excel steigen wir zunächst in die Zeile „x´ = ... “ ein und wenden die Daten des Punktes A an. Die entsprechende Formel in Excel (siehe Zelle E18) lautet:

```
=B10*(B15-B11)+B11
```

Dabei gebraucht man die x-Koordinate des Punktes A aus der Zelle B15 sowie die x-Koordinate des Zentrums Z aus der Zelle B11. In der Zelle B10 findet sich der Streckungsfaktor k der zentrischen Streckung.

Entsprechend sehen die Formeln für die Berechnung der y-Koordinate des Punktes A´ sowie die x- und y-Koordinaten der Punkte B´, C´ und D´ aus (siehe Abbildung 4.34).

	D	E
18	$x_{A'}$ =	=B10*(B15-B11)+B11
19	$y_{A'}$ =	=B10*(B16-B12)+B12
20		
21		
22		
23		
24		
25	$x_{B'}$ =	=B10*(B22-B11)+B11
26	$y_{B'}$ =	=B10*(B23-B12)+B12
27		
28		
29		
30		
31		
32	$x_{C'}$ =	=B10*(B29-B11)+B11
33	$y_{C'}$ =	=B10*(B30-B12)+B12
34		
35		
36		
37		
38		
39	$x_{D'}$ =	=B10*(B36-B11)+B11
40	$y_{D'}$ =	=B10*(B37-B12)+B12

Abb. 4.34: Beispiel-Aufgabe zur zentrischen Streckung mit k = 2, rechnerische Lösung (Formeln) (source/zentr_streckung1.xls)

Die vollständige Lösung der Aufgabe in Excel zeigt Abbildung 4.35 auf der nächsten Seite.

	A	B	C	D	E	F
1	**Beispiel-Aufgabe zur zentrischen Streckung mit k = 2**					
2						
3	$x_{P'} - x_Z = 2 * (x_P - x_Z)$					
4	$y_{P'} - y_Z = 2 * (y_P - y_Z)$					
5						
6	also:					
7	$x_{P'} = 2 * (x_P - x_Z) + x_Z$					
8	$y_{P'} = 2 * (y_P - y_Z) + y_Z$					
9						
10	k =	2				
11	$x_Z =$	-1				
12	$y_Z =$	-1				
13						
14	**Berechnung Punkt A´:**					
15	$x_A =$	1				
16	$y_A =$	0				
17						
18	$x_{A'} = k * (x_A - x_Z) + x_Z$			$x_{A'} =$	3	
19	$y_{A'} = k * (y_A - y_Z) + y_Z$			$y_{A'} =$	1	
20						
21	**Berechnung Punkt B´:**					
22	$x_B =$	2				
23	$y_B =$	0				
24						
25	$x_{B'} = k * (x_B - x_Z) + x_Z$			$x_{B'} =$	5	
26	$y_{B'} = k * (y_B - y_Z) + y_Z$			$y_{B'} =$	1	
27						
28	**Berechnung Punkt C´:**					
29	$x_C =$	0				
30	$y_C =$	2				
31						
32	$x_{C'} = k * (x_C - x_Z) + x_Z$			$x_{C'} =$	1	
33	$y_{C'} = k * (y_C - y_Z) + y_Z$			$y_{C'} =$	5	
34						
35	**Berechnung Punkt D´:**					
36	$x_D =$	0				
37	$y_D =$	1				
38						
39	$x_{D'} = k * (x_D - x_Z) + x_Z$			$x_{D'} =$	1	
40	$y_{D'} = k * (y_D - y_Z) + y_Z$			$y_{D'} =$	3	

Abb. 4.35: Beispiel-Aufgabe zur zentrischen Streckung mit k = 2, rechnerische Lösung (Ergebnisse) (source/zentr_streckung.xls)

Nun kann der Streckungsfaktor k aber nicht nur 2 sein, wie zur Einführung der zentrischen Streckung zur Vereinfachung gezeigt, sondern jede beliebige reelle Zahl annehmen. Es gilt:

- $|k| > 1$: Figur wird vergrößert, siehe dazu die Beispiele für $k = 2$ oben
- $|k| = 1$: Figur wird auf sich selbst abgebildet, man spricht von „identischer Abbildung".
- $0 < |k| < 1$: Figur wird verkleinert (siehe Abbildung 4.36)

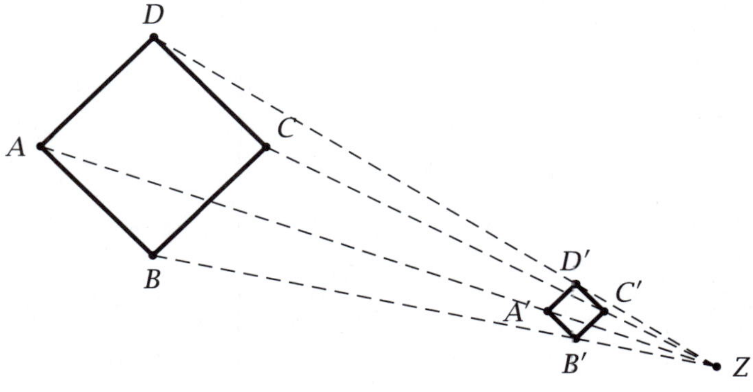

Abb. 4.36: Verkleinerung

- positiver Streckungsfaktor: bewirkt eine Abbildung auf die gleiche Seite des Zentrums, auf der sich der ursprüngliche Punkt befindet (siehe dazu die Beispiele für $k = 2$ oben)
- negativer Streckungsfaktor: die Abbildung erfolgt auf die andere Seite des Zentrums (siehe Abbildung 4.37).

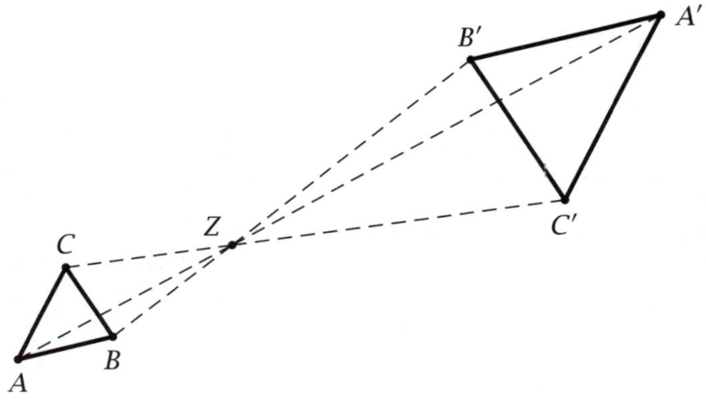

Abb. 4.37: Zentrische Streckung mit negativem Streckungsfaktor k

Die Punktspiegelung kann daher auch als zentrische Streckung mit dem Streckungsfaktor k = - 1 aufgefasst werden.

Beispiel zur zentrischen Streckung mit Streckungsfaktor k = - 3

Bilde das Dreieck PQR mit den Koordinaten P (4|4), Q (6|4) und R (5,5|5,5) durch zentrische Streckung am Zentrum Z (4|3) mit dem Streckungsfaktor k = - 3 ab und bestimme die Koordinaten der Bildfigur.

- Graphische Lösung (vgl. Abbildung 4.38)

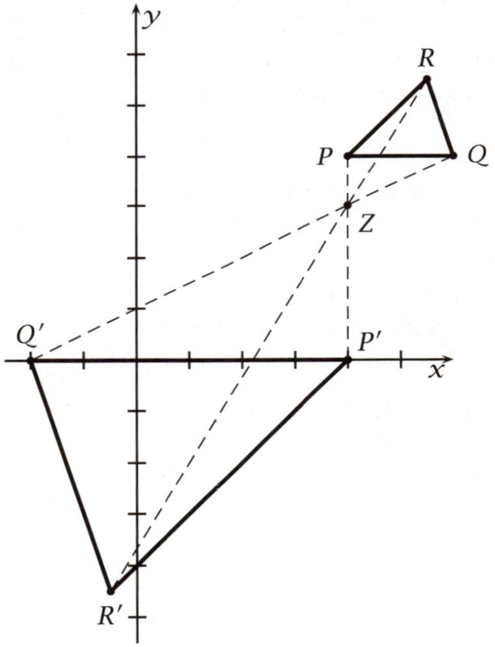

Abb. 4.38: Beispiel-Aufgabe zur zentrischen Streckung mit k = - 3, graphische Lösung

- Rechnerische Lösung

  Wir greifen auf den oben genannten geometrischen Zusammenhang zurück: die Länge der Bildstrecke ist k-mal so lang wie die Länge der ursprünglichen Strecke. Mathematisch ausgedrückt:

$$\overrightarrow{ZP'} = k \otimes \overrightarrow{ZP}$$

also:

$$x_{P'} - x_Z = k \cdot (x_P - x_Z)$$
$$y_{P'} - y_Z = k \cdot (y_P - y_Z)$$

nach x´ und y´ aufgelöst:

$$x_{P'} = k \cdot (x_P - x_Z) + x_Z$$
$$y_{P'} = k \cdot (y_P - y_Z) + y_Z$$

auf diese Aufgabe angewandt: (Berechnung siehe Beispiel zur zentrischen Streckung mit Streckungsfaktor k = 2)

Zur Berechnung des Punktes P´ in Excel steigen wir zunächst in die Zeile „x´ = ... “ ein und wenden die Daten des Punktes P an.

Die entsprechende Formel in Excel (siehe Zelle E18) lautet:

```
=B10*(B15-B11)+B11
```

Dabei gebraucht man die x-Koordinate des Punktes P aus der Zelle B15 sowie die x-Koordinate des Zentrums Z aus der Zelle B11. In der Zelle B10 findet sich der Streckungsfaktor k der zentrischen Streckung.

Entsprechend sehen die Formeln für die Berechnung der y-Koordinate des Punktes P´ sowie die x- und y-Koordinaten der Punkte Q´ und R´ aus (siehe Abbildung 4.39).

	D	E
18	$x_{P'}$ =	=B10*(B15-B11)+B11
19	$y_{P'}$ =	=B10*(B16-B12)+B12
20		
21		
22		
23		
24		
25	$x_{Q'}$ =	=B10*(B22-B11)+B11
26	$y_{Q'}$ =	=B10*(B23-B12)+B12
27		
28		
29		
30		
31		
32	$x_{R'}$ =	=B10*(B29-B11)+B11
33	$y_{R'}$ =	=B10*(B30-B12)+B12

Abb. 4.39: Beispiel-Aufgabe zur zentrischen Streckung mit k = - 3, rechnerische Lösung (Formeln)

Die vollständige Lösung der Aufgabe in Excel zeigt Abbildung 4.40.

	A	B	C	D	E	F
1	**Beispiel-Aufgabe zur zentrischen Streckung mit k = -3**					
2						
3	$x_{P'} - x_Z = k * (x_P - x_Z)$					
4	$y_{P'} - y_Z = k * (y_P - y_Z)$					
5						
6	also:					
7	$x_{P'} = k * (x_P - x_Z) + x_Z$					
8	$y_{P'} = k * (y_P - y_Z) + y_Z$					
9						
10	k =	-3				
11	x_Z =	4				
12	y_Z =	3				
13						
14	**Berechnung Punkt P´:**					
15	x_P =	4				
16	y_P =	4				
17						
18	$x_{P'} = k * (x_P - x_Z) + x_Z$			$x_{P'}$ =	4,0	
19	$y_{P'} = k * (y_P - y_Z) + y_Z$			$y_{P'}$ =	0,0	
20						
21	**Berechnung Punkt Q´:**					
22	x_Q =	6				
23	y_Q =	4				
24						
25	$x_{Q'} = k * (x_Q - x_Z) + x_Z$			$x_{Q'}$ =	-2,0	
26	$y_{Q'} = k * (y_Q - y_Z) + y_Z$			$y_{Q'}$ =	0,0	
27						
28	**Berechnung Punkt R´:**					
29	x_R =	5,5				
30	y_R =	5,5				
31						
32	$x_{R'} = k * (x_R - x_Z) + x_Z$			$x_{R'}$ =	-0,5	
33	$y_{R'} = k * (y_R - y_Z) + y_Z$			$y_{R'}$ =	-4,5	

Abb. 4.40: Beispiel-Aufgabe zur zentrischen Streckung mit k = - 3, rechnerische Lösung (Ergebnisse) (source/zentr_streckung2.xls)

Die zentrische Streckung erhält also nicht Längen, sondern nur Verhältnisse von Längen zueinander. Man sagt: die zentrische Streckung ist verhältnistreu, die ursprüngliche Figur und die Bildfigur sind ähnlich zueinander.

4.3.1 Zentrische Streckung von Flächen und Volumina

Wird eine Figur durch zentrische Streckung abgebildet, so ändert sich ihr Flächeninhalt (siehe oben). Betrachten wir dazu ein Rechteck mit der Länge l und der Breite b (siehe Abbildung 4.41), so ergibt sich:

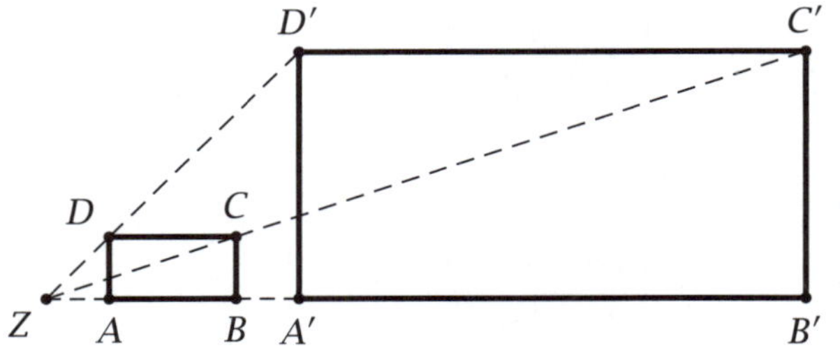

Abb. 4.41: Zentrische Streckung in der Ebene

$l' = k \cdot l$
$b' = k \cdot b$
$A' = l' \cdot b' = k \cdot l \cdot k \cdot b = k^2 \cdot l \cdot b = k^2 \cdot A$

also: $A' = k^2 \cdot A$

Der Flächeninhalt der Bildfigur ist also k^2-mal so groß wie der Flächeninhalt der ursprünglichen Figur.

Analog kann man für den Raum herleiten: Wird ein Quader der Länge l, der Breite b und der Höhe h zentrisch gestreckt, wie in Abbildung 4.42, so gilt für das Volumen der Bildfigur:

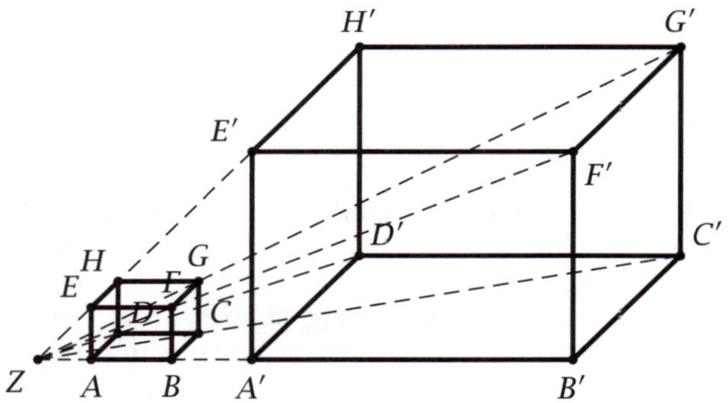

Abb. 4.42: Zentrische Streckung im Raum

$V' = |k|^3 \cdot V$

Das Volumen der Bildfigur ist $|k|^3$-mal so groß wie das Volumen der ursprünglichen Figur.

> ☞ **Hinweis:**
>
> Bei der Formel zum Flächeninhalt der Bildfigur kann auf den Betrag verzichtet werden, da das Quadrat dafür sorgt, dass der Wert immer positiv ist.

Beispiel-Aufgabe zur zentrischen Streckung in der Ebene bzw. im Raum

1. Berechne den Flächeninhalt des Dreiecks P´Q´R´ aus Beispiel 4.38 auf Seite 127 (siehe dazu auch Band 1, Kapitel „Figuren und Körper").
2. Gegeben ist die dreiseitige Pyramide ABCS, deren Grundfläche das gleichschenklige Dreieck ABC ist. Dabei befindet sich die 3 cm lange Grundlinie AB des Dreiecks auf der Schrägbildachse. Die zu verzerrende Höhe MC des Dreiecks ist ursprünglich 2 cm lang, wobei der Punkt M der Mittelpunkt der Strecke AB ist. Die Spitze S liegt 4 cm senkrecht über dem Punkt B. Die Pyramide ABCS wird nun durch eine zentrische Streckung mit dem Zentrum Z und dem Streckungsfaktor $k = 2{,}5$ auf die Pyramide A´B´C´S´ abgebildet. Das Zentrum Z der zentrischen Streckung befindet sich dabei auf der Verlängerung der Strecke AB über A hinaus im Abstand 2 cm vom Punkt A entfernt. Berechne das Volumen der Bildpyramide A´B´C´S´ (siehe dazu auch Band 1, Kapitel „Figuren und Körper").

Graphische Veranschaulichung

1. vgl. Abbildung 4.38 auf Seite 127
2. siehe Abbildung 4.43 auf der nächsten Seite

Rechnerische Lösung

1. Die Excel-Formeln zur Berechnung von Aufgabe 1 zeigt Abbildung 4.44 auf der nächsten Seite.

   Dabei beinhalten fett umrandete Zellen Matrizen und dünn umrandete Zellen entsprechende Excel-Formeln.

   Das vollständige Lösungsmuster in Excel ergibt sich dann wie in Abbildung 4.45 auf Seite 133:

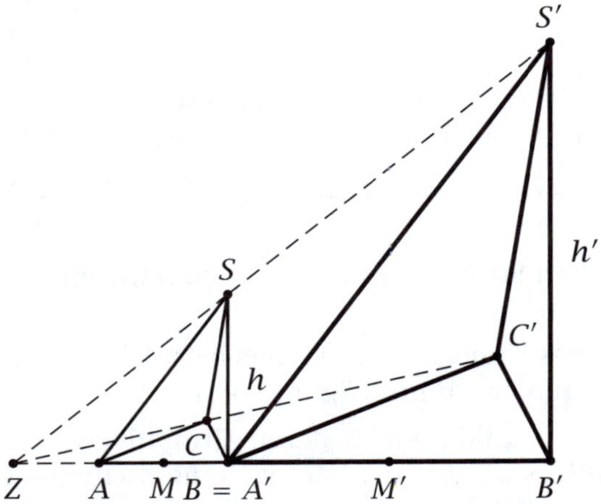

Abb. 4.43: Beispiel-Aufgabe zur zentrischen Streckung im Raum, graphische Veranschaulichung

	A	B	C	D	E	F	G
1	**Zentrische Streckung in der Ebene**						
2							
3	**Flächeninhalt Dreieck PQR:**						
4							
5	x_P =	4	x_Q =	6	x_R =	5,5	
6	y_P =	4	y_Q =	4	y_R =	5,5	
7							
8	A = 0,5 *	x_{PQ}	x_{PR}				
9		y_{PQ}	y_{PR}				
10							
11	A = 0,5* (x_{PQ} * y_{PR} - x_{PR} * y_{PQ})						
12							
13	**Vektor PQ:**						
14	$x_{PQ} = x_Q - x_P$			x_{PQ} =	=D5-B5		
15	$y_{PQ} = y_Q - y_P$			y_{PQ} =	=D6-B6		
16							
17	**Vektor PR:**						
18	$x_{PR} = x_R - x_P$			x_{PR} =	=F5-B5		
19	$y_{PR} = y_R - y$			y_{PR} =	=F6-B6		
20							
21	also:						
22							
23	A = 0,5 *	=E14	=E18		A =	=0,5*(E14*E19-E18*E15)	cm²
24		=E15	=E19				
25							
26							
27	**Flächeninhalt Bilddreieck P´Q´R´:**						
28							
29	A´ = k² * A		k =	-3			
30							
31	A´ =	=(D29)^2*F23	cm²				

Abb. 4.44: Beispiel-Aufgabe zur zentrischen Streckung in der Ebene, rechnerische Lösung (Formeln)

Abb. 4.45: Beispiel-Aufgabe zur zentrischen Streckung in der Ebene, rechnerische Lösung (source/zentr_streckung3.xls)

	A	B	C	D	E	F	G
1	**Zentrische Streckung in der Ebene**						
2							
3	**Flächeninhalt Dreieck PQR:**						
4							
5	$x_P =$	4,0	$x_Q =$	6,0	$x_R =$	5,5	
6	$y_P =$	4,0	$y_C =$	4,0	$y_R =$	5,5	
7							
8	A = 0,5 *	x_{PQ}	x_{PR}		$A = 0{,}5 * (x_{PQ} * y_{PR} - x_{PR} * y_{PQ})$		
9		y_{PQ}	y_{PR}				
10							
11	**Vektor PQ:**						
12	$x_{PQ} = x_Q - x_P$			$x_{PQ} =$	2,0		
13	$y_{PQ} = y_Q - y_P$			$y_{PQ} =$	0,0		
14							
15	**Vektor PR:**						
16	$x_{PR} = x_R - x_P$			$x_{PR} =$	1,5		
17	$y_{PR} = y_R - y_P$			$y_{PR} =$	1,5		
18							
19	also:						
20							
21	A = 0,5 *	2,0	1,5		A =	1,5 cm²	
22		0,0	1,5				
23							
24							
25	**Flächeninhalt Bilddreieck P´Q´R´:**						
26							
27	$A´ = k^2 * A$		k =	-3			
28							
29	A´ =	13,5 cm²					

2. Die Formeln zur Berechnung von Aufgabe 2 zeigt Abbildung 4.46.

	A	B	C	D	E	F
1	**zentrische Streckung im Raum**					
2						
3	**Volumen der Pyramide ABCS:**					
4						
5	Grundlinie AB des Dreiecks			g_D =	3	cm
6	Höhe MC des Dreiecks			h_D =	2	cm
7	Pyramidenhöhe			h_P =	4	cm
8						
9	V = 1/3 * $A_{Dreieck}$ * h_P					
10	V = 1/3 * 1/2 * g_D * h_D * h_P					
11	V = 1/6 * g_D * h_D * h_P					
12						
13	V =	=(E5*E6*E7)/6	cm³			
14						
15	**Volumen der Bildpyramide A´l**					
16						
17	V´ = |k|³ * V		k =	2,5		
18			k positiv?	=WENN(D17>=0;"ja";"nein!")		
19				=WENN(D18="ja";D17;-D17)		
20						
21	V´ =	=(D19)^3*B13	cm³			

Abb. 4.46: Beispiel-Aufgabe zur zentrischen Streckung im Raum, rechnerische Lösung (Formeln)

Bedeutung von fetter / dünner Umrandung: (siehe Aufgabe 1).

Wegen der Potenz 3 muss in Zelle **D18** mit Hilfe einer WENN-Formel (siehe dazu Kapitel 1.4.1 auf Seite 25) zunächst überprüft werden, ob es sich beim Streckungsfaktor k um eine positive oder eine negative Zahl handelt. In Zelle **D19** sorgt eine weitere WENN-Formel dafür, dass das Vorzeichen angepasst wird.

Abbildung 4.47 auf der nächsten Seite zeigt das vollständige Lösungsmuster in Excel:

Abb. 4.47: Beispiel-Aufgabe zur zentrischen Streckung im Raum, rechnerische Lösung (source/zentr_streckung4.xls)

	A	B	C	D	E	F
1	**zentrische Streckung im Raum**					
2						
3	**Volumen der Pyramide ABCS:**					
4						
5	Grundlinie AB des Dreiecks			g_D =		3 cm
6	Höhe MC des Dreiecks			h_D =		2 cm
7	Pyramidenhöhe			h_P =		4 cm
8						
9	V = 1/3 * $A_{Dreieck}$ * h_P					
10	V = 1/3 * 1/2 * g_D * h_D * h_P					
11	V = 1/6 * g_D * h_D * h_P					
12						
13	V =		4 cm³			
14						
15	**Volumen der Bildpyramide A´B´C´S´:**					
16						
17	V´ = |k|³ * V		k =	2,5		
18			k positiv?	ja		
19				2,5		
20						
21	V´ =		62,5 cm³			

4.3.2 Strahlensatz bzw. Vierstreckensatz

Eine wichtige Anwendung der zentrischen Streckung ist der Strahlensatz bzw. Vierstreckensatz. Im folgenden sei die Bezeichnung „Vierstreckensatz" vereinbart. Er trifft eine Aussage über das Verhältnis der verschiedenen Streckenlängen bei folgender Figur: Zwei sich schneidende Geraden werden wiederum von einem Parallelenpaar geschnitten, wobei das Parallelenpaar auf der gleichen Seite oder auf verschiedenen Seiten des Schnittpunktes der beiden Geraden liegen kann, wie in den Abbildungen 4.48 und 4.49 auf der nächsten Seite zu sehen ist.

Abb. 4.48: Vierstreckensatz, „V"-Figur

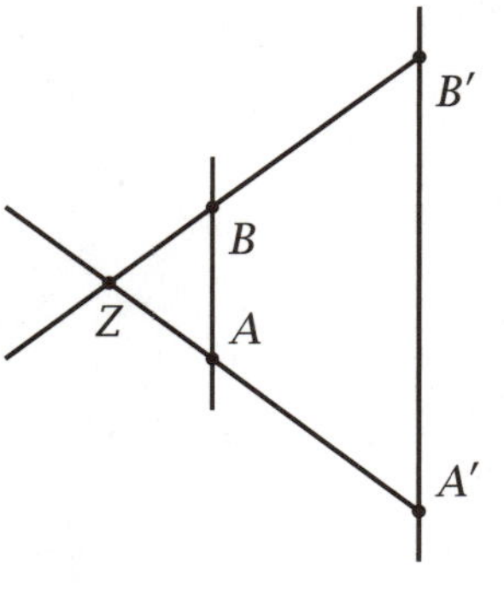

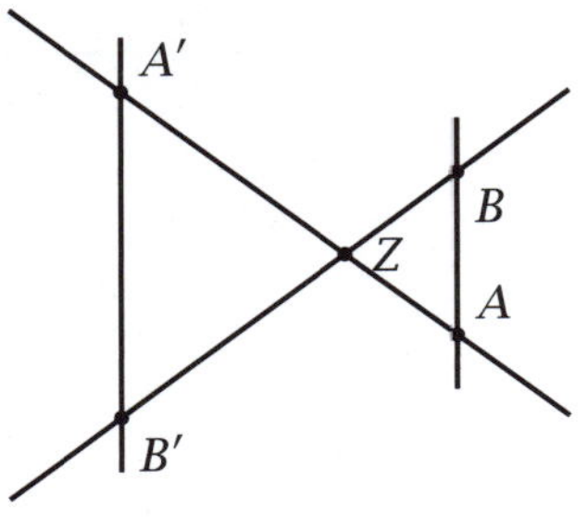

Abb. 4.49: Vierstreckensatz, „X“-Figur

Betrachtet man die Figuren jeweils als zentrische Streckung, so lassen sich folgende zwei Gesetzmäßigkeiten ableiten:

1. Die Längen zweier Strecken auf der einen Geraden verhalten sich wie die Längen der entsprechenden Strecken auf der anderen Geraden:

   $\overrightarrow{ZA'} : \overrightarrow{ZA} = \overrightarrow{ZB'} : \overrightarrow{ZB}$ und
   $\overrightarrow{ZA} : \overrightarrow{AA'} = \overrightarrow{ZB} : \overrightarrow{BB'}$

2. Die Längen der Strecken auf den Parallelen verhalten sich wie die vom Geradenschnittpunkt aus gemessenen Längen der dazugehörigen Strecken auf jeder der sich schneidenden Geraden:

   $\overrightarrow{A'B'} : \overrightarrow{AB} = \overrightarrow{ZA'} : \overrightarrow{ZA}$ und
   $\overrightarrow{A'B'} : \overrightarrow{AB} = \overrightarrow{ZB'} : \overrightarrow{ZB}$

Beispiel-Aufgabe zum Vierstreckensatz

Die Höhe eines Turmes soll bestimmt werden. Dazu peilt ein 1,70 m großer Mensch die Turmspitze aus einer Entfernung von s = 100 m über einen 50 cm langen Stock an, den er eine Armlänge (80 cm) entfernt hält. Berechne aus den Angaben die Höhe des Turmes.

Zur graphischen Veranschaulichung sei Abbildung 4.50 empfohlen.

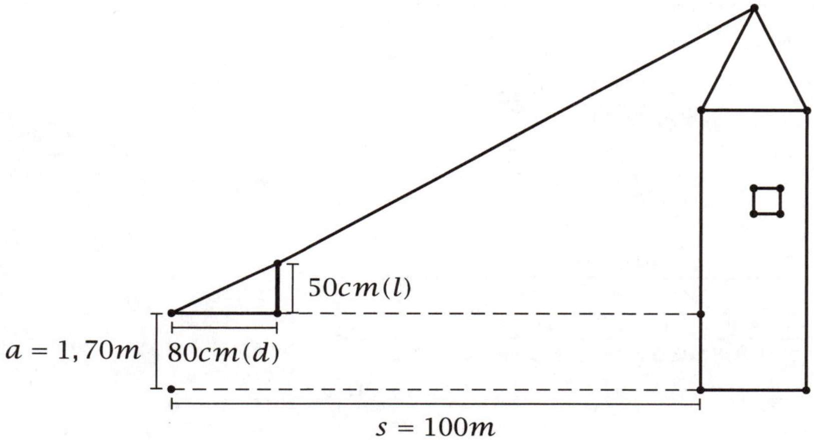

Abb. 4.50: Beispiel-Aufgabe zum Vierstreckensatz, graphische Veranschaulichung

Rechnerische Lösung:

Zunächst werden die Längenangaben in die Excel-Tabelle übernommen. Anschließend wird die Formel angesetzt und nach h aufgelöst. Mit entsprechenden Excel-Formeln (siehe Abbildung 4.51 auf der nächsten Seite) sieht das vollständige Lösungsmuster in Excel aus wie in Abbildung 4.52 auf der nächsten Seite.

Der Vierstreckensatz lässt sich ebensogut im Raum anwenden:

	A	B	C	D
1	Beispiel-Aufgabe zum Vierstreckensatz			
2				
3	Augenhöhe	a =	1,7	m
4	Entfernung	s =	100	m
5	Armlänge	d =	0,8	m
6	Stocklänge	l =	0,5	m
7				
8	gesucht: Turmhöhe h			
9				
10	l	=	d	
11	h-a		s	
12				
13	=C6	=	=C5	
14	h - 1,7		=C4	
15				
16	=A13*C14	=	0,8 * (h - 1,7)	
17				
18	=A16	=	h - 1,7	
19	=C5			
20				
21	h =	=(A18/A19)+C3	m	

Abb. 4.51: Beispiel-Aufgabe zum Vierstreckensatz, rechnerische Lösung(Formeln)

	A	B	C	D
1	Beispiel-Aufgabe zum Vierstreckensatz			
2				
3	Augenhöhe	a =	1,7 m	
4	Entfernung	s =	100 m	
5	Armlänge	d =	0,8 m	
6	Stocklänge	l =	0,5 m	
7				
8	gesucht: Turmhöhe h			
9				
10	l	=	d	
11	h-a		s	
12				
13	0,5	=	0,8	
14	h - 1,7		100	
15				
16	50	=	0,8 * (h - 1,7)	
17				
18	50	=	h - 1,7	
19	0,8			
20				
21	h =	64,2 m		

Abb. 4.52: Beispiel-Aufgabe zum Vierstreckensatz, rechnerische Lösung(Ergebnisse) (source/vierstreckensatz.xls)

Beispiel-Aufgabe zum Vierstreckensatz im Raum

Berechne die Höhe h´ der gestreckten Pyramide A´B´C´S´ aus dem Beispiel 4.43 auf Seite 132 (Aufgabe zur zentrischen Streckung im Raum).

- Graphische Veranschaulichung
  vgl. Abbildung 4.43 auf Seite 132
- Rechnerische Lösung
  Zunächst werden die Längenangaben in die Excel-Tabelle übernommen. Anschließend wird die Formel angesetzt und nach h´ aufgelöst. Bei dieser Aufgabe eignet sich Excel mehr oder weniger nur als „besserer Taschenrechner“: so steht in Zelle B19 die Lösungsformel für h´:

```
=(E8/E5)*E3
```

Die in der Formel verwendeten Zahlen sind die Entfernung vom Zentrum zum Bildpunkt b´ aus Zelle E8, die Entfernung vom Zentrum zum ursprünglichen Punkt b aus Zelle E5 sowie die Höhe h der ursprünglichen Pyramide aus Zelle E3. Abbildung 4.53 zeigt alle zur Lösung dieser Aufgabe notwendigen Formeln.

	A	B	C	D	E	F
1	**Vierstreckensatz im Raum**					
2						
3	Höhe h der ursprünglichen Pyramide:		h =	4	cm	
4						
5	Entfernung Zentrum - Punkt B:		b =	5	cm	
6				(Berechnung: ZB = ZA + AB = 2 cm + 3 cm)		
7						
8	Entfernung Zentrum - Punkt B´:		b´ =	12,5	cm	
9			(Berechnung: ZB´ = ZA + AB + BB´ = 2 cm + 3 cm + 7,5 cm)			
10						
11	**gesucht: Höhe h´ der gestreckten Pyramide**					
12						
13	h´	=	b´			
14	h		b			
15						
16	h´ =	b´	* h			
17		b				
18						
19	h´ =	=(D8/D5)*D3	cm			

Abb. 4.53: Beispiel-Aufgabe zum Vierstreckensatz im Raum, rechnerische Lösung (Formeln)

Das vollständige Lösungsmuster in Excel ist in Abbildung 4.54 auf der nächsten Seite gezeigt.

	A	B	C	D	E	F
1	**Vierstreckensatz im Raum**					
2						
3	Höhe h der ursprünglichen Pyramide:		h =		4 cm	
4						
5	Entfernung Zentrum - Punkt B:		b =		5 cm	
6					(Berechnung: ZB = ZA + AB = 2 cm + 3 cm)	
7						
8	Entfernung Zentrum - Punkt B´:		b´ =	12,5 cm		
9			(Berechnung: ZB´ = ZA + AB + BB´ = 2 cm + 3 cm + 7,5 cm)			
10						
11	**gesucht: Höhe h´ der gestreckten Pyramide**					
12						
13	h´	=	b´			
14	h		b			
15						
16	h´ =	b´	* h			
17		b				
18						
19	h´ =	10 cm				

Abb. 4.54: Beispiel-Aufgabe zum Vierstreckensatz im Raum, rechnerische Lösung (Ergebnisse) (source/vierstreckensatz2.xls)

4.4 Scherung

Betrachtet man eine Figur schräg durch eine Lupe, so wirkt sie verzerrt. Diese Verzerrung kann man aber auch als Abbildung in der Ebene hervorrufen: man spricht von Scherung (vgl. Abbildung 4.55).

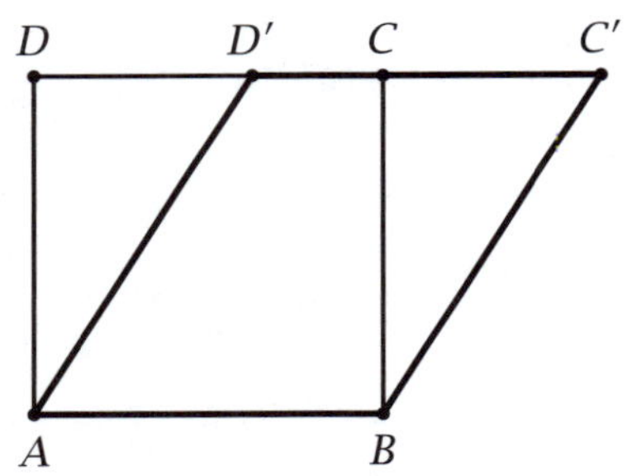

Abb. 4.55: Scherung

Dazu benötigt man eine Gerade, die als Scherungsachse dient, und einen Scherungswinkel. Zeichnerisch erhält man die Scherung durch folgende Arbeitsschritte (siehe Abbildung 4.56 auf der nächsten Seite):

1. Zeichnen einer Parallelen zur Scherungsachse s durch den Punkt P
2. Fällen eines Lotes vom Punkt P auf die Scherungsachse s
3. Abtragen des Scherungswinkels an das Lot aus 2. mit dem Lotfußpunkt als Scheitel

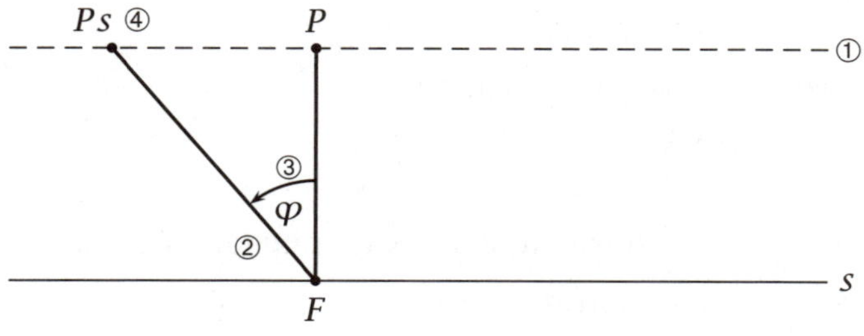

Abb. 4.56: Arbeitsschritte zur Scherung

4. Bildpunkt ist der Schnittpunkt der Parallelen aus 1. mit dem 2. Schenkel des Scherungswinkels aus 3.

Fixpunkte sind die Punkte der Scherungsachse, sie ist damit Fixpunktgerade. Jede Gerade, die parallel zur Scherungsachse verläuft, ist Fixgerade.

Beispiel-Aufgabe zur Scherung

Bilde das Drachenviereck ABCD mit den Koordinaten A (2|1), B (4|5), C (2|7) und D (0|5) durch Scherung mit der Scherungsachse y = 1 (näheres zu Geraden finden Sie in Band 1 Kapitel„Lineare Funktionen") und dem Scherungswinkel $\varphi = -30°$ ab und bestimme die Koordinaten der Bildfigur.

- Graphische Lösung (Abbildung 4.57)

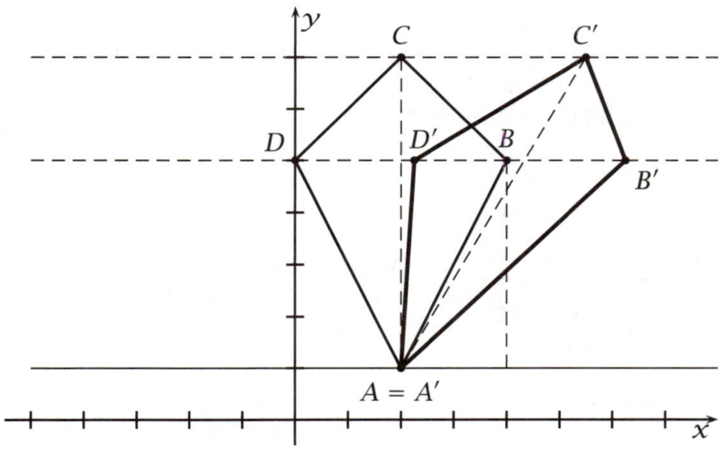

Abb. 4.57: Beispiel-Aufgabe zur Scherung, graphische Lösung

- Rechnerische Lösung

Abbildungsmatrix der Scherung:

$$\begin{pmatrix} 1 & -\tan\varphi \\ 0 & 1 \end{pmatrix}$$

Die Abbildungsgleichung der Scherung lautet damit:

$$\begin{pmatrix} x' \\ y' \end{pmatrix} = \begin{pmatrix} 1 & -\tan\varphi \\ 0 & 1 \end{pmatrix} \otimes \begin{pmatrix} x \\ y \end{pmatrix}$$

also:

$$x' = x - y \cdot \tan\varphi$$

$$y' = y$$

auf diese Aufgabe angewandt:

Der Punkt A ist Fixpunkt der Abbildung, das heißt, der Punkt A´ hat die gleichen Koordinaten wie der Punkt A, nämlich A´(2|1). Zur Berechnung des Punktes B´ in Excel steigen wir zunächst in die Zeile „x´ = ... “ein und wenden die Daten des Punktes B an.

Die entsprechende Formel in Excel (siehe Zelle C28) lautet:

```
=C17-C18*TAN(BOGENMASS(H15))
```

Dabei gebraucht man die Koordinaten des Punktes B aus den Zellen C17 und C18 sowie den Drehwinkel φ aus der Zelle H15.

Zur Verwendung des Bogenmasses siehe Kapitel 4.1 auf Seite 106.

Einfacher wird es bei der Berechnung der y-Werte: da die Scherung die y-Werte erhält, braucht man nur den y-Wert des ursprünglichen Punktes für den Bildpunkt zu übernehmen wie in Zelle C29 für die y-Koordinate des Punktes B´:

```
=C18
```

	B	C
27	**Punkt B´:**	
28	$x_{B'}$ =	=C17-C18*TAN(BOGENMASS(G15))
29	$y_{B'}$ =	=C18
30		
31	**Punkt C´:**	
32	$x_{C'}$ =	=C19-C20*TAN(BOGENMASS(G15))
33	$y_{C'}$ =	=C20
34		
35	**Punkt D´:**	
36	$x_{D'}$ =	=C21-C22*TAN(BOGENMASS(G15))
37	$y_{D'}$ =	=C22

Abb. 4.58: Beispiel-Aufgabe zur Scherung, rechnerische Lösung (Formeln)

Entsprechend sehen die Formeln für die Berechnung der x- und y-Koordinaten der Punkte C´ und D´ aus (siehe Abbildung 4.58 auf der vorherigen Seite). Das vollständige Lösungsmuster der Aufgabe zeigt Abbildung 4.59.

	A	B	C	D	E	F	G	H	I
1	**Scherung**								
2									
3									
4	**Abbildungsmatrix der Scherung:**			1	- tan φ				
5				0	1				
6									
7	**Abbildungsgleichung der Scherung:**			x´	=	1	- tan φ	*	x
8				y´		0	1		y
9									
10									
11	also:			x´ =	x - y * tan φ				
12				y´ =	y				
13									
14									
15	hier:	x_A =	2	Scherungswinkel φ =			-30		
16		y_A =	1						
17		x_B =	4						
18		y_B =	5						
19		x_C =	2						
20		y_C =	7						
21		x_D =	0						
22		y_D =	5						
23									
24									
25		**Punkt A´** = Punkt A (da Fixpunkt): A´ (2 | 1)							
26									
27		**Punkt B´:**							
28		$x_{B´}$ =	6,89						
29		$y_{B´}$ =	5,00						
30									
31		**Punkt C´:**							
32		$x_{C´}$ =	6,04						
33		$y_{C´}$ =	7,00						
34									
35		**Punkt D´:**							
36		$x_{D´}$ =	2,89						
37		$y_{D´}$ =	5,00						

Abb. 4.59: (Ergebnisse) (source/scherung.xls)

Die Scherung ist also eine Abbildungsart, die nur die x-Werte verändert; die y-Werte dagegen bleiben erhalten.

4.5 Orthogonale Affinität

Entsprechend gibt es eine Abbildungsart, die nur die y-Werte verändert und die x-Werte erhält: die orthogonale Affinität. Dazu benötigt man eine Gerade als Affinitätsachse und einen Affinitätsfaktor. Zeichnerisch erhält man die orthogonale Affinität durch folgende Arbeitsschritte (vgl. Abbildung 4.60):

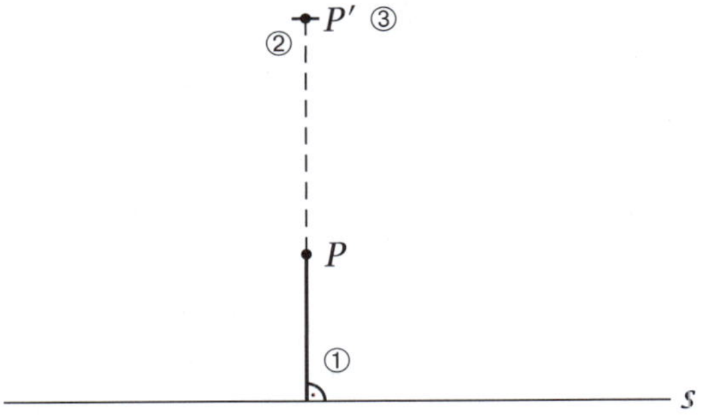

Abb. 4.60: Arbeitsschritte zur orthogonalen Affinität

1. Fällen eines Lotes vom Punkt P auf die Affinitätsachse s
2. Abtragen des k-fachen Abstandes der Entfernung vom Punkt P zum Lotfußpunkt am Lot aus 1. vom Lotfußpunkt aus; die Richtung hängt dabei vom Vorzeichen von k ab positives k: Abstand wird in Richtung des Punktes P abgetragen; negatives k: Abstand wird auf die andere Seite der Affinitätsachse s abgetragen (vgl. zentrische Streckung)
3. Bildpunkt ist der Schnittpunkt des Lotes aus 1. mit dem abgetragenen Abstand aus 2.

> ☞ **Beachte**
>
> Wird die orthogonale Affinität mit negativem Affinitätsfaktor k einmal ausgeführt, so ändert sich der Drehsinn der Figur! (vgl. Achsenspiegelung)

Fixpunkte sind die Punkte der Affinitätsachse, sie ist damit Fixpunktgerade. Jede Gerade, die auf der Affinitätsachse senkrecht steht, ist Fixgerade.

Beispiel-Aufgabe zur orthogonalen Affinität

Bilde das Dreieck PQR mit den Koordinaten P (-1|0), Q (3|7) und R (-4|5) durch orthogonale Affinität mit der x-Achse als Affinitätsachse und dem Affinitätsfaktor k = - 0,5 ab und bestimme die Koordinaten der Bildfigur.

- Graphische Lösung (siehe Abbildung 4.61)

Abb. 4.61: Beispiel-Aufgabe zur orthogonalen Affinität, graphische Lösung

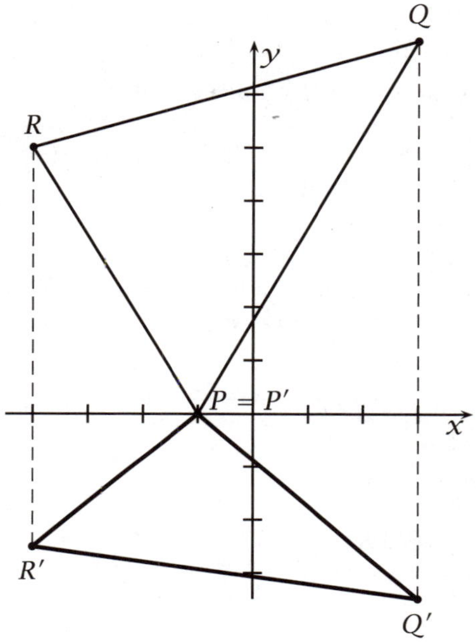

- Rechnerische Lösung

Abbildungsmatrix der orthogonalen Affinität:

$$\begin{pmatrix} 1 & 0 \\ 0 & k \end{pmatrix}$$

Die Abbildungsgleichung der orthogonalen Affinität lautet damit:

$$\begin{pmatrix} x' \\ y' \end{pmatrix} = \begin{pmatrix} 1 & 0 \\ 0 & k \end{pmatrix} \otimes \begin{pmatrix} x \\ y \end{pmatrix}$$

also:

$$x' = x y' = k \cdot y$$

auf diese Aufgabe angewandt:

Der Punkt P ist Fixpunkt der Abbildung, das heißt, der Punkt P´ hat die gleichen Koordinaten wie der Punkt P, nämlich P´(-1|0). Zur Berechnung des Punktes Q´ in Excel steigen wir zunächst in die Zeile „y´ = ... “ein und wenden die Daten des Punktes Q an. Die entsprechende Formel in Excel (siehe Zelle C28) lautet:

```
=C22*C18
```

Dabei gebraucht man die y-Koordinate des Punktes Q aus der Zelle C18 sowie den Affinitätsfaktor k aus der Zelle C22.

Einfacher wird es bei der Berechnung der x-Werte: da die orthogonale Affinität die x-Werte erhält, braucht man nur den x-Wert des ursprünglichen Punktes für den Bildpunkt zu übernehmen wie in Zelle C27 für die x-Koordinate des Punktes Q´:

```
=C17
```

Entsprechend sehen die Formeln für die Berechnung der x- und y-Koordinate des Punktes R´ aus (vgl. Abbildung 4.62).

	B	C
26	**Punkt Q´:**	
27	$x_{Q'}$ =	=C17
28	$y_{Q'}$ =	=C22*C18
29		
30	**Punkt R´:**	
31	$x_{R'}$ =	=C19
32	$y_{R'}$ =	=C22*C20

Abb. 4.62: Beispiel-Aufgabe zur orthogonalen Affinität, rechnerische Lösung (Formeln)

Die vollständige Lösung der Aufgabe in Excel zeigt Abbildung 4.63 auf der nächsten Seite.

	A	B	C	D	E	F	G	H	I	J
1	**orthogonale Affinität**									
2										
3										
4	**Abbildungsmatrix der orthogonalen Affinität:**				1	0				
5					0	k				
6										
7	**Abbildungsgleichung der orthogonalen Affinität:**				x´	=	1	0	*	x
8					y´		0	k		y
9										
10										
11	also:				x´ =	x				
12					y´ =	k * y				
13										
14										
15	hier:	x_P =	-1							
16		y_P =	0							
17		x_Q =	3							
18		y_Q =	7							
19		x_R =	-4							
20		y_R =	5							
21										
22		k =	-0,5							
23										
24		**Punkt P´** = Punkt P (da Fixpunkt): P´ (-1 | 0)								
25										
26		**Punkt Q´:**								
27		$x_{Q´}$ =	3,0							
28		$y_{Q´}$ =	-3,5							
29										
30		**Punkt R´:**								
31		$x_{R´}$ =	-4,0							
32		$y_{R´}$ =	-2,5							

Abb. 4.63: Beispiel-Aufgabe zur orthogonalen Affinität, rechnerische Lösung (Ergebnisse) (source/ortho_Aff.xls)

4.6 Aufgaben

1. Das Dreieck ABC mit A(0|2), B(0|6) und C(2|2) wird auf verschiedene Weise abgebildet. Berechnen Sie jeweils die Koordinaten der Bildpunkte.
   a) Das Dreieck wird an der Winkelhalbierenden des I. Quadranten gespiegelt.
   b) Das Dreieck wird zunächst um den Nullpunkt um 60° gedreht und anschließend mit dem Nullpunkt als Streckungszentrum und dem Streckungsfaktor -2 zentrisch gestreckt.
   c) Das Dreieck wird am Nullpunkt punktgespiegelt und anschließend mit dem Vektor $\vec{v} = \begin{pmatrix} 2 \\ 1 \end{pmatrix}$ parallel verschoben.

   (Lösung:loesungen/abb1.xls)
2. Wie lang ist der Schatten, den der 289,53 m hohe Olympiaturm in München wirft, wenn gleichzeitig ein senkrecht aufgestellter Stab mit 2 m Höhe einen 2,8 m langen Schatten erzeugt, dessen Spitze mit der Spitze des Turmschattens zusammenfällt?

   (Lösung:loesungen/abb2.xls)
3. Modelleisenbahnen sind maßstäblich verkleinerte Nachbildungen der Originale. Der Triebkopf eines ICE ist 20,56 m lang und hat eine Spurweite von 1435 mm. Berechnen Sie Länge und Spurweite des entsprechenden Modells
   a) 1:220 (Spur Z)
   b) 1:160 (Spur N)
   c) 1: 87 (Spur HO)
   d) 1: 45 (Spur O)

   (Lösung:loesungen/abb3.xls)
4. Wie lautet die Gleichung der Drehung um A(4|-2) mit dem Drehwinkel $\delta = -45°$?. Welche Koordinaten hat der Bildpunkt, wenn der Punkt P(1|2) mit dieser Gleichung abgebildet wird?

   (Lösung:loesungen/abb4.xls)
5. Das Quadrat A´B´C´D´ mit den Koordinaten A´(4|4), B´(2|4), C´(2|2) und D´(4|2) entsteht durch eine Punktspiegelung aus dem Quadrat ABCD mit den Koordinaten A(0|-4), B(2|-4), C(-2|-2) und D(0|-2). Welche Koordinaten hat der Punkt, an dem gespiegelt wird?

   (Lösung:loesungen/abb5.xls)

5 Exponential- und Logarithmusfunktionen

5.1 Exponentialfunktion

Funktionen, bei denen nicht die Basis, sondern der Exponent variabel ist, nennt man Exponentialfunktion, dabei betrachten wir hier die Funktion a^x mit $a > 0$ und $x \in \mathbb{R}$. Mit ihr lassen sich unter anderem Wachstums- und Abklingvorgänge beschreiben.

5.1.1 Graph

Um den Graphen in Excel zeichnen zu können, muss man eine Wertetabelle erstellen und den Diagrammassistenten aktivieren. Das soll hier an drei Beispielen durchgeführt werden. Als Funktionen wurden $y = 3^x$, $y = (\frac{1}{3})^x$ und $y = 1^x$ gewählt. Die Wertetabellen werden für den Bereich $x \in [-3; 3]$ aufgestellt. Die dazugehörigen y - Werte werden in den Zellen `H5`, `J5` und `L5` je nach Funktion berechnet.

Nach dem Anklicken des Diagrammbuttons wird ein Liniendiagramm ausgewählt und nach Eingabe des Datenbereichs (y-Werte der ersten Funktion) die Registerkarte Reihe aufgerufen. Als Namen für die 1.Reihe kann man die Funktion angeben, indem man den Bereich `G3-H3` überstreicht. Da es sich hier um drei Funktionen handelt, müssen noch zwei Reihen hinzugefügt werden. Dazu aktiviert man den Button `Hinzufügen`, gibt der 2. Reihe den Namen der Funktion durch Hereinziehen der Zellen `I3-J3`, enfernt in `Werte` den Eintrag und zieht die y-Werte durch Überstreichen der Spalte `J` in das Diagramm. Analog verfährt man für die dritte Funktion. In `Beschriftung der Rubrikenachse (x)` überstreicht man die x-Werte einer Funktion. Anschließend folgt man dem Diagrammassistenten mit `Weiter` und `in Tabelle übernehmen` und beendet mit `Fertig stellen`.

Das Diagramm ist jedoch noch nicht fertig. Die y-Achse muss noch durch den Nullpunkt der x-Achse verschoben werden. Das tut man, indem man die `Rubrikenachse` mit der rechten Maustaste aktiviert und dann `Achse formatieren` aufruft. In der Registerkarte `Skalierung` muss man hier bei `Größenachse schneidet bei Rubriknr.` 7 eintragen und `Größenachse schneidet zwischen den Rubriken` deaktivieren. Nun sieht das Diagramm schon ganz gut aus. Um noch genauere Information aus dem Graphen zu erhalten, wurde hier noch die Skalierung der y-Achse verändert. Hierzu wurde unter `Größenachse` `Achse formatieren` die Registerkarte `Skalierung` aufgerufen. Unter `Maximum` wurde hier 10 gewählt und für `Hauptintervall` 1. Zuletzt wurde noch die Schrift der Zahlen an den Achsen verändert. Unter `Achse formatieren` kann man in der Registerkarte `Schrift` unter `Grad` die Schriftgröße auswählen (hier 8).

Natürlich kann man das Diagramm noch nach Lust und Laune verschönern. Doch uns reicht der Graph soweit, um daraus neue Informationen über die Exponentialfunktion zu gewinnen. Es zeigt sich, dass die Funktion 1^x parallel zur x-Achse im Abstand 1 verläuft, deshalb wird $a = 1$ manchmal aus dem Definitionsbereich der Exponentialfunktion ausgeschlossen. Weiter erkennt man, dass alle Funktionen durch den Punkt $1|1$ gehen und die Exponentialfunktion für $a > 1$ monoton steigend ist und somit für Wachstumsfunktionen geeignet ist. Die Exponentialfunktion für $a \in [0; 1]$ dagegen ist monoton fallend und stellt eine Abklingfunktion dar. Da die x-Achse Asymptote des Graphen ist, gilt für den Wertebereich $\mathbb{R}^+$. Betrachtet man den Graphen genauer, erkennt man, dass die Funktion $(\frac{1}{3})^x$ das Spiegelbild der Funktion 3^x an der y-Achse ist (siehe Abbildung 5.1 auf der nächsten Seite).

Exponentialfunktion

Graph der Funktion

$y = 3^x$

$y = \left(\frac{1}{3}\right)^x$

$y = 1^x$

Wertetabellen					
$y=3^x$		$y=(1/3)^x$		$y=1^x$	
x	y	x	y	x	y
-3	0,03703704	-3	27	-3	1
-2,5	0,06415003	-2,5	15,5884573	-2,5	1
-2	0,11111111	-2	9	-2	1
-1,5	0,19245009	-1,5	5,19615242	-1,5	1
-1	0,33333333	-1	3	-1	1
-0,5	0,57735027	-0,5	1,73205081	-0,5	1
0	1	0	1	0	1
0,5	1,73205081	0,5	0,57735027	0,5	1
1	3	1	0,33333333	1	1
1,5	5,19615242	1,5	0,19245009	1,5	1
2	9	2	0,11111111	2	1
2,5	15,5884573	2,5	0,06415003	2,5	1
3	27	3	0,03703704	3	1

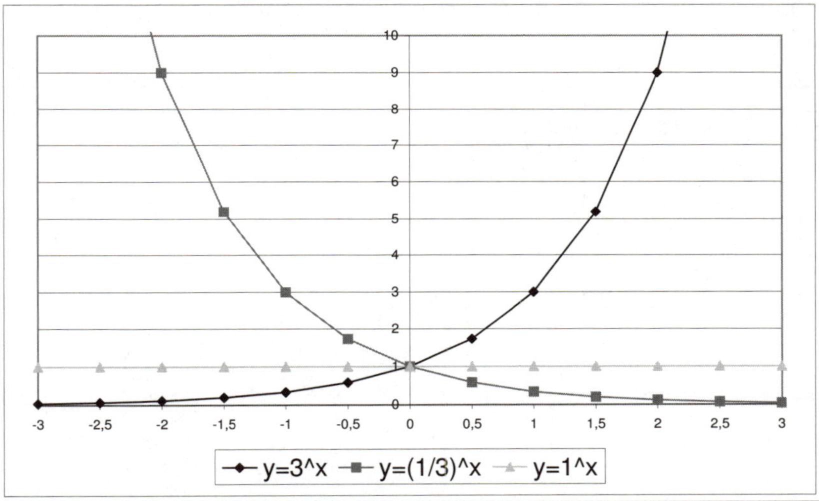

Abb. 5.1: Exponentialfunktion (source/expo.xls)

5.1.2 Wachstumsfunktion

Sehr viele natürliche Wachstumsvorgänge wie z. B. die Vermehrung von Bakterien oder Algen, das Wachstum eines Waldes und das Bevölkerungswachstum folgen exponentialen Wachstumsgesetzen.

Beispiel

Ein Hobbygärtner pflanzte in seinem Naturschwimmbecken von 48 m^2 eine Seerose von 2 dm^2 und stellte nach einer Woche fest, dass die Seerose die doppelte Fläche einnimmt. Nach einer weiteren Woche merkte er, dass die Fläche der Seerose sich gegenüber der Vorwoche wieder verdoppelt hat. Er überlegte nun, welche Fläche sie nach einem Vierteljahr überdeckt. Mit Excel kann man dazu eine wunderbare Tabelle erstellen (siehe Abbildung 5.2).

	A	B	C	D
1	**Wachstumsfunktion**			
2				
3	Anfangsfläche in dm^2			2
4	Wachstum pro Woche			100%
5/6	Woche	Fläche in dm^2	Zuwachs in dm^2	
7	0	2	2	
8	1	4	4	
9	2	8	8	
10	3	16	16	
11	4	32	32	
12	5	64	64	
13	6	128	128	
14	7	256	256	
15	8	512	512	
16	9	1024	1024	
17	10	2048	2048	
18	11	4096	4096	
19	12	8192	8192	
20	13	16384	16384	

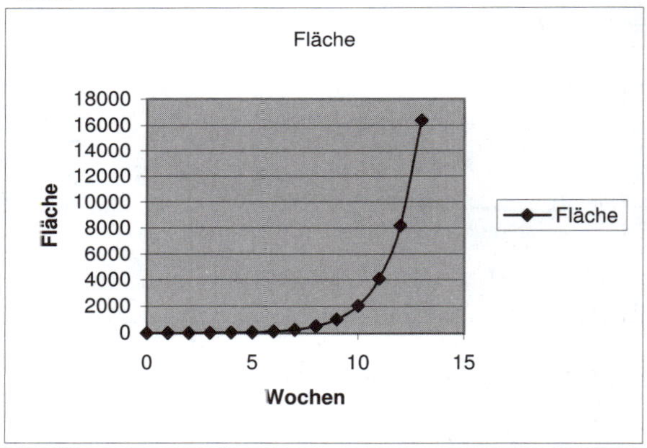

Abb. 5.2: Wachstumsfunktion (source/expo2.xls)

Dazu gibt man die Anfangsdaten ein und beginnt mit der Tabelle beim „Istzustand". In Spalte A kommt die Anzahl der Wochen von 0 beginnend und in Spalte B wird die Fläche berechnet, indem jeweils der Zuwachs zur Fläche der vorhergehenden Woche addiert wird mit der Formel $= B7 + B8$ in B8. In der Spalte Zuwachs in Zelle C7 ermittelt man den Zuwachs mit $= B7 * 100\%$. Das Ganze zieht man bis zur 13. Woche hinunter und kann ablesen, dass die Seerose dann bereits 16384 dm^2 also

163, 84 m² bedeckt. Das Diagramm dazu erstellt man mit dem Diagrammassistenten und braucht hier nichts zu verändern. Die Werte der Fläche bilden den Datenbereich und die Anzahl der Wochen die Beschriftung der Rubrikenachse. Soviel Fläche bietet aber der Schwimmteich unseres Gärtners nicht. Er überlegt deshalb, ob er das Wachstum ausreichend eindämmen kann, wenn er ab der 6. Woche jede Woche 1 m² wieder absticht. In unserer Excel-Tabelle fügen wir eine weitere Spalte `Abstich` an, in die -100 für den Abstich eingetragen wird und formen die Formel in `B31` um in $= B30 + C30 + D30$. Ziehen, bis Woche 13 ergibt, dass auch jetzt noch 36, 84 m² überdeckt werden, er also mehr abstechen oder früher beginnen muss, wenn er für seinen Schwimmbereich mindestens eine Fläche von 30 m² übrigbehalten will (siehe Abbildung 5.3).

	A	B	C	D	I
22	Woche	Fläche	Zuwachs	Abstich	
23		in dm²	in dm²	in dm²	
24	0	2	2		
25	1	4	4		
26	2	8	8		
27	3	16	16		
28	4	32	32		
29	5	64	64		
30	6	128	128	-100	Abstich
31	7	156	156	-100	100
32	8	212	212	-100	Berechnung
33	9	324	324	-100	mit
34	10	548	548	-100	Formel
35	11	996	996	-100	Fläche
36	12	1892	1892	-100	
37	13	3684	3684	-100	3684

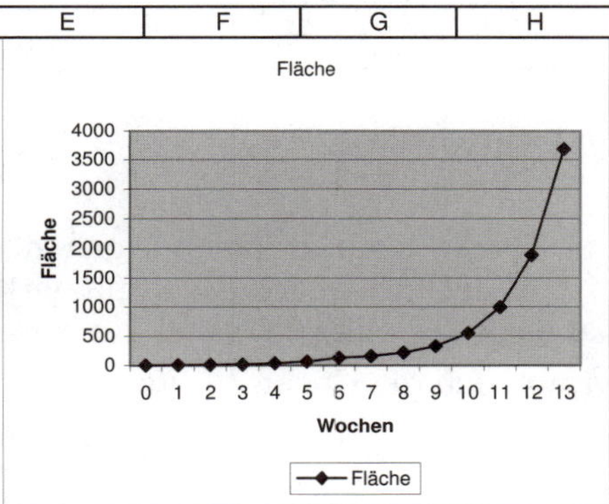

Abb. 5.3: Wachstumsfunktion (source/expo2.xls)

Mit Hilfe der Tabelle kann man einiges herumprobieren und überlegen, wie man eine möglichst niedrige Wachstumsquote erhält. Sticht er zum Beispiel in der 7. Woche 1, 5 m² und dann immer 1 dm² aus, kann er das Wachstum einigermaßen im Griff halten. Man sieht im Diagramm, dass es sich jetzt um eine überlagerte Exponentialformel handelt (siehe Abbildung 5.4 auf der nächsten Seite).

Natürlich kann man das alles auch über Formeln berechnen. Für das normale Wachstum der Seerose ergibt sich die Exponentialfunktion:
$y(t) = 2 * 2^t$ mit t Anzahl der Wochen.

	A	B	C	D	E	F	G	H
39	Woche	Fläche	Zuwachs	Abstich				
40		in dm^2	in dm^2	in dm^2				
41	0	2	2					
42	1	4	4					
43	2	8	8					
44	3	16	16					
45	4	32	32					
46	5	64	64					
47	6	128	128	-100				
48	7	156	156	-150				
49	8	162	162	-149				
50	9	175	175	-148				
51	10	202	202	-147				
52	11	257	257	-146				
53	12	368	368	-145				
54	13	591	591	-144				
55								

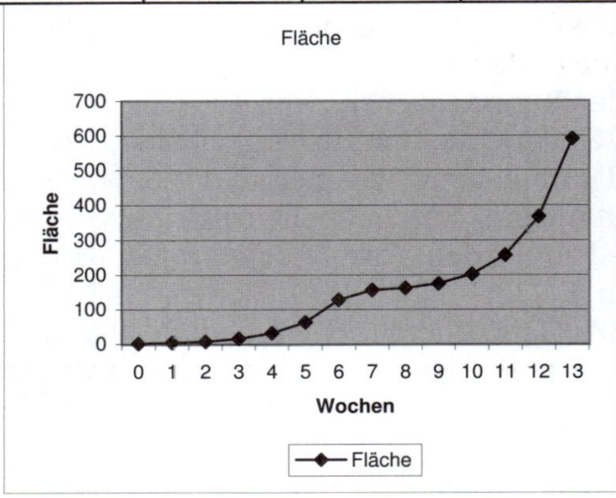

Abb. 5.4: Wachstumsfunktion (source/expo2.xls)

Will man die Fläche nach dreizehn Wochen mit dem jeweiligen Abstich berechnen, wird die Formel etwas komplizierter. Bis zur 6. Woche verläuft alles normal nach der obigen Formel, für die

7. Woche ergibt sich die Fläche: $y(6) + y(6) - 100 =$

$2 \cdot y(6) - 100$

für die 8. Woche die Fläche: $2 \cdot (2 \cdot y(6) - 100) - 100 =$

$2^2 \cdot y(6) - 2 \cdot 100 - 100$

für die 9. Woche ergibt sich: $2 \cdot (2^2 \cdot y(6) - 2 \cdot 100 - 100) - 100 =$

$2^3 \cdot y(6) - 2^2 \cdot 100 - 2 \cdot 100 - 100$

Aus dieser Gliederung lässt sich erkennen, dass für den normalen Anwuchs ohne Abstich gilt: $y(t) = 2^{(t-6)} \cdot y(6)$ und für den Abstich ergibt sich eine „geometrische Folge", deren Summe man mit der Formel $100 \cdot \frac{2^{(t-6)}-1}{2-1}$ berechnen kann. Somit lässt sich für diese Aufgabe die Formel erstellen : $y(t) = 2^{(t-6)} \cdot y(6) - (100 \cdot \frac{2^{(t-6)}-1}{2-1})$. Diese Formel lässt sich natürlich auch in Excel berechnen, wobei die Lösung mit der Tabelle wesentlich schneller ist. Berechnung: `=2∧7*B30-I31*(2∧7-1)/(2-1)`

Für die dritte Variante möchten wir hier keine Formel angeben, da dies wirklich kompliziert wird. Vielleicht aber findet sich einer, der sie erstellen will.

☞ Einschub: geometrische Folge

Eine geometrische Folge erhält man, wenn jedes Glied der Folge das q-fache des vorangehenden ist. Mit $n \in \mathbb{N}$ und $a, q \in \mathbb{R}$
$a, a \cdot q, a \cdot q^2, a \cdot q^3, \ldots.., a \cdot q^n, \ldots$
Die einzelnen Glieder der Folge kann man mit der Formel:
$a_n = a \cdot q^n$
berechnen. Die Summe der ersten n Glieder einer Folge ergibt
$S = a + a \cdot q + a \cdot q^2 + a \cdot q^3 + \ldots.. + a \cdot q^{(n-1)}$ oder vereinfacht
$S = a \cdot \frac{q^n - 1}{q - 1}$

Eine sehr bekannte Wachstumsfunktion ist die Zinseszinsformel, mit der man das Endkapital eines Sparguthabens nach n Jahren berechnen kann, wenn die Zinsen jedes Jahr dem Anfangskapital zugefügt werden.

$K_n = K_0(1 + \frac{p}{100})^n$

siehe auch Band 1 Kapitel „Zinsberechnung".

5.1.3 Abklingfunktion

Die Abklingfunktion wird auch Zerfallsfunktion genannt, was darauf hinweist, dass sie für die radioaktiven Zerfälle treffend ist. In diesem Kapitel soll als Abklingvorgang der Bierschaumzerfall eines schönen Pils oder Weißbiers betrachtet werden. Egal, für welches Bier, es zeigt sich, dass in festen Zeitintervallen der Bierschaum sich gerade immer um die Hälfte verringert. Die Zeit, in der sich die Höhe des Schaumes halbiert, nennt man `Halbwertszeit` t_H und die ist unterschiedlich je nach Biersorte. Nehmen wir ein gut eingeschenktes Bayerisches Weißbier, das kann gut eine Halbwertszeit von 125 s haben. Damit ergibt sich, dass sich alle125 s der Bierschaum halbiert. Nimmt man eine beliebige Zeit und teilt diese durch die Halbwertszeit, so erhält man die Anzahl der Halbwertszeiten. Für den Bruchteil ergibt sich der Term $y = (\frac{1}{2})^x$ mit x = Anzahl der Halbwertszeiten.

Die von der Zeit abhängige Höhe des Bierschaums kann man mit der Formel

$$h(t) = h_0 \cdot (\frac{1}{2})^{\frac{t}{t_H}}$$

berechnen.

In Excel erstellt man die Tabelle, indem man drei Spalten anlegt, A für die Anzahl der Halbwertszeiten, B für die Zeit und ListingTextC für die Höhe des Schaumes. In Zelle C3 ist die Ausgangshöhe eingetragen und in C4 die Halbwertszeit. Die Anzahl der Halbwertszeiten berechnet man in Zelle A10 mit =B10/$C$4 und die Höhe in C10 mit =$C$9*(1/2)A∧ 10. Die Zeit wurde hier in einem 20 Sekunden Intervall angesetzt. Das Diagramm zeigt, dass man doch fast 15 Minuten Schaum auf seinem Bier hat. Der Graph zu der Tabelle lässt sich wieder mit dem Diagrammassistenten erstellen, wobei die Höhe der Datenbereich ist, und die Zeit die Einteilung der Rubrikenachse bestimmt (siehe Abbildung 5.5 auf der nächsten Seite).

5.2 Logarithmusfunktion

Die Logarithmusfunktion ist die Umkehrfunktion der Exponentialfunktion, also die Spiegelung an der Achse $y = x$. Zwischen beiden Funktionen gilt die Beziehung:

> ☞ **Beziehung zwischen Logarithmus- und Exponentialfunktion**
>
> $a^x = y$ daraus folgt $x = \log_a y$

5.2.1 Graph der Funktion

Betrachten wir die Funktionen $y = 3^x$ und $y = (\frac{1}{3})^x$. Vertauscht man y und x so erhält man $x = 3^y$ und $y = (\frac{1}{3})^x$. Löst man die Gleichungen nach y auf ergibt sich $y = \log_3 x$ und $x = \log_{\frac{1}{3}} x$ Um die Graphen mit Excel zeichnen zu können, braucht man als erstes die beiden Wertetabellen. Da die Logarithmusfunktion die Umkehrfunktion der Exponentialfunktion ist, gilt für den Definitionsbereich $\mathbb{R}^+$, d.h. unsere Wertetabelle beschränkt sich auf Werte $x > 0$ Die Tabelle wurde für die x-Werte bei 0 begonnen und in Schritten von $\triangle x = 0,2$ bis 5 aufgebaut. Da der y-Wert für $x = 0$ nicht definiert ist, muss man die Berechnung der y-Werte bei 0,2 beginnen, den Wert $x = 0$ braucht man aber für die Koordinatenachsen des Diagramms, sonst verschiebt sich die y-Achse durch den Wert $x = 0,2$. In Zelle B8 steht =LOG(A8;$B$5) und in D8 =LOG(C8;$D$5) für die Berechnung. Beim Eingeben des Datenbereichs kann man die leere Zelle mit angeben oder auch nicht, aber wenn man die Werte der Reihen eingibt, muss man unbedingt auch die leeren Zellen B7 und D7 mit überstreichen. Ansonsten verfährt man genauso wie bei allen anderen Liniendiagrammen. Aus dem Graphen kann man sehen, dass die y-Achse Asymptote an den Graphen ist und dass die zweite Funktion aus einer Spiegelung der ersten Funktion an der

	A	B	C	D
1	**Bierschaumzerfall**			
2				
3	Anfanghöhe:		5	cm
4	Halbwertszeit		125	s
5				
6	**Anzahl der**	**Zeit**	**Höhe**	
7	**Halbwertszeiten**	**in s**	**in cm**	
8	t/t_H			
9	0	0	5	
10	0,16	20	4,475125355	
11	0,32	40	4,005349388	
12	0,48	60	3,58488812	
13	0,64	80	3,208564744	
14	0,8	100	2,871745887	
15	0,96	120	2,570284567	
16	1,12	140	2,300469127	
17	1,28	160	2,058977543	
18	1,44	180	1,842836522	
19	1,6	200	1,649384888	
20	1,76	220	1,476240827	
21	1,92	240	1,321272551	
22	2,08	260	1,182572058	
23	2,24	280	1,05843164	
24	2,4	300	0,947322854	
25	2,56	320	0,847877705	
26	2,72	340	0,758871803	
27	2,88	360	0,679209289	
28	3,04	380	0,607909342	
29	3,2	400	0,544094102	
30	3,36	420	0,486977862	
31	3,52	440	0,435857396	
32	3,68	460	0,390103297	
33	3,84	480	0,349152231	
34	4	500	0,3125	
35	4,16	520	0,279695335	
36	4,32	540	0,250334337	
37	4,48	560	0,224055508	
38	4,64	580	0,200535296	
39	4,8	600	0,179484118	
40	4,96	620	0,160642785	
41	5,12	640	0,14377932	
42	5,28	660	0,128686096	
43	5,44	680	0,115177283	
44	5,6	700	0,103086556	
45	5,76	720	0,092265052	
46	5,92	740	0,082579534	
47	6,08	760	0,073910754	
48	6,24	780	0,066151978	
49	6,4	800	0,059207678	
50	6,56	820	0,052992357	
51	6,72	840	0,047429488	
52	6,88	860	0,042450581	
53	7,04	880	0,037994334	
54	7,2	900	0,034005881	
55	7,36	920	0,030436116	
56	7,52	940	0,027241087	
57	7,68	960	0,024381456	

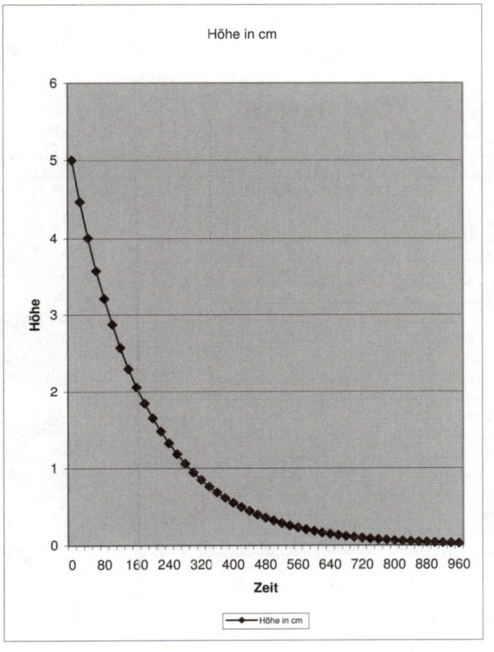

Abb. 5.5: Bierschaumzerfall (source/expo3.xls)

x-Achse entsteht. Beide Graphen schneiden im Punkt (1|0) die x-Achse. Für $a > 0$ ist die Funktion monoton steigend und für $0 < a < 1$ monton fallend. Außerdem sieht man, dass sich für

$$a > 0 \quad \text{und} \quad 0 < x < 1 \quad \text{oder} \quad 0 < a < 1 \quad \text{und} \quad x > 1$$

negative Logarithmuswerte und für

$$a > 0 \quad \text{und} \quad x > 1 \quad \text{oder} \quad 0 < a < 1 \quad \text{und} \quad 0 < x < 1$$

positive Werte ergeben.

	A	B	C	D
1		**Logarithmusfunktion**		
2				
3	Wertetabellen			
4		Basis		Basis
5	y=log₃x	3	y=log₁/₃x	0,33333333
6	x	y	x	y
7	0			
8	0,2	-1,46497352	0,2	1,46497352
9	0,4	-0,83404377	0,4	0,83404377
10	0,6	-0,46497352	0,6	0,46497352
11	0,8	-0,20311401	0,8	0,20311401
12	1	0	1	0
13	1,2	0,16595623	1,2	-0,16595623
14	1,4	0,30627023	1,4	-0,30627023
15	1,6	0,42781574	1,6	-0,42781574
16	1,8	0,53502648	1,8	-0,53502648
17	2	0,63092975	2	-0,63092975
18	2,2	0,71768482	2,2	-0,71768482
19	2,4	0,79688599	2,4	-0,79688599
20	2,6	0,869744	2,6	-0,869744
21	2,8	0,93719998	2,8	-0,93719998
22	3	1	3	-1
23	3,2	1,05874549	3,2	-1,05874549
24	3,4	1,1139284	3,4	-1,1139284
25	3,6	1,16595623	3,6	-1,16595623
26	3,8	1,21517034	3,8	-1,21517034
27	4	1,26185951	4	-1,26185951
28	4,2	1,30627023	4,2	-1,30627023
29	4,4	1,34861457	4,4	-1,34861457
30	4,6	1,38907631	4,6	-1,38907631
31	4,8	1,42781574	4,8	-1,42781574
32	5	1,46497352	5	-1,46497352
33				

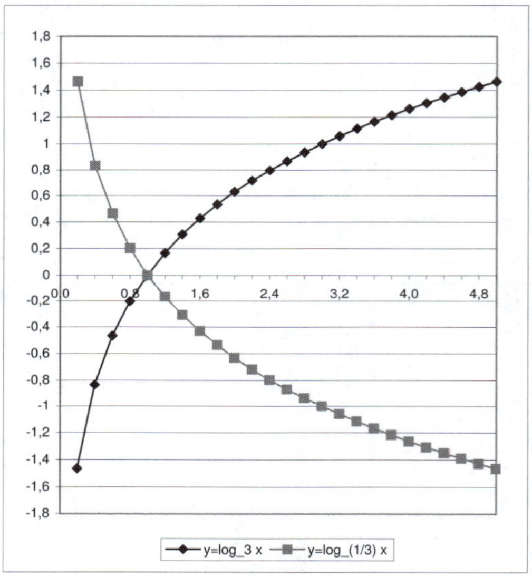

Abb. 5.6: Graph der Logarithmus-Funktion (source/log_funk.xls)

> **Merke: Argument des Logarithmus**
>
> Das Argument des Logarithmus darf nie negativ sein, aber der Wert des Logarithmus kann sehr wohl negativ sein.

5.2.2 Rechnen mit dem Logarithmus

Wie bei der Potenzrechnung gibt es auch für den Logarithmus besondere Werte.

Merke: Besondere Werte

$\log_a a = 1; \quad \log_a 1 = 0; \quad \log_a \frac{1}{a} = -1$

Es gelten auch besondere Rechenregeln:

Merke: Rechenregeln

1. Produkt von Logarithmen = Summe der Logarithmen
   $\log_a (z \cdot w) = \log_a z + \log_a w \quad (z; w > 0)$
2. Quotient von Logarithmen = Differenz der Logarithmen
   $\log_a \frac{z}{w} = \log_a z - \log_a w \quad (z; w > 0)$
3. Potenz von Logarithmen
   $\log_a z^n = n \cdot \log_a z \quad (z > 0)$
4. Gleichheit
   $\log_a (a^n) = n$
   $a^{(}\log_a z) = z$

Da man öfter auch mit verschiedenen Basen rechnet und von einer Basis zur anderen umwechseln muss, gibt es eine Umrechnungsformel für Logarithmen

Merke: Umrechnungsformel

$\log_a z = \frac{\lg z}{\lg a}$
Für die verschiedenen Basen hat man verschiedene Schreibweisen. log bedeutet Logarithmus zu einer bestimmten Basis, lg den Logarithmus zur Basis 10 und ln den natürlichen Logarithmus.

Beispiele

Berechnen Sie:

1. $\log_7 2401$
2. $\log_3 (6^4)$
3. $\lg \sqrt{100}$

In Excel ist das ganz einfach (siehe Abbildung 5.7).

	A	B	C	D	E
1	**Rechnen mit Logarithmen**				
2					
3	Aufgabe	Zahl	Basis	log	lg
4	$\log_7 2401$	2401	7	**4**	
5	$\log_3 6^4$	1296	3	**6,523719**	
6	lg• 100	10	10	**1**	1

Abb. 5.7: Rechnen mit Logarithmen (source/ber_log.xls)

In der Tabelle werden die Zahlen und die Basen in einzelnen Spalten angetragen. Die Formel für den Logarithmus lautet `LOG(B4;C4)` für die erste Aufgabe und wurde in Zelle `D4` berechnet. Für die beiden anderen Aufgaben wurde erst in Spalte `B` die Zahl berechnet mit der jeweiligen Formel und dann der Logarithmus durch Herunterziehen der 1. Zeile. In Zelle `E6` wird gleich der Logarithmus zur Basis 10 angewandt `LOG10(B6)`, die zweite Möglichkeit diese Aufgabe zu lösen.

Lösen Sie folgende Gleichungen:

1. $\log_5 x = 3$
2. $\log_x 81 = 4$
3. $\log_x 0,01 = -2$
4. $\log_{2x} 8 = 2$

Zur Lösung der Gleichungen muss man die Beziehung zwischen der Logarithmus- und Exponentialfunktion betrachten.

$a^b = c \iff b = \log_a c$

Die Gleichungen formen sich also folgendermaßen um.

1. $5^3 = x$
2. $x^4 = 81 \Longrightarrow x = 81^{\frac{1}{4}}$
3. $x^{-2} = 0,01 \Longrightarrow x = 0,01^{-\frac{1}{2}}$
4. $(2x)^2 = 8 \Longrightarrow 2x = 8^{\frac{1}{2}} \Longrightarrow x = \frac{8^{\frac{1}{2}}}{2}$

Zur Lösung der Aufgaben wurden hier 4 kleine Exceltabellen angelegt (siehe Abbildung 5.8 auf der nächsten Seite).

	A	B	C	D	E	F	G	H	I	J	K	L	M	N	O	P	Q	R	S	T	U	V	W	X
8	Gleichung																							
9	Tabelle 1							Tabelle 2						Tabelle 3								Tabelle 4		
10	Angabe								Umformung					Umformung								Umformung		
11		Fakt.	Basis	Zahl	=	Ergeb.		F	Basis	Potenz	=	r.S		F	x	=	Basis	Pot.	=	Lösung		x	=	Lösung
12	Aufgabe 1		5	x	=	3			5	3	=	x			x	=	5	3	=	**125**				
13	Aufgabe 2		x	81	=	4			x	4	=	81			x	=	81	0,25	=	**3**				
14	Aufgabe 3		x	0,01	=	-2			x	-2	=	0,01			x	=	0,01	-0,5	=	**10**				
15	Aufgabe 4	2	x	8	=	2		2	x	2	=	8		2	x	=	8	0,5	=	2,8284		x	=	**1,41421356**

Abb. 5.8: Rechnen mit Logarithmen (source/ber_log.xls)

1. Tabelle Werte der Angabe je nach Funktion eintragen

2. Tabelle Umformung (Logarithmusgleichung ⇒ Potenzgleichung), indem die Werte mit der Maus in ihre neue Position gezogen werden. Basis bleibt Basis, also `I12 =C12`. Ergebnis wird zu Potenz, also `J12 =F12`. Zahl wird rechte Seite, also `L12 =D12`.

3. Tabelle Auflösen nach x und Lösung berechnen durch Potenzieren mit jeweiliger Hochzahl, berechnet in Spalte R: `R13 =1/J13`.

4. Tabelle Teilen durch Faktor aus Zelle `N15 =T15/N15`.

Diese Tabellen können auf alle Aufgaben dieser Art angewandt werden und durch Kopieren und Einsetzen der entsprechenden Zahlen führen sie schnell zum Ergebnis. Bei der Berechnung der Potenz in Spalte T muss man beim Eingeben der Formel darauf achten, dass nach dem Hochzeichen ∧ ein Leerzeichen eingegeben werden muss.

5.3 Exponential- und Logarithmusgleichungen

In diesem Kapitel sollen einige Aufgaben dieser Art berechnet werden. Auf Vollständigkeit kann hier aus Platzmangel nicht geachtet werden.

Beispiele

1. $3 + 4 \cdot (0,2)^{\frac{2}{x}} = 123$

Lösung:

$4 \cdot (0,2)^{\frac{2}{x}}$	$= 120$	Äquivalenzumformung
$(0,2)^{\frac{2}{x}}$	$= 30$	Logarithmieren auf beiden Seiten
$\lg (0,2)^{\frac{2}{x}}$	$= \lg 30$	Logarithmusgesetze anwenden
$\frac{2}{x} \cdot \lg 0,2$	$= \lg 30$	Äquivalenzumformung
$\frac{\lg 30}{\lg 0,2}$	$= \frac{x}{2}$	umformen
$\frac{\lg 30}{\lg 0,2} \cdot 2$	$= x$	
$-0,946$	$= x$	gerundet auf 3 Dezimalen

$\mathbb{L} = \{-0,946\}$

In Excel muss man die gleichen Schritte in einer Tabelle durchführen, helfen kann hier Excel nur wirklich bei der Endberechnung von x hier in den verbundenen Zellen F9-K9 (wegen der Länge der Zahl) mit `=B8*(LOG10(E8)/LOG10(H8))` (siehe Abbildung 5.9).

	A	B	C	D	E	F	G	H	I	J	K	L	M	N	O
1	**Exponential- und Logarithmusgleichung**														
2	Beispiel 1														
3	3	+	4	*	0,2	^	(	2	:	x	)	=	123		
4			4	*	0,2	^	(	2	:	x	)	=	120		
5					0,2	^	(	2	:	x	)	=	30		
6		2	:	x	*	lg	0,2					=	lg	30	
7				lg	0,2	:	lg	30				=	x	:	2
8		2	*	lg	0,2	:	lg	30				=	x		
9							**-0,946394891**					**=**	**x**		

Abb. 5.9: Exponential-und Logarithmusgleichungen (source/gl_exp_log1.xls)

2. $3^{x-1} \cdot 9^{x} = 27^{-3x}$

Lösung mit Potenzgesetzen:

$3^{x-1} \cdot 3^{2x}$	$= 3^{3^{-3x}}$	auf gleiche Basis gebracht
3^{x-1+2x}	$= 3^{-9x}$	logarithmieren
$(x - 1 + 2x) \cdot \lg 3$	$= -9x \cdot \lg 3$	teilen durch lg 3
$3x - 1$	$= -9x$	Äquivalenzumformung
$11x$	$= 1$	
x	$= 0{,}091$	

$\mathbb{L} = 0{,}091$

Auch hier kann Excel nur als besserer Taschenrechner eingesetzt werden (siehe Abbildung 5.10).

Abb. 5.10: Exponential-und Logarithmusgleichungen (source/gl_exp_log2.xls)

	A	B	C	D	E	F	G	H	I	J	K	L	M	N	O	P	Q	R	S
1	**Exponential- und Logarithmusgleichungen**																		
2	Beispiel 2																		
3	3	^	(	x	-	1	)	*	9	^	x		=	27	^	-3	x		
4	3	^	(	x	-	1	)	*	3	^	2	x	=	3	^	3	^	-3	x
5			1	x	-	1		+			2	x	=			3	*	-3	x
6					-	1		+			2	x	=					-9	x
7											11	x	=	1					
8												**x**	**=**	**0,090909091**					

3. $\lg(15x + 2) = 3 + \lg(2 - x)$

Lösung: Als erstes muss hier die Definitionsmenge bestimmt werden

$15x + 2 > 0$ und $2 - x > 0$
$x > -0,133$ und $x < 2$

$\mathbb{D} =]-0,133; 2[$

$$\begin{aligned}
\lg(15x + 2) - \lg(2 - x) &= 3 && \text{Logarithmusgesetze}\\
\lg \frac{15x + 2}{2 - x} &= 3 && \text{Definition von lg}\\
\frac{15x + 2}{2 - x} &= 10^3 &&\\
15x + 2 &= 1000 \cdot (2 - x) && \text{berechnen}\\
15x + 2 &= 2000 - 1000x && \text{umformen}\\
1015x &= 1998 &&\\
x &= 1,97 && \text{gerundet auf 2 Dezimale}
\end{aligned}$$

$\mathbb{L} = 1,97$

Der Wert ist noch in der Definitionsmenge enthalten. Auch hier kann nur wenig in Excel mit Formeln berechnet werden, aber das wenige ist auch manchmal hilfreich (siehe Abbildung 5.11).

	A	B	C	D	E	F	G	H	I	J	K	L	M	N	O	P	Q	R
1	**Exponential- und Logarithmusgleichungen**																	
2																		
3	Beispiel 3																	
4	lg	(	15	x	+	2	)	=	3	+	lg	(	2	-	x	)		
5	lg	(	15	x	+	2	)	-	lg	(	2	-	x	)	=	3		
6		(	15	x	+	2	)	:		(	2	-	x	)	=	10	^	3
7		(	15	x	+	2	)	=		(	2	-	x	)	*	1000		
8			15	x	+	2		=	2000	-	1000	x						
9			1015	x				=	1998									
10				**x**				**=**	**1,968**									

Abb. 5.11: Exponential-und Logarithmusgleichungen (source/gl_exp_log3.xls)

5.4 Aufgaben

1. Zeichnen Sie den Graphen der Funktion: $y = c \cdot a^{bx}$ mit $a = 2$, $b = -2$, $c = 0,5$ im Intervall [-2;2]. Lösen Sie graphisch die Gleichungen:
   a) $3 = 0,5 \cdot 2^{-2x}$
   b) $y = 2^{-2}$
   (Lösung:loesungen/exp-log1.xls)
2. Bestimmen Sie, wenn möglich, die Basis der Funktion mit der Gleichung $y = a^x$, wenn der Punkt
   a) $P(4|16)$
   b) $P(0|1)$
   auf dem Graphen liegen soll.
   (Lösung:loesungen/exp-log2.xls)
3. Der Graph der Funktion $y = a^x + b$ geht durch die Punkte $A(0|5)$ und $B(3|12)$. Wie lautet die Funktion?
   (Lösung:loesungen/exp-log3.xls)
4. Eine Frau, die 120 kg wiegt, möchte abnehmen. Mit einer Diät verliert sie pro Woche 3% ihres Gewichts.
   a) Wieviel wiegt sie nach 8 Wochen?
   b) Wie lange muss sie die Diät durchhalten um ihr Wunschgewicht 55 kg zu erreichen?
   (Lösung:loesungen/exp-log4.xls)
5. Raketen müssen beim Start erhebliche Mengen Treibstoff mitführen, sind also beim Start wesentlich schwerer als im Leerzustand. Daraus kann man eine Formel für die Endgeschwindigkeit aufstellen.
   $\frac{v}{v_T} = 2,3 \cdot \lg \frac{m_S t}{m_l}$ mit v = Endgeschwindigkeit, v_T = Ausströmgeschwindigkeit der Treibgase, $m_S t$ = Masse am Start und m_l = Masse im Leerzustand
   a) Welche Endgeschwindigkeit erreicht die Rakete, wenn das Massenverhältnis 3 beträgt und v_T = 3,1 km/s ist.
   b) Bei welchem Massenverhältnis erreicht man eine Endgeschwindigkeit von 10 km/s wenn für v_T = 2,7 km/s gilt.
   (Lösung:loesungen/exp-log5.xls)

6. Berechnen Sie:

   a) $\log_{\sqrt{2}} 2$
   b) $\log_8 25$
   c) $\log_8 x = \frac{-2}{3}$
   d) $\log_4 x = 0,5$
   e) $\log_x 0,125 = -3$

   (Lösung:loesungen/exp-log6.xls)

7. Solange Holz lebt, enthält es nebem dem normalen Kohlenstoff C12 noch das radiaktive Kohlenstoffisotop C14. Der Anteil von C14 ist bei einer lebenden Pflanze konstant. Sobald die Pflanze abstirbt, wird kein C14 mehr nachgeführt und der C14- Anteil nimmt exponentiell ab. Die Halbwertszeit beträgt 5570 Jahre. Im Grab des Pharaos Sesostris III wurde ein Schiff gefunden. Die Holzplanken wurden 1950 untersucht und zeigten eine Reststrahlung von 63,1%. Wie alt ist das Schiff heute?

   (Lösung:loesungen/exp-log7.xls)

8. Bestimmen Sie die Lösungsmengen:

   a) $4^{-x^2} - \frac{1}{4} \cdot 8^x = 0$
   b) $\lg(x+3) + \lg(x-2) = 1 + \lg x$

   (Lösung:loesungen/exp-log8.xls)

6 Kurvendiskussion

Da Excel sich ausgezeichnet dafür eignet, Zahlen graphisch darzustellen und numerische Näherungsverfahren durchzuführen, lässt es sich auch gut für die Darstellung von Funktionen und die Kurvendiskussion verwenden. Die wichtigsten Punkte der Kurvendiskussion sind:

1. Definitionsmenge
2. Symmetrie-Eigenschaften
3. Verhalten im Unendlichen
4. Verhalten an den Definitionslücken
5. Ableitung
6. Nullstellenberechnung
7. Monotonieverhalten, Extremwerte
8. Krümmungsverhalten, Wendepunkt
9. Wertemenge und Graph

6.1 Grundlagen zur Kurvendiskussion

Um die Kurvendiskussion durchführen zu können, muss man die Vorgehensweisen kennen, die zur Abarbeitung der einzelnen Punkte notwendig sind.

6.1.1 Definitionsmenge

> ☞ **Definition: Definitionsmenge**
>
> Eine Zuordnung f, die jeder Zahl x einer Menge $\mathbb{D}_f$ **eindeutig** eine Zahl y zuordnet, heißt **Funktion**. $\mathbb{D}_f$ heißt **Definitionsmenge** der Funktion f.

Die **maximale** Definitionsmenge ist die Menge aller Zahlen, für die der Funktionsterm berechenbar ist. Bei ganzrationalen Funktionen ist dies natürlich immer $\mathbb{R}$, bei gebrochenrationalen Funktionen dagegen muss der Definitionsbereich auf die Werte von x beschränkt werden, für die der Nenner nicht Null wird. Bei der Wurzelfunktion darf das Argument unter der Wurzel nicht negativ werden und bei der Logarithmusfunktion muss das Argument des Logarithmus größer Null sein.

Beispiele

1. ganzrationale Funktion:
   $f(x) = 3x^4 + 2x^3 - \frac{3}{5}x^2 + 0,78x - \frac{3}{7}$
   $\mathbb{D} = \mathbb{R}$
   hier gibt es keine Einschränkung

2. gebrochenrationale Funktion:
   $f(x) = \dfrac{x-1}{x^3 - x^2}$ für den Nenner muss gelten: $x^3 - x^2 \neq 0$

$$\begin{aligned} x^3 - x^2 &= 0 \\ x^2(x-1) &= 0 \\ x = 0 &\quad \vee x = 1 \\ \mathbb{D} &= \mathbb{R}\setminus\{0;1\} \end{aligned}$$

3. Wurzelfunktion:
   $f(x) = \sqrt{5x-3}$
   Es muss gelten:

$$\begin{aligned} 5x - 3 &\geq 0 \\ x &\geq \tfrac{3}{5} \\ \mathbb{D} &= [\tfrac{3}{5}; \infty] \end{aligned}$$

4. Logarithmusfunktion:
   $f(x) = x \cdot \ln(x+1)$
   Es muss gelten:

$$\begin{aligned} x + 1 &> 0 \\ x &> -1 \\ \mathbb{D} &= [-1; \infty] \end{aligned}$$

Die Berechnungen für die Definitionslücken können auch in Excel durchgeführt werden. Da die einzelnen Berechnungen hier so einfach sind, dass man sie im Kopf ausrechnen kann, wird hier nur auf das Prinzip eingegangen.

Gebrochenrationale Funktion: Hier kann ein gemeinsamer Faktor ausgeklammert werden, das Verfahren dazu wurde in Band 1 im Kapitel „Ausklammern und Ausmultiplizieren" bereits besprochen. Man ermittelt den kleinsten gemeinsamen Faktor, indem man die Faktoren untereinander anordnet und mit der Formel `MIN(Bereich)` hier `=MIN(B5:B6)` in Zelle `B8` das Minimum bestimmt. Die verbleibende Hochzahl wird in den Zellen `C5` und `C6` ermittelt, indem die mit „MIN"berechnete Zahl von der jeweiligen Hochzahl abgezogen wird `=B5-$B$8`. So ergibt sich das Produkt in Zeile 10 $x^2 \cdot (x - 1)$.

> ☞ **Wiederholung: Produkt**
>
> Ein Produkt ist Null, wenn einer der Faktoren Null ist.

In Zeile 12 steht die „Oder"-Bedingung. Beide Gleichungen werden mit der adäquaten Umformung gelöst; einmal die Wurzel gezogen und einmal die Lösung einer linearen Gleichung bestimmt. Die Wurzel zieht man mit dem Befehl `=WURZEL(Zahl)` und die lineare Gleichung löst man, indem man die Konstante von Null abzieht und durch den Koeffizienten von x teilt, hier in Zelle 13 mit `= L12 - J12`

Für die beiden anderen Funktionen muss nur die lineare Gleichung gelöst werden. (siehe Abbildung 6.1 auf der nächsten Seite)

6.1.2 Symmetrie-Eigenschaften

Manche Funktionen weisen eine Symmetrie auf und vereinfachen somit die Diskussion der Funktion. Man unterscheidet zwei Arten der Symmetrie, bezüglich eines Punktes oder einer Achse (vgl Kapitel 4 auf Seite 103).

Symmetrie bezüglich einer Achse

1. **Symmetrie zur y-Achse:**
   Gilt $f(-x) = f(x)$ für alle $x \in \mathbb{D}_f$, so ist der Graph G_f symmetrisch zur y-Achse.

	A	B	C	D	E	F	G	H	I	J	K	L
1	**Definitionsmengenbestimmung**											
2												
3	gebrochenrationale Funktion											
4	x^3 - x^2 = 0											
5	x	3	1									
6	x	2	0									
7		MIN										
8		2										
9												
10	x	^2	(	x	+	-1	)	=	0			
11												
12		x^2	=	0		v		x	+	-1	=	0
13		x	=	0		v		x			=	1
14		**D**	**=**	**R**	\	**{**	**0**	**;**	**1**	**}**		
15												
16	Wurzelfunktion											
17	5x - 3 = 0											
18	5	x	+	-3	=	0						
19		x			=	0,6						
20		**D**	**=**	**[**	**0,6**	**;**	**∞**	**[**				
21												
22	Logarithmusfunktion											
23	x+1>0											
24	x	+	1	>	0							
25	x			>	-1							
26	**D**	**=**	**]**	**-1**	**;**	**∞**	**[**					

Abb. 6.1: Kurvendiskussion (source/kurv_def.xls)

☞ Unendlichzeichen in Excel

In Excel 97 muss man sich mit einem kleinen Trick behelfen, um das Unendlich-Zeichen darzustellen. Man schreibt eine 8 in die Zelle und dreht diese über das Menü `Format/Zelle/Ausrichtung` um 90°. Anschließend wird die Zelle noch vertikal zentriert. Ab Office 2000 existiert hierfür eine einfachere Möglichkeit über das Menü `Einfügen/Symbol`.

Beispiel

$$f(x) = x^2 + 3$$
$$f(-x) = (-x)^2 + 3 = x^2 + 3$$
$$\Longrightarrow \quad f(x) = f(-x)$$

Funktionen, in denen nur gerade Hochzahlen vorkommen sind symmetrisch zur y-Achse. Hierbei kann Excel nicht behilflich sein.

2. **Symmetrie bezüglich der Achse $x = a$**
   Hier muss gelten : $f(a + h) = f(a - h)$

Beispiel

$f(x) = 2x^2 + 4x - 5$ Symmetrieachse: $a = -1$

$$\begin{aligned} f(-1+h) &= 2(-1+h)^2 + 4(-1+h) - 5 && = 2(1-2h+h^2) - 4 + 4h - 5 \\ &= 2 - 4h + 2h^2 - 4 + 4h - 5 && = 2h^2 - 7 \\ f(-1-h) &= 2(-1-h)^2 + 4(-1-h) - 5 && = 2(1+2h+h^2) - 4 - 4h - 5 \\ &= 2 + 4h + 2h^2 - 4 - 4h - 5 && = 2h^2 - 7 \\ \Longrightarrow \quad & f(-1+h) = f(-1-h) \end{aligned}$$

Durch eine Exceltabelle kann man sich die Berechnungen hier vereinfachen. In Zeile 5 wurde die Ausgangsberechnung eingetragen, wobei jedes einzelne Teil der Rechnung eine eigene Zelle erhält. In dem Teil Nebenberechnungen wurden dann die einzelnen Schritte berechnet und die Ergebnisse immer wieder in die nächste Zeile gesetzt. In den Zeilen 18 und 19 wurde die Binomische Formel berechnet. Dafür wurden die Summanden nach Koeffizient, dazugehörigen Variablen und Hochzahl sortiert.

Im Bereich `I18:K19` wird a^2 berechnet, indem K_1 quadriert wird, die Variable übernommen wird und die Hochzahl H_1 mit 2 multipliziert wird.

Im Bereich `L18:N19` wird $2ab$ berechnet, indem K_1 mit K_2 multipliziert wird, die Variablen übernommen werden und da sich an deren Hochzahl nichts ändert, diese weggelassen wurden.

Im Bereich `O18:Q19` wird b^2 analog wie a^2 berechnet.

In den Zeilen 21 bis 24 wird 4 mit $(-1 + h)$ multipliziert. K_1 ist der Koeffizient der Zahl vor der Klammer, K_2 ist der Koeffizient des ersten Summanden und K_3 des zweiten Summanden. Die dazugehörigen Variablen wurden hier weggelassen, da es sich immer um h handelt. Die zu den Variablen gehörigen Hochzahlen wurden mit H bezeichnet und je passendem Koeffizienten nummeriert. Dann werden die Koeffizienten multipliziert $K_1 \cdot K_2$ und $K_1 \cdot K_3$ und die Hochzahlen nach dem Potenzgesetz addiert $H_1 + H_2$ und $H_1 + H_3$. Die Zeile 24 zeigt das Ergebnis: $-4 + -4h$.

In den Zeilen 27 bis 30 wird das Produkt $2 \cdot (1 + -2h + h^2)$ berechnet. Die Tabelle wurde nach dem Koeffizienten des Faktors vor der Klammer in Zelle C28 und die Koeffizienten der Summanden in den Zellen B28 bis B30 unterteilt. In der Spalte D wurde dann jeweils das Produkt aus K_1 und dem entsprechenden Koeffizienten ermittelt. Die gleiche Tabelle wurde für die Hochzahlen erstellt, nur werden diese addiert.

Der letzte Schritt ist die Zusammenfassung der gleichnamigen Terme. Dazu wurden alle gleichnamigen Terme untereinander angeordnet und mit dem $\sum$ -Zeichen addiert. Für die zweite Berechnung von $f(-1-h)$ müssen nur die anderen Werte in die Tabellen eingesetzt werden (siehe Abbildung 6.2).

	A	B	C	D	E	F	G	H	I	J	K	L	M	N	O	P	Q	R	S
1		**Symmetrie-Eigenschaft**																	
2																			
3	Symmetrie bezüglich Achse x = -1																		
4	f(x) = 2x^2+4x-5																		
5	f(-1+h)	=	2 (		-1 +		h	)	^2	+	4 (		-1 +		h	)	-	5	
6	f(-1+h)	=	2 (		1 +		-2 h		+	h	^2	)	+	-4 +		4 h	-		5
7	f(-1+h)	=	2 +		-4 h		+	2 h		^2	+	-4 +		4 h	-		5		
8	f(-1+h)	=	**2 h**		**^2**	**+**	**-7**												
9																			
10	f(-1-h)	=	2 (		-1 -		h	)	^2	+	4 (		-1 -		h	)	-	5	
11	f(-1-h)	=	2 (		1 +		2 h		+	h	^2	)	+	-4 +		-4 h	-		5
12	f(-1-h)	=	2 +		4 h		+	2 h		^2	+	-4 +		-4 h	-		5		
13	f(-1-h)	=	**2 h**		**^2**	**+**	**-7**												
14																			
15						Nebenrechnungen													
16							Binomische Formel												
17		**1.Summand**			**2.Summand**					**a^2**			**2ab**			**b^2**			
18		K_1	V_1	H_1	K_2	V_2	H_2		K_1^2	V_1	H_1^2	K	V_1	V_2	K_2^2	V_2	H_2^2		
19	Beispiel 1	-1			-1	h	1	=	1			2		h	1	h	2		
20	Multiplikation Variable * Summe																		
21	K_1	H_1	K_2	H_2	K_3	H_3													
22	4		-1		-1	1													
23	K_1*K_2	H_1+H_2	K_1*K_3	H_1+H_3															
24	-4	0	-4	1															
25	Produkt Zahl Summe mit mehreren Gliedern																		
26	Koeffizienten						Hochzahl												
27			K_1	K_1*K_n					H_1	H_1+H_n									
28	K_2	1	2	2			H_2	0	0	0									
29	K_3	2		4			H_3	1		1									
30	K_4	1		2			H_4	2		2									
31																			
32	Gleiche Variable addieren																		
33	Konstante		Variable		Variable^2														
34	2		-4			2													
35	-4		4																
36	-5																		
37	-7		0			2													

Abb. 6.2: Kurvendiskussion (source/kurv_sym1.xls)

Symmetrie bezüglich eines Punktes

1. **Symmetrie zum Ursprung:**
   Gilt $f(-x) = -f(x)$ für alle $x \in \mathbb{D}_f$, so ist der Graph punktsymmetrisch zum Ursprung.

   Beispiel

   $f(x) = -3x^3 + 2x$
   Funktionen mit ausschließlich ungeraden Hochzahlen sind symmetrisch zum Ursprung.

   $$\begin{array}{lll} f(-x) & = -3(-x)^3 + 2(-x) & = 3x^3 - 2x \\ -f(x) & = -(-3x^3 + 2x) & = 3x^3 - 2x \\ \Longrightarrow & f(-x) = -f(x) & \end{array}$$

   Excel kann hier nicht viel unterstützen.

2. **Symmetrie bezüglich eines Punktes** $P(a|b)$ liegt vor, wenn gilt:

   $$\frac{f(a+h) + f(a-h)}{2} = b$$

Beispiel

$f(x) = x^3 - 3x^2$ symmetrisch zum Punkt $P(1|-2)$

$$\frac{[(1+h)^3 - 3(1+h)^2] + [(1-h)^3 - 3(1-h)^2]}{2}$$
$$= \frac{1 + 3h + 3h^2 + h^3 - 3(1 + 2h + h^2) + 1 - 3h + 3h^2 - h^3 - 3(1 - 2h + h^2)}{2}$$
$$= \frac{1 + 3h + 3h^2 + h^3 - 3 - 6h - 3h^2 + 1 - 3h - 3h^2 - h^3 - 3 + 6h - 3h^2}{2}$$
$$= \frac{-4}{2} = -2 \quad \text{q.e.d}$$

Bei diesen Berechnungen kann Excel nur beim Ausrechnen helfen. Die einzelnen Terme, die zu berechnen sind, wurden hier untereinander angeordnet. Hier wurde das Pascal'sche Dreieck aus dem Kapitel „Ausmuliplizieren und Faktorisieren“ im ersten Band in Zeile 18 bis 21 kopiert. Die letzte Reihe wurde in Zeile 22 auf unseren Term angewandt und das Ergebnis in Zeile 8 eingetragen, darunter das Ergebnis für den zweiten kubischen Term. Die Binomischen Formeln wurden wieder mit der Tabelle berechnet und die Ergebnisse direkt aus der Tabelle übernommen und noch mit -3 multipliziert, wie in Zelle J10 mit der Formel =H26*H10. Da hier die entsprechenden Variablen untereinanderstehen, kann man schnell die

Summe der einzelnen und dann die Gesamtsumme bilden. Zuletzt wird das Ergebnis in den Zeilen 13 und 14 noch durch 2 geteilt. Wie man sieht stimmt das Ergebnis mit der y-Koordinate des Punktes überein (siehe Abbildung 6.3).

	A	B	C	D	E	F	G	H	I	J	K	L	M	N	O	P	Q	R	S	T	U
1	**Symmetrie bezüglich eines Punktes**																				
2																					
3					$f(x) = x^3 - 3x^2$											P(1|-2)					
4																					
5	Bedingung:																				
6				$\frac{(1+h)^3-3(1+h)^2+(1-h)^3-3(1-h)^2}{2}$								=	-2								
7						2															
8	(	1	+	h	)	^3			=	1	+	3	h	+	3	h	^2	+	1	h	^3
9	(	1	-	h	)	^3			=	1	+	-3	h	+	3	h	^2	+	-1	h	^3
10	(	1	+	h	)	^2	*	-3	=	-3	+	-6	h	+	-3	h	^2				
11	(	1	-	h	)	^2	*	-3	=	-3	+	6	h	+	-3	h	^2				
12										-4		0			0				0		
13		-4	=	-2																	
14		2																			
15																					
16	Nebenberechnungen																				
17		Pascal`sches Dreieck																			
18				1																	
19			1		1																
20		1		2		1															
21	1		3		3		1														
22	1^3	+	3	h	3	h^2	h^3														
23																					
24	**1.Summand**			**2.Summand**				**a^2**			**2ab**			**b^2**							
25	K_1	V_1	H_1	K_2	V_2	H_2		K_1^2	V_1	H_1^2	K	V_1	V_2	K_2^2	V_2	H_2^2					
26	1			1	h	1	=	1			2		h	1	h	2					
27	1			-1	h	1		1			-2		h	1	h	2					

Abb. 6.3: Kurvendiskussion (source/kurv_sym2.xls)

6.1.3 Grenzwerte

Um die Funktion skizzieren zu können ist es wichtig, dass man weiß, wie sie an den Grenzen der Definitionsmenge verläuft. Dazu bildet man eimal den Grenzwert an den Unendlichkeitsstellen mit

$$\lim_{x\to\pm\infty} f(x)$$

und einmal an den Definitionslücken mit

$$\lim_{x\to x_0} f(x).$$

Grenzwertregeln

I. Wenn die Grenzwerte

$$\lim_{x\to\infty} f(x) \text{und} \lim_{x\to\infty} g(x)$$

existieren, dann gilt:
(1)

$$\lim_{x\to\infty}(f(x) \pm g(x)) = \lim_{x\to\infty} f(x) \pm \lim_{x\to\infty} g(x)$$

(2)

$$\lim_{x\to\infty}(f(x) \cdot g(x)) = \lim_{x\to\infty} f(x) \cdot \lim_{x\to\infty} g(x)$$

(3)

$$\lim_{x\to\infty} \frac{f(x)}{g(x)} = \frac{\lim_{x\to\infty} f(x)}{\lim_{x\to\infty} g(x)},$$

für

$$\lim_{x\to\infty} g(x) \neq 0$$

II. Aus $f(x) \to \infty$ für $x \to \infty$ folgt:

$$\lim_{x\to\infty} \frac{1}{f(x)} = 0$$

Entsprechendes gilt für $x \to -\infty$ und $x \to x_0$.

Grenzwert für $x \to \pm\infty$

- **Polynomfunktion**
  Der Grenzwert ganzrationaler Funktionen richtet sich nach der höchsten Potenz und übernimmt das Vorzeichen des dazugehörigen Koeffizienten.

Beispiel

$$\lim_{x \to +\infty} (3x^3 - 20x + 5) = +\infty$$

$$\lim_{x \to +\infty} (-5x^6 + 3x - 19) = -\infty$$

- **gebrochenrationale Funktion**
  Den Grenzwert für gebrochenrationale Funktionen berechnet man, indem man die Grenzwertregel II (siehe oben) anwendet und Zähler und Nenner durch die höchste Potenz von x im Nenner teilt.

Beispiel

$$\lim_{x \to \infty} \frac{x^2 - 2x + 3}{5x^3 - 2x^2 + 7} = \lim_{x \to \infty} \frac{\frac{x^2}{x^3} - \frac{2x}{x^3} + \frac{3}{x^3}}{\frac{5x^3}{x^3} - \frac{2x^2}{x^3} + \frac{7}{x^3}} = \lim_{x \to \infty} \frac{\frac{1}{x} - \frac{2}{x^2} + \frac{3}{x^3}}{5 - \frac{2}{x} + \frac{7}{x^3}} = 0$$

In Excel kann man die Potenzen berechnen, indem man die Hochzahlen des Zählers P_Z untereinander schreibt und davon jeweils die höchste Potenz des Nenners P_N abzieht, mit =A7-$B$6 in Zelle C7. Als Ergebnis erhält man nur negative Hochzahlen, das bedeutet der Zähler geht gegen Null und damit die gesamte Funktion (siehe Abbildung 6.4).

	A	B	C
1	**Grenzwertbetrachtung**		
2	lim	x ->	∞
3	f(x)	=	x^2 - 2x + 3
4			$5x^3$ - $2x^2$ + 7
5			
6	Zähler	3	P_Z - P_N
7	2		-1
8	1		-2
9	0		-3

Abb. 6.4: Kurvendiskussion (source/kurv_grenz1.xls)

- **waagrechte Asymptote:**
  Der Grenzwert der gebrochenrationalen Funktion mit $x \to \infty$ bildet eine waagrechte Asymptote an die Funktion, d.h. die Funktion nähert

sich dieser Geraden beliebig an. Ist der Grenzwert gleich Null ist die x-Achse waagrechte Asymptote an den Graphen. Das ist immer der Fall, wenn der Grad des Zählerpolynoms kleiner ist als der Grad des Nennerpolynoms. Ist der Grenzwert ungleich Null ist die Asymptote eine durch diesen Wert verschobene Parallele zur x-Achse. Hier ist der Grad des Zählerpolynoms gleich dem Nennerpolynom.

- **schräge Asymptote:**
  Ist der Zählergrad um 1 größer als der Nennergrad, erhält man eine schräge Asymptote, deren Gleichung man durch Polynomdivision ermitteln kann.

Beispiel

$$f(x) = \frac{3x^3 + 2x - 1}{x^2 - 2}$$

Polynomdivision:

$$\begin{array}{rl} & \overline{3x} \\ x^2 - 2) & 3x^3 + 2x - 1 \\ & \underline{-\,3x^3 + 6x} \\ & 8x \end{array}$$

In dieser speziellen Darstellung steht das ganzzahlige Ergebnis der Polynomdivision in der ersten Zeile und das Polynom, durch das man teilt zu Beginn der zweiten Zeile. Der Rest der Polynomdivision setzt sich zusammen aus der letzten Zeile und der Konstanten des Ausgangspolynoms.

Die Gleichung der schrägen Asymptote lautet: $y = 3x$ Für die Polynomdivision kann man in Excel genauso verfahren wie beim normalen Berechnen.

1. Teilen: $3x^3$ durch x^2 dazu erstellt man die Tabelle in Zeile `6,7,8`. Der Koeffizient des ersten Termes des Zählers wird durch den ersten Koeffizienten des Nenners $K_1 \div K_4$ geteilt mit `=B7/H7` entsprechend werden die Hochzahlen voneinander abgezogen in Zelle `F7`. Daraus ergibt sich der erste Term der Lösung: $3x$
2. Multiplizieren: Ergebnis mal Divisor :$3x \cdot (x^2 - 2)$ Dafür benutzen wir wieder die Tabelle zur „Multiplikation einer Variablen mit einer Summe“, hier in den Zeilen `11-14` und erhalten als Ergebnis $3x^3 - 6x$.
3. Abziehen: Dividend - Produktwert:$(3x^3 + 2x - 1) - (3x^3 - 6x)$ Dieser Term wird jetzt von dem Dividenden abgezogen in den Zeilen `16-18`. Der verbleibende Term enthält nur noch x, also eine niedrigere

Potenz als der Divisor. Damit ist hier die Division beendet. Hat die Variable des verbleibenden Terms immer noch eine höhere Potenz als die Variable des Divisors, führt man mit diesem Restterm noch einmal die gleichen Schritte durch und so weiter bis keine Teilung mehr möglich ist. Der ganzzahlige Term ergibt die Gleichung der Asymptote (siehe Abbildung 6.5).

	A	B	C	D	E	F	G	H	I	J	K	L	M
1						**Polynomdivision**							
2													
3		$3x^3 + 2x - 1$		=	**3x**	+		**8x-1**					
4		x^2-2						$\mathbf{x^2-2}$					
5													
6	Dividend		K_1:K_4			H_1-H_4		Divisor					teilen
7	K_1	3	3	H_1	3	1	K_4	1	H_4	2			$3x^3 : x^2$
8	Ergebnis1		3	x		1							
9													
10			$(x^2-2)*3x$										
11	K_1	H_1	K_2	H_2	K_3	H_3							
12	3	1	1	2	-2								
13	K_1*K_2	H_1+H_2	K_1*K_3	H_1+H_3									
14	3	3	-6	1				$3x^3$-6x					
15													
16	3	x	3	+	2	x	+	-1					
17	-3	x	3	+	6	x							
18	0				8	x	+	-1					verbleibender Dividend

Abb. 6.5: Kurvendiskussion (source/kurv_grenz2.xls)

- **asymptotische Kurve**
  Ist der Zählergrad um 2 größer als der Nennergrad so erhält man eine Parabel als Asymptote und so weiter.
- **senkrechte Asymptoten**
  An den Nullstellen des Nenners sind Definitionslücken. Bildet man an diesen Stellen den links- und rechtseitigen Grenzwert und ist mindestens einer davon $+\infty$ oder $-\infty$ so erhält man ein senkrechte Asymptote an dieser Stelle.

- **ln und e-Funktion**

$$\lim_{x \to +\infty} \ln x = +\infty$$

$$\lim_{x \to -\infty} e^x = 0$$

$$\lim_{x \to +\infty} e^x = +\infty$$

Grenzwert für $x \to x_0$

Will man den Grenzwert an einer Definitionslücke bestimmen muss man den rechtsseitigen Grenzwert und den linksseitigen Grenzwert berechnen.

Beispiel

$f(x) = \frac{2x}{x^2 - 1}$ $\mathbb{D} = \mathbb{R} \setminus \{-1; 1\}$

rechtsseitiger Grenzwert für $x_0 = 1$:

$$\lim_{\substack{x \to 1 \\ x > 1}} \frac{2x}{x^2 - 1} = \frac{2}{0^+} = +\infty$$

linksseitiger Grenzwert für $x_0 = 1$:

$$\lim_{\substack{x \to 1 \\ x < 1}} \frac{2x}{x^2 - 1} = \frac{2}{0^-} = -\infty$$

rechtsseitiger Grenzwert für $x_0 = -1$:

$$\lim_{\substack{x \to -1 \\ x > -1}} \frac{2x}{x^2 - 1} = \frac{-2}{0^-} = +\infty$$

linksseitiger Grenzwert für $x_0 = -1$:

$$\lim_{\substack{x \to -1 \\ x < -1}} \frac{2x}{x^2 - 1} = \frac{-2}{0^+} = -\infty$$

Sind die beiden Grenzwerte nicht unendlich sondern endlich und gleich hat man an dieser Stelle der Funktion eine behebbare Lücke.

Bei manchen Funktionen erhält man durch das Einsetzen des angestrebten Wertes eine unbestimmte Aussage.

Beispiel

$f(x) = \frac{\sqrt{16x} - 4}{2x - 2} \quad \mathbb{D} = \mathbb{R}\setminus\{1\}$

$$\lim_{x \to 1} \frac{\sqrt{16x} - 4}{2x - 2} = \frac{0}{0}$$

Hier kann man den Grenzwert nicht bestimmen. Wendet man allerdings die L'Hospitalsche Regel an, führt dies gelegentlich zu einem endlichen Grenzwert.

> ☞ **Regel: L'Hospital**
>
> Sind die Funktionen f und g differenzierbar bei x_0 mit $f(x_0) = g(x_0) = 0$ und $g'(x_0) \neq 0$, so ist
>
> $$\lim_{x \to x_0} \frac{f(x)}{g(x)} = \frac{f'(x_0)}{g'(x_0)}$$

Wendet man diese Formel auf die obige Funktion an, so ergibt sich:

$$\lim_{x \to 1} \frac{\sqrt{16x} - 4}{2x - 2} = \lim_{x \to 1} \frac{\frac{4}{2\sqrt{x}}}{2} = 1$$

Damit wäre der Grenzwert hier 1. Auch hier kommt man ohne Excel aus.

In diesem Abschnitt wurden viele mathematische Sachverhalte geschildert, die man mit Excel nicht oder nur sehr aufwändig lösen kann. Diese wurden jedoch der Vollständigkeit halber hier mit aufgenommen.

6.1.4 Ableitung

Da die Ableitung einer Funktion für alle weiteren Betrachtungen wichtig ist, soll sie hier eingeschoben werden. Die Ableitung ist die Funktion der Steigungen in jedem Punkt an die Funktion, also die Funktion des Differentialquotienten.

$$f'(x) = \lim_{\triangle x \to 0} \frac{\triangle y}{\triangle x}$$

oder

$$f'(x_0) = \lim_{x \to x_0} \frac{f(x) - f(x_0)}{x - x_0}$$

☞ **Ableitungsregeln1**

$f(x) = c \quad \Rightarrow \quad f'(x) = 0$
$f(x) = x^n \quad \Rightarrow \quad f'(x) = n \cdot x^{(n-1)}$
$f(x) = \sin x \quad \Rightarrow \quad f'(x) = \cos x$
$f(x) = \cos x \quad \Rightarrow \quad f'(x) = -\sin x$
$f(x) = \tan x \quad \Rightarrow \quad f'(x) = \frac{1}{\cos^2 x}$
$f(x) = \cot x \quad \Rightarrow \quad f'(x) = -\frac{1}{\sin^2 x}$
$f(x) = \ln x \quad \Rightarrow \quad f'(x) = \frac{1}{x}$
$f(x) = e^x \quad \Rightarrow \quad f'(x) = e^x$

☞ **Ableitungsregeln2**

$f(x) = g(x) \pm h(x) \quad \Rightarrow \quad f'(x) = g'(x) \pm h'(x)$
$f(x) = c \cdot g(x) \quad \Rightarrow \quad f'(x) = c \cdot g'(x)$
$f(x) = g(x) \cdot h(x) \quad \Rightarrow \quad f'(x) = g'(x) \cdot h(x) + g(x) \cdot h'(x)$
$f(x) = \frac{g(x)}{h(x)} \quad \Rightarrow \quad f'(x) = \frac{g'(x) \cdot h(x) - g(x) \cdot h'(x)}{(h(x))^2}$
für $h(x) \neq 0$
$f(x) = h(g(x)) \quad \Rightarrow \quad f'(x) = h'g(x) \cdot g'(x)$

Um die Ableitung zu erhalten muss man also diese Regeln anwenden. Excel hat leider keine direkte Ableitungsfunktion.

6.1.5 Nullstellenberechnung

Die Nullstellen einer Funktion sind die Schnittpunkte mit der x-Achse.

☞ **Definition: Nullstellen**
Jede Zahl $x_0 \in \mathbb{D}_f$ mit $f(x_0) = 0$ heißt Nullstelle der Funktion.

Polynomfunktion

☞ **Nullstellensatz für ganzrationale Funktionen**
Eine ganzrationale Funktion vom Grad n hat höchstens n Nullstellen

Um die Nullstellen zu bestimmen gibt es verschiedene Möglichkeiten:

- Weierstraß´sches Halbierungsverfahren
- Regula falsi
- Newton´sches Näherungsverfahren
- Polynomdivision
- Solver

Es gibt noch weitere Verfahren, aber nur die letzten drei Verfahren sind in Excel sinnvoll anzuwenden. An dem Beispiel einer Funktion 5. Grades sollen die drei Verfahren erklärt werden.
$f(x) = x^5 - x^4 - 27x^3 + 13x^2 + 134x - 120$

1. Newton´sches Näherungsverfahren

Dieses Verfahren nennt man auch Tangentenverfahren. Man geht von einem ersten groben Näherungs- wert für die Nullstelle aus und erstellt in diesem Punkt die Tangentengleichung. Diese Tangente schneidet die x-Achse in einem neuen Punkt, in dem nun wieder die Tangentengleichung erstellt wird. Diese schneidet die x-Achse wieder in einem Punkt, in dem man wieder die Gleichung der Tangente erstellt bis die y-Koordinate des Punktes, in dem die Tangentengleichung erstellt werden soll, gleich Null ist. Betrachtet man die Formeln ergibt sich aus der Tangentengleichung im Punkt P_1:

$f(x) = f'(x_1)(x - x_1) + f(x_1)$ durch Umformung
$x_2 = x_1 - \frac{f(x_1)}{f'(x_1)}$ und damit für alle x_{n+1}
$x_{(n+1)} = x_n - \frac{f(x_n)}{f' x_{n+1}}$

Mit dieser Iteration gelangt man in Excel ganz schnell zur Lösung. Zur besseren Erklärung wurden hier die Funktionsgleichung und die Gleichung der ersten Ableitung in die Zeilen 6 bzw. 10 geschrieben. Die nötigen Koeffizienten stehen in Zeile 13 und in Zeile 14 die Hochzahlen. Zeile 16 wurde für die Nullstellen reserviert. In Zelle B18 wird der jeweilige Startwert eingetragen. Die eigentliche Berechnungstabelle ist in die Spalten n, x_n, $f(x_n)$, $f'(x_n)$, $f(x_n)/f'(x_n)$ und $x_{(n+1)}$ aufgeteilt. Die Einträge der Werte wurde wie folgt vorgenommen:

- Zelle A22:
  1 Anzahl der Schritte
- Zelle B22:
  =B18 Startwert
- Zelle C22:
  =$B$13*B22∧5+$C$13*B22∧4+$D$13*B22∧3+$E$13*B22∧2+$F$13*B22+ $G$13
  Berechung des Funktionswertes
- Zelle D22:
  =$B$14*$B$13*B22∧4+$C$14*$C$13*B22∧3+$D$14*$D$13*B22∧2+ +$E$14*$E$13*B22+$F$14*$F$13
  Berechnung des Funktionswertes von f´(x) nach der Ableitungsregel
- Zelle E22:
  =C22/D22 Funktionswert durch Funktionswert der Ableitung
- Zelle F22:
  =B22-E22 Berechnung von $x_{(n+1)}$
- Zelle B23:
  =F22 Neustart mit $x_{(n+1)}$

Zieht man diese Werte weiter, erhält man nach wenigen Schritten eine Lösung; hier in Zelle B30. Die Lösung ist vom Startwert abhängig. Gibt man einen neuen Startwert ein, erhält man eine weitere Lösung. So wurden hier die Lösungen 1, -4, 2, 5, -3 ermittelt. Welchen Startwert man eingibt lässt sich am besten abschätzen, wenn man die Funktion vorher von Excel mit dem Diagrammassistenten skizzieren lässt (siehe Abbildung 6.6 auf der nächsten Seite).

Darstellung großer Zahlen

Werden Excel die Zahlen zu groß, werden sie als Zehnerpotenzen dargestellt z. B. 0,001 als 10E-3.

	A	B	C	D	E	F	G
1		**Nullstellenberechnung nach dem Verfahren von Newton**					
2							
3		Funktion allgemein					
4	f(x)=	ax^5+	bx^4+	cx^3+	dx^2+	ex+	f
5		Funktionsgleichung					
6	f(x)=	x^5+	$(-1)x^4+$	$(-27)x^3+$	$(-13)x^2+$	134x+	(-120)
7		Ableitung allgemein					
8	f´(x)=	$5{*}ax^4+$	$4{*}bx^3+$	$3{*}cx^2+$	2*dx+	e	
9		Ableitung der speziellen Funktion					
10	f´(x)=	$5x^4+$	$(-4)x^3+$	$(-81)x^2+$	26x+	134	
11							
12	Koeffizienten	a	b	c	d	e	f
13	der Funktion	1	-1	-27	13	134	-120
14	Hochzahlen	5	4	3	2	1	
15							
16	Nullstellen	**1**	**-4**	**2**	**5**	**-3**	
17							
18	Startwert	7					
19							
20			Tabelle				
21	n	x_n	$f(x_n)$	$f´(x_n)$	$f(x_n)/f´(x_n)$	x_{n+1}	
22	1	7	6600	6980	0,94555874	6,05444126	
23	2	6,05444126	1967,18931	3152,93244	0,62392371	5,43051755	
24	3	5,43051755	520,229207	1594,3202	0,32630158	5,10421597	
25	4	5,10421597	97,9647765	1018,29339	0,09620486	5,0080111	
26	5	5,0080111	6,96713538	875,382856	0,00795896	5,00005215	
27	6	5,00005215	0,04505526	864,073839	5,2143E-05	5	
28	7	5	1,925E-06	864,000003	2,228E-09	5	
29	8	5	-6,8212E-13	864	-7,8949E-16	5	
30	9	5	0	864	0	5	
31	10	5	0	864	0	5	

Abb. 6.6: Kurvendiskussion (source/kurv_null_new.xls)

2. Lösung mit dem Solver

Die Lösung mit dem Solver ist natürlich noch viel schneller, denn man muss nur eine Wertetabelle erstellen über einen Bereich, in dem man die Nullstellen vermutet, und den Solver aufrufen. Als Zielzelle gibt man die Zelle an, in der man eine Nullstelle annimmt und als veränderbare Zelle die dazugehörige Zelle des x-Wertes (siehe Abbildung 6.7 auf der nächsten Seite).

Auf die beiden y-Werte in der Tabelle, neben denen „Solver“ steht, wurde er bereits angewandt und deshalb sind die Werte hier schon verändert. Auch hier empfiehlt es sich, vorher eine Skizze erstellen zu lassen, um zu sehen, wo die Nullstellen in etwa sind.

Abb. 6.7:
Kurvendiskussion
(source/-
kurv_null_solv.xls)

	A	B	C	D
1	**Nullstellenbestimmung mit dem Solver**			
2				
3	Funktionsgleichung :f(x) = x^5-x^4-27x^3+13x^2+134x-120			
4				
5	Wertetabelle			
6	x	f(x)		
7	-5	-840		
8	**-4**	5,7598E-07	Solver	
9	-4	0		
10	**-2,99999999**	-8,9251E-07	Solver	
11	-3	0		
12	-2,5	-88,59375		
13	-2	-168		
14	-1,5	-213,28125		
15	-1	-216		
16	-0,5	-180,46875		
17	0	-120		
18	0,5	-53,15625		
19	1	0		
20	1,5	21,65625		
21	2	0		
22	2,5	-67,03125		
23	3	-168		
24	3,5	-274,21875		
25	4	-336		
26	4,5	-278,90625		
27	5	0		
28	5,5	635,90625		
29	6	1800		

3. Lösung durch Polynomdivision

Diese Lösungsvariante ist äußerst umfangreich.

1. Eine Nullstelle schätzen und überprüfen
   Der Wert einer Nullstelle muss immer ein Faktor der Konstanten sein.
   Hier wurde 2 gewählt.

   - Zeile 10:
     die Werte der Koeffizienten a;b;c;d;e in einzelne Zellen
   - Zelle `D11`:
     Funktionswert für $x = 2$ berechnen

2. Teilen der Funktion durch $x - 2$
   - Zeile 13:
     Funktion und Divisor in Einzelteilen in einzelne Zellen.
   - Zellen Z13 und AA13:
     Ergebnis der Division $x^5 \div x$
   - Tabelle B26:G29:
     Berechnung von $x^4 \cdot (x - 2)$
   - Zeile 14:
     Ergebnis der Multiplikation so anordnen, dass die Koeffizienten der gleichen Variablen genau untereinander stehen
   - Zeile 15:
     Addieren der beiden Zeilen, (deshalb wurden in der Zeile vorher die Zeichen des Ergebnisses verändert)
   - Zelle AC13:
     Ergebnis der Teilung $x^4 \div x$
   - Tabelle A33:G36:
     Berechnung von $x^3 \cdot (x - 2)$
   - Zeile 16:
     Antragen des Ergebnisses der Multiplikation mit entgegengesetzten Vorzeichen
   - Zeile 17:
     Addition der beiden Zeilen
   - Zelle AE13:
     Koeffizient des Ergebnisses der Teilung $-25x^3 \div x$
   - Zelle AF13:
     Ergebnis der Teilung der Variablen
   - Tabelle I26:N29:
     Multiplikation $-25x^2 \cdot (x - 2)$
   - Zeile 18:
     Ergebnis der Multiplikation
   - Zeile 19:
     Addition der beiden Zeilen
   - Zelle AH13:
     Koeffizient des Ergebnisses der Teilung $-37x^2 \div x$
   - Zelle AI13:
     Dazugehörige Variable
   - Tabelle I33:N36:
     Berechnung der Multiplikation $-37 \cdot (x - 2)$
   - Zeile 20:
     Ergebnis der Multiplikation

- Zeile 21:
  Addition der beiden Zeilen
- Zelle AK13:
  Ergebnis der Teilung $60x \div x$ (vgl. Abbildung 6.8)

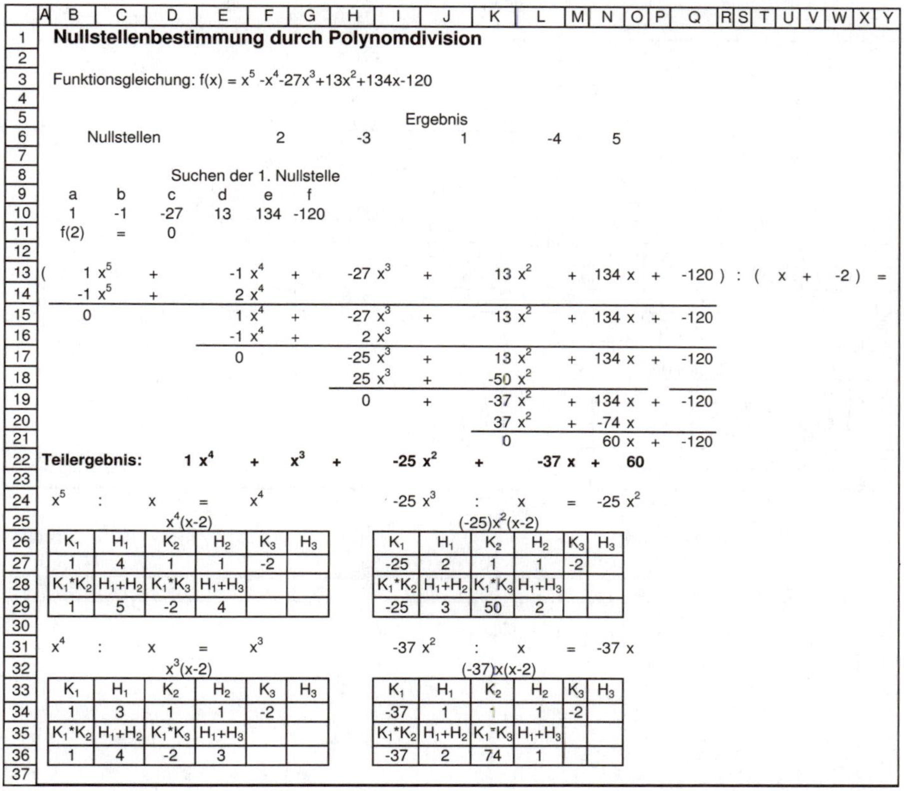

Abb. 6.8: Kurvendiskussion (source/kurv_null_pol.xls)

3. Analoges Vorgehen für die um einen Grad verringerte Funktion in den Zeilen 38 bis 64) (vgl. Abbildung 6.9 auf der nächsten Seite).
4. Analoges Vorgehen für die Funktion 3. Grades in den Zeilen 66 bis 84. Endlich ist man bei einer Funktion 2. Grades (vgl. Abbildung 6.10 auf der nächsten Seite).
5. Lösen der verbleibenden quadratischen Gleichung mit der Lösungsformel in Zeile 91 (vgl. Abbildung 6.11 auf Seite 189).

Damit hat man alle Nullstellen der Funktion gefunden.

38	Suchen der 2. Nullstelle
39	a b c d e
40	1 1 -25 -37 60 1
41	f(1) = 0
42	
43	neue Gleichung
44	(1 x^4 + 1 x^3 + -25 x^2 + -37 x + 60) : (x - 1) =
45	-1 x^4 + 1 x^3
46	0 2 x^3 + -25 x^2 + -37 x + 60
47	-2 x^3 2 x^2
48	0 -23 x^2 + -37 x + 60
49	23 x^2 -23 x
50	0 -60 x + 60
51	**Teilergebnis:** 1 x^3 + 2 x^2 + -23 x + -60
52	x^4 : x = x^3 -23 x^2 : x = -23 x
53	x^3(x-1) -23x(x-1)

Zeilen 54–57 (links, $x^3(x-1)$):

K_1	H_1	K_2	H_2	K_3	H_3
1	3	1	1	-1	
K_1*K_2	H_1+H_2	K_1*K_3	H_1+H_3		
1	4	-1	3		

Zeilen 54–57 (rechts, -23x(x-1)):

K_1	H_1	K_2	H_2	K_3	H_3
-23	1	1	1	-1	
K_1*K_2	H_1+H_2	K_1*K_3	H_1+H_3		
-23	2	23	1		

58	
59	$2x^3$: x = 2x2
60	$2x^2$(x-1)

Zeilen 61–64:

K_1	H_1	K_2	H_2	K_3	H_3
2	2	1	1	-1	
K_1*K_2	H_1+H_2	K_1*K_3	H_1+H_3		
2	3	-2	2		

Abb. 6.9: Kurvendiskussion (source/kurv_null_pol.xls)

66	
67	Suchen der 3. Nullstelle
68	a b c d
69	1 2 -23 -60 -3
70	f(1) = 0
71	
72	neue Gleichung
73	(1 x^3 + 2 x^2 + -23 x + -60) : (x + 3) =
74	-1 x^3 -3 x^2
75	0 -1 x^2 + -23 x + -60
76	1 x^2 + 3 x
77	0 -20 x + -60
78	**Teilergebnis:** 1 x^2 + -1 x + -20
79	x^3 : x = x^2 -1 x^2 : x = -1 x
80	x^2(x+3) (-1)x(x+3)

Zeilen 81–84 (links, $x^2(x+3)$):

K_1	H_1	K_2	H_2	K_3	H_3
1	2	1	1	3	
K_1*K_2	H_1+H_2	K_1*K_3	H_1+H_3		
1	3	3	2		

Zeilen 81–84 (rechts, (-1)x(x+3)):

K_1	H_1	K_2	H_2	K_3	H_3
-1	1	1	1	3	
K_1*K_2	H_1+H_2	K_1*K_3	H_1+H_3		
-1	2	-3	1		

Abb. 6.10: Kurvendiskussion (source/kurv_null_pol.xls)

	A	B	C	D	E	F	G	H	I	J	K	L	M
86		neue Gleichung											
87		1	x^2	+	-1	x	+	-20		quadratische Gleichung			
88													
89		vereinfachte Version											
90		**a**	**b**	**c**				**L 1**		**L 2**			
91		1	-1	-20				5		-4			

Abb. 6.11: Kurvendiskussion (source/kurv_null_pol.xls)

6.1.6 Extremwerte und Monotonie

Existiert an einem Punkt der Funktion eine waagrechte Tangente, so ist dieser Punkt ein Extremwert oder Terassenpunkt. Dafür gilt $f'(x_0) = 0$. Wechselt f´ (x_0) zudem noch das Vorzeichen an dieser Stelle, so liegt ein Extremwert vor. Für das Monotonieverhalten gilt:

> ☞ **Monotonieverhalten**
>
> Ist $f'(x) > 0$ in einem bestimmten Intervall, so ist f(x) monoton steigend in diesem Intervall.
> Ist $f'(x) < 0$ in einem bestimmten Intervall, so ist f(x) monoton fallend in diesem Intervall.

Daraus ergibt sich das Verfahren zur Bestimmung des Extremwertes.

Beispiel

$f(x) = 4x^2 - 2x + 4$

Zuerst muss die Ableitung nach den Ableitungsregeln erstellt werden,

$f'(x) = 8x - 2$

dann die Nullstelle der Ableitung berechnet werden.

$x = \frac{1}{4}$

An der Stelle $x = 0,25$ besitzt die Funktion also eine waagrechte Tangente. Mit der Signumsbetrachtung (Untersuchung des Vorzeichens) bestimmt man dann die Art des Extremwertes. Man untersucht $f'(x)$ im Intervall $]-\infty; 0,25]$ und im Intervall $[0,25; +\infty[$

$$\begin{aligned} f'(0) = -2 \quad &\Longrightarrow f' < 0 \text{ für } x \in]-\infty; 0,25] \\ &\Longrightarrow f(x) \text{ monoton fallend} \\ f'(5) = 38 \quad &\Longrightarrow f' > 0 \text{ für } x \in [0,25; +\infty[\\ &\Longrightarrow f(x) \text{ monoton steigend} \end{aligned}$$

Da ein Vorzeichenwechsel an der Stelle x = 4 vorliegt, handelt es sich hier um einen Extremwert, und da die Funktion rechts von dem Wert monoton fallend und links von dem Wert monoton steigend ist, liegt hier ein Minimum vor.

In Excel kann man das Problem der Extremwertberechnung ganz einfach mit dem Solver lösen. Für die Funktion wird eine Wertetabelle erstellt, hier im Bereich `A6:B22` mit $\triangle x = 0,25$ und mit dem Diagrammassistenten die Funktion gezeichnet. Hierbei muss man die Rubrikenachse formatieren, um die y-Achse durch den Nullpunkt zu verschieben. In der Registerkarte `Skalierung` muss unter `Größenachse schneidet bei Rubriknr.` 7 eingetragen werden. Die Größenachse sollte auch noch formatiert werden um das Minimum besser zu erkennen. Hier wurde in der Registerkarte `Skalierung` der `Maximalwert` auf 16 gesetzt, als `Hauptintervall` 0,5 gewählt und für `Hilfsintervall` 0,25.

Zur besseren Übersicht wurde für den Solver eine eigene Tabelle erstellt im Bereich `A25:B27`.

Dazu wurde in Zelle `A27` für x = 0,5 gewählt und in Zelle `B27` y mit der Formel für die Funktion `=4*A27∧2-2*A27+4` berechnet. Setzt man dann den Cursor auf Zelle `B27` und ruft über das Menü `Extras` den `Solver` auf, muss man den `MIN` Button aktivieren und trägt als `Veränderbare Zellen` `$A$27` ein. Klickt man dann auf `Lösen`, so erscheint für y die Zahl 3,75 und für x die Zahl 0,25, die Koordinaten des Minimums (siehe Abbildung 6.12 auf der nächsten Seite).

Kurvendiskussion

f(x)= $4x^2 -2x +4$

Wertetabelle	
x	**y**
-1,5	16
-1,25	12,75
-1	10
-0,75	7,75
-0,5	6
-0,25	4,75
0	4
0,25	3,75
0,5	4
0,75	4,75
1	6
1,25	7,75
1,5	10
1,75	12,75
2	16

Solver	
x	y
0,25	3,75

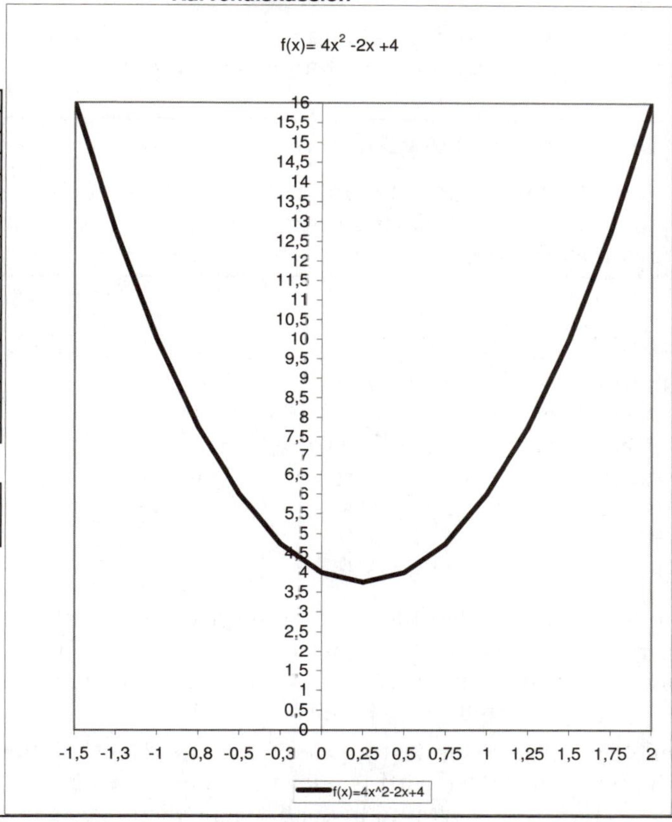

Abb. 6.12: Kurvendiskussion (source/kurv_extr.xls)

6.1.7 Wendepunkt und Krümmungsverhalten

Die Extremwerte der 1. Ableitung nennt man Wendepunkte. An diesen Punkten ändert sich das Krümmungsverhalten.

> ☞ **Krümmungsverhalten**
>
> Gilt für ein bestimmtes Intervall: $f''(x) > 0$ ist die Funktion in diesem Bereich linksgekrümmt, gilt $f''(x) < 0$ ist die Funktion rechtsgekrümmt.

Beispiel

Funktion:	$f(x)$	$= -x^3 + 3x^2 - 4x + 1$
1. Ableitung:	$f'(x)$	$= -3x^2 + 6x - 4$
2. Ableitung:	$f''(x)$	$= -6x + 6$
Nullstellen:	$f''(x)$	$= 0$
für	x	$= 1$
$]-\infty; 1]$	$f''(x)$	> 0
$[1; +\infty[$	$f''(x)$	< 0

Die Funktion ist also für $x < 1$ linksgekrümmt und für $x > 1$ rechtsgekrümmt. Der Wendepunkt hat die x-Koordinate 1. In Excel kann man sich hier wieder mit dem Solver behelfen, indem man eine Wertetabelle für die 2. Ableitung erstellt, hier Bereich `A10:B19`.

Zeile 23 wurde gesondert für den Solver angelegt um hier das Ergebnis zu erhalten. Der Solver wird wieder über das Menü `Extras` aufgerufen, der Button `Wert` aktiviert und in das Kästchen Null gesetzt. Klickt man `Lösen` an, erscheint der gesuchte Wert in der Tabelle. Der Wendepunkt hat also die Koordinaten $(1|0)$ (siehe Abbildung 6.13 auf der nächsten Seite).

Mit diesen Grundlagen für eine Kurvendiskussion soll diese nun an Beispielen für verschiedene Funktionen durchgeführt werden.

ganzrationale Funktion:

Funktion: $f(x) = x^3 + 6x^2 + 9x$

Definitionsmenge:

$\mathbb{D} = \mathbb{R}$

Abb. 6.13: Kurvendiskussion (source/kurv_wende.xls)

	A	B	C
1	**Kurvendiskussion**		
2			
3	Funktion:	f(x) = -x^3+3x^2-4x+1	
4			
5	1.Ableitung:	f`(x) = -3x^2+6x-4	
6			
7	2.Ableitung:	f´´(x) = -6x+6	
8			
9	Wertetabelle		
10	x	y	
11	-2	18	
12	-1,5	15	
13	-1	12	
14	-0,5	9	
15	0	6	
16	0,5	3	
17	1	0	
18	1,5	-3	
19	2	-6	
20			
21	Solver		
22	x	y	
23	1	0	

Symmetrie:

$f(-x) = -x^3 + 6x^2 - 9x \Longrightarrow f(-x) \neq f(x)$ und $f(-x) \neq -f(x)$
Es liegt keine Symmetrie vor.

Grenzwerte:

$$\lim_{x \to +\infty} f(x) = +\infty, \lim_{x \to -\infty} f(x) = -\infty$$

Nullstelle:

Berechnung hier mit Excel über den Solver (siehe Abbildung 6.14 auf der nächsten Seite).

Um sämtliche Nullstellen zu finden, muss man den Solver mehrmals aufrufen. Dabei muss man beim zweiten Aufruf die Taste `Zurücksetzen` drücken und eine Nebenbedingung hinzufügen. Klickt man `Hinzufügen` an, erscheint ein Dialogfeld, in das man die Bedingung für die Zielzelle, also den x-Wert eingeben muss.

	A	B
1	**Aufgabenbeispiel zur Kurvendiskussion**	
2	ganzrationale Funktion	
3		
4	$y= x^3 + 6x^2 + 9x$	
5		
6	Wertetabelle	
7	x	y
8	-5	-20
9	-4,5	-10,125
10	-4	-4
11	-3,5	-0,875
12	-3	0
13	-2,5	-0,625
14	-2	-2
15	-1,5	-3,375
16	-1	-4
17	-0,5	-3,125
18	0	0
19	0,5	6,125
20	1	16
21	1,5	30,375
22	2	50
23	2,5	75,625
24	3	108
25	3,5	147,875
26	4	196
27	4,5	253,125
28	5	320
29		
30	Solver	
31	-3	0
32	0	0
33	2	50
34		
35	**Nullstellen:**	
36	**-3**	**0**
37	**0**	**0**

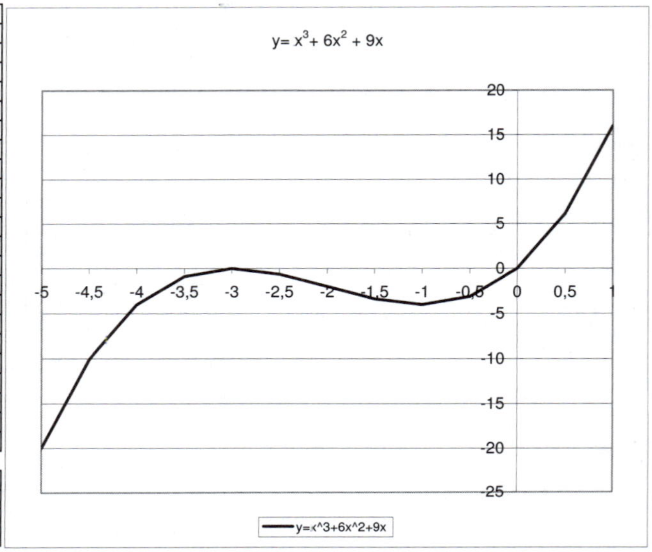

Abb. 6.14: Kurvendiskussion (source/kurv_beisp1.xls)

Als erstes markiert man die Zielzelle, dann wählt man unter den Zeichen $\leq$,$\geq$ und = aus, und trägt die Bedingung in das dritte Feld ein. Hier wurde einmal ≥ 0, einmal ≥ 2 und ≤ -4 gewählt um alle Bereiche abzudecken. Bei ≥ 2 und ≤ -4 gibt der Solver die Auskunft: `Solver konnte keine realisierbare Lösung finden`.

Die gefundenen Nullstellen sind hier also

$N_1(0|0)$ und $N_2(-3|0)$.

Eine der beiden Nullstellen, hier x=-3 ist somit eine doppelte Nullstelle. Da hier bereits eine Wertetabelle erstellt wurde, kann auch gleich der Graph gezeichnet werden.

Graph

Der Graph wird mit dem Diagrammassisten erstellt, wobei in diesem Beispiel nicht die gesamte Wertetabelle übernommen wird, sondern nur die Werte bis $x = 1$. Wie man einen Graphen erstellt, müsste mittlerweile hinlänglich bekannt sein. Auch hier muss man die Rubrikenachse noch formatieren.

Extremwerte

1.Ableitung : $f'(x) = 3x^2 + 12x + 9$

Man kann nun entweder die 1.Ableitung verwenden und die Nullstellen dieser Funktion berechnen oder mit dem Solver das Minimum oder Maximum der ursprünglichen Funktion ermitteln.

Hier wurden wieder zwei Zeilen aus der Wertetabelle kopiert und in Zelle B41 das Maximum und in Zelle B42 das Minimum mit dem Solver bestimmt.

Somit erhält man das Maximum $(-3|0)$ und das Minimum $(-1|-4)$ (siehe Abbildung 6.15).

	A	B	C	D	E	F
39	Extremwertberechnung			**Extremwerte**		
40	Solver			**Maximum**	**-3**	**0**
41	-3,00000004	0		**Minimum**	**-1**	**-4**
42	-1,00000013	-4				

Abb. 6.15: Kurvendiskussion (source/kurv_beisp1.xls)

Wendepunkt

2.Ableitung : $f''(x) = 6x + 12$

Hier kann wiederum die Nullstelle der 2. Ableitung oder das Minimum der 1. Ableitung berechnet werden.

In unserem Beispiel wurde in Zelle B48 das Minimum der 1. Ableitung berechnet. Dabei muss man beachten, dass der y-Wert in Zelle B48 dann nicht der y-Wert der Funktion ist, sondern der y-Wert der ersten Ableitung. Den y-Wert des Wendepunktes liest man aus der Wertetabelle ab. Für den Wendepunkt gilt hier: $W(-2|-2)$ (siehe Abbildung 6.16 auf der nächsten Seite).

	A	B	C	D	E	F
44	1.Ableitung	f´(x) = 3x²+12x+9				
45	Wendepunkt			Wendepunkt	-2	-2
46	Solver					
47	x	y				
48	-2,00000001	-3				

Abb. 6.16: Kurvendiskussion (source/kurv_beisp1.xls)

gebrochenrationale Funktion

$$f(x) = \frac{x^2 - 5x + 4}{x + 2}$$

Definitionsmenge

$x + 2 = 0 \Longrightarrow x = -2$
$\mathbb{D} = \mathbb{R} \setminus \{-2\}$

Verhalten im Unendlichen

$$\lim_{x \to -\infty} = -\infty \quad \text{und} \quad \lim_{x \to +\infty} = +\infty$$

Asymptoten

Der Nenner wird bei $x = -2$ gleich Null und daraus ergibt sich:

$$\lim_{\substack{x \to -2 \\ x > 2}} \frac{x^2 - 5x + 4}{x + 2} = +\infty$$

$$\lim_{\substack{x \to -2 \\ x < 2}} \frac{x^2 - 5x + 4}{x + 2} = -\infty$$

Daraus folgt die Gleichung der senkrechten Asymptote:

$x = -2$

Der Zählergrad ist um einen Grad höher als der Nennergrad, also existiert eine schräge Asymptote.

Um die Gleichung dieser Asymptote zu ermitteln, muss eine Polynomdivision durchgeführt werden.

$(x^2 - 5x + 4) \div (x + 2)$

$$
\begin{array}{r l}
 & \quad\; x \quad - 7 \\
\cline{2-2}
x + 2) & x^2 - 5x \quad + 4 \\
 & -x^2 - 2x \\
\cline{2-2}
 & \qquad - 7x \quad + 4 \\
 & \qquad\quad 7x + 14 \\
\cline{2-2}
 & \qquad\qquad\quad 18
\end{array}
$$

Die Gleichung der schrägen Asymptote lautet:

$y = x - 7$

Diese Berechnung wurde in Excel in Zeile 10 bis 14 durchgeführt (siehe Abbildung 6.17).

	A	B	C	D	E	F	G	H	I	J	K	L	M	N	O	P	Q	R	S	T	U
1	**Kurvendiskussion**																				
2																					
3	**f(x)=**	**$(x^2$-5x+4)**	**:**	**(x+2)**																	
4																					
5	Definitonsmenge:			R\{-2}																	
6	x+	2	=	0																	
7	**x**		**=**	**-2**																	
8																					
9	schräge Asymptote																				
10	(	1	x2	+	-5	x	+	4	)	:	(	x	+	2	)	=	x	+	(-7)	+	18/(x+2)
11		-1	x2	+	-2	x															
12		0			-7	x	+	4													
13					7	x	+	14													
14					0			18													

Abb. 6.17: Kurvendiskussion (source/gebr_rat1.xls)

Symmetrie

Es liegt keine Symmetrie bezüglich y-Achse oder Ursprung vor.

Nullstellen

Die Lösung erfolgt wieder mit dem Solver. Da bei $x = -2$ eine Defintionslücke ist, muss man mehrere Bereiche untersuchen. Man kopiert aus der Wertetabelle z. B. die Zeilen 16 und 29 und ruft den Solver auf. Gibt man als Zielzelle B6 ein und als veränderbare Zelle A6, aktiviert `Wert =0` und geht auf `Lösen` erhält man die Antwort, `Solver kann keine realisierbare Lösung finden`. Das heißt aber nicht, dass die Funktion keine Nullstelle hat, sondern nur, dass es in diesem Bereich bis $x = -2$ keine Nullstelle gibt. Also wird der Solver noch einmal aufgerufen und als

Nebenbedingung $x \geq -1,5$ eingegeben. Es empfiehlt sich vorher auf `Zurücksetzen` zu klicken. Hier findet er eine Nullstelle bei $x = 1$. Nun ruft man den Solver zum dritten Mal auf und gibt als Nebenbedingung $x \geq 1,5$ ein. Die zweite Nullstelle ist also bei $x = 4$.

Da der Graph bei einer Annäherung an die Asymptote x = -2 von rechts ins Unendliche wächst, kann das nur bedeuten, dass die Kurve von $x = -2$ bis $x = 1$ monoton fallend ist. Die zweite Nullstelle bei $x = 4$ lässt vermuten, dass zwischen den beiden Werten ein lokales Minimum liegt. Nach links muss sich die Funktion an die Gerade $y = x - 7$ annähern, so dass in diesem Bereich kein Maximum zu erwarten ist.

Extremwertbestimmung

Die Funktion nähert sich von links an die senkrechte Asymptote an und geht dabei gegen $-\infty$. Auf der anderen Seite nähert sie sich an die schräge Asymptote an und geht dabei ebenfalls gegen $-\infty$. Das bedeutet, dass dazwischen ein Maximum liegen muss.

Die Lösung bringt der Solver. Hier wurden wieder kleine Teile der Wertetabelle in Zeile 10 bis 13 kopiert und die Suche nach dem Minimum bzw. Maximum gestartet. Man erhält ein Minimum bei $x = 2,3$ und ein Maximum bei $x = -6,3$.

Wendepunkt kann es hier keinen geben, weil sich der Graph in beiden Richtungen an die Asymptoten annähert.

Graph

Der Graph einer gebrochenrationalen Funktion muss unterteilt werden, da Excel sonst eine Verbindung zwischen den beiden Ästen einzeichnet. Die Wertetabelle kann man ersteinmal für den gesamten Bereich erstellt werden. An der Stelle $x = -2$ meldet Excel den Fehler `#div./0` und hier muss man die Funktion teilen.

Die erste Wertetabelle lässt man bis zum letzten Wert vor -2 gehen und die zweite beginnt beim ersten Wert danach. Bei der Angabe des Datenbereiches muss man aber die Spalte C von Zeile 16 bis 50 überstreichen, ebenso muss man die gesamte Spalte B für die zweite Reihe angeben. Hier wurde noch die schräge Asymptote in der Zeichnung aufgenommen (siehe Abbildung 6.18 auf der nächsten Seite).

	A	B	C	D	E	F
1	**Kurvendiskussion**					
2	y	=	x^2-5x+4			
3			x+2			
4						
5	Solver					
6	1,00000017	-1,658E-07		Nullstellen	1	0
7	3,99999918	-4,0999E-07			4	0
8						
9	Solver			Extremwerte		
10	-6,24264085	-17,4852814		Maximum	-6,3	-17,5
11	-7,5	-17,7727273		Minimum	2,3	-0,5
12	2,24264069	-0,51471863				
13						
14		Wertetabelle				
15	x	y2	y1	y=x-7		
16	-8		-18	-15		
17	-7,5		-17,7727273	-14,5		
18	-7		-17,6	-14		
19	-6,5		-17,5	-13,5		
20	-6		-17,5	-13		
21	-5,5		-17,6428571	-12,5		
22	-5		-18	-12		
23	-4,5		-18,7	-11,5		
24	-4		-20	-11		
25	-3,5		-22,5	-10,5		
26	-3		-28	-10		
27	-2,5		-45,5	-9,5		
28	-2			-9		
29	-1,5	27,5		-8,5		
30	-1	10		-8		
31	-0,5	4,5		-7,5		
32	0	2		-7		
33	0,5	0,7		-6,5		
34	1	0		-6		
35	1,5	-0,35714286		-5,5		
36	2	-0,5		-5		
37	2,5	-0,5		-4,5		
38	3	-0,4		-4		
39	3,5	-0,22727273		-3,5		
40	4	0		-3		
41	4,5	0,26923077		-2,5		
42	5	0,57142857		-2		
43	5,5	0,9		-1,5		
44	6	1,25		-1		
45	6,5	1,61764706		-0,5		
46	7	2		0		
47	7,5	2,39473684		0,5		
48	8	2,8		1		
49	8,5	3,21428571		1,5		
50	9	3,63636364		2		

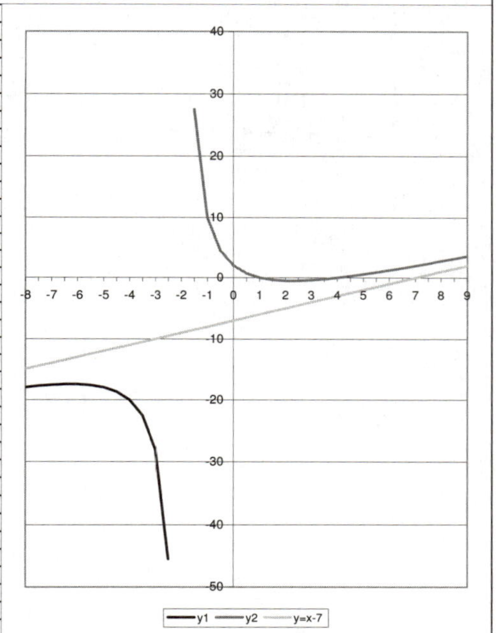

Abb. 6.18: Kurvendiskussion (source/gebr_rat2.xls)

6.2 Aufgaben

Diskutieren Sie nach obigem Schema folgende Funktionen:

1. $f(x) = (x^2 - 4)^2$
2. $f(x) = \dfrac{x^2 + 3}{x + 1}$
3. $f(x) = \dfrac{6}{x} - \dfrac{3}{x^2}$
4. $f(x) = \dfrac{4x}{x^2 + 4}$
5. $f(x) = \dfrac{4x - 4}{x^2 - 2x + 2}$
6. $f(x) = 2x^2 e^{-0,5x}$
7. $f(x) = \dfrac{4x}{e^{0,5x}}$

7 Integralrechnung

Um den Flächeninhalt von Quadrat und Rechteck zu bestimmen überdeckt man praktisch diese Flächen lückenlos mit Einheitsquadraten.Dazu gibt es einfache Formeln. Dreiecke, Parallelogramme,Trapeze und ähnliche Flächen vergleicht man mit zerlegungsgleichen- oder ergänzungsgleichen Flächen und leitet daraus allgemeingültige Formeln ab. Bei krummen Flächen oder Funktionen werden Grenzwertbetrachtungen notwendig. Man zerlegt die zu berechnende Fläche in möglichst kleine Teilflächen, die man dann aufsummiert. Das ist die Problematik der Integralrechnung und Excel ist dafür ausgezeichnet geeignet.

7.1 Flächenberechnung durch Näherungsverfahren

7.1.1 Das bestimmte Integral

Das bestimmte Integral über einer Funktion f in einem bestimmten Intervall ist die Summe der Inhalte aller Flächenstücke, die zwischen den Intervallgrenzen oberhalb der x-Achse liegen minus die Summe der Inhalte der Flächenstücke, die unterhalb der Achse liegen (siehe Abbildung 7.1 auf der nächsten Seite).

oder mathematisch ausgedrückt:

> ☞ **Definition: bestimmtes Integral**
>
> Die Summe der gerichteten Inhalte aller Flächenstücke, die der Graph in einem Teilintervall [a;b] mit der x-Achse einschließt, heißt `bestimmtes Integral` über f von a bis b.
>
> $$\int_a^b f(x)\,dx$$

Die Berechnung des bestimmten Integrals nennt man `Integration`.

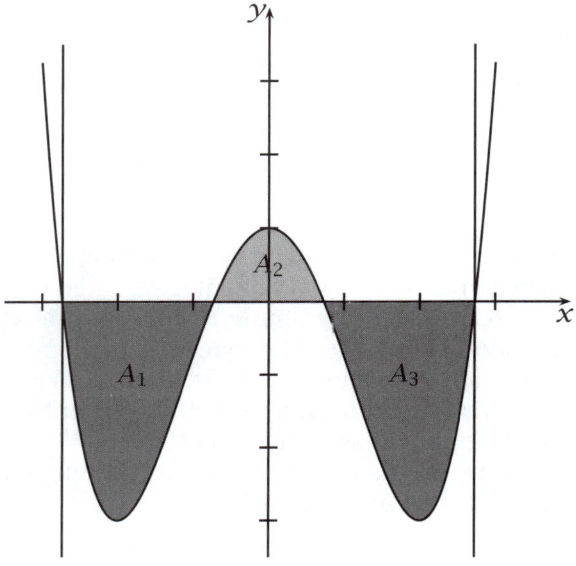

Abb. 7.1: Flächenstücke zur Integralberechnung

7.1.2 Berechnung durch Ober- und Untersummen

Will man das Flächenstück berechnen, das eine Funktion mit der x-Achse einschließt, zerlegt man die Fläche zwischen Funktion und x-Achse in möglichst kleine rechteckige Streifen, deren Fläche man berechnen kann und summiert diese Flächen auf (siehe Abbildung 7.2 auf der nächsten Seite).

Um eine größere Genauigkeit bei der Berechnung der Fläche zu erzielen, unterteilt man die Streifen in Streifen, die die Kurve von oben einschließen und Streifen, die die Funktion von unten berühren. Die Summe der oberen Streifen nennt man Obersumme, die Summe der unteren Streifen Untersumme (siehe Abbildung 7.3 auf Seite 204)

Wählt man immer schmälere Streifen, unterteilt das Intervall also immer mehr, so kommen sich Ober- und Untersumme immer näher. Lässt man die Unterteilung n gegen unendlich gehen, erhält man den Flächeninhalt.

☞ **Definition: Flächeninhalt**

Der Flächeninhalt ist der gemeinsame Grenzwert der Ober- und Untersummen.

Aufteilung der Fläche in kleine Streifen

y=x^2

x	y
0	0
1	1
2	4
3	9
4	16
5	25
6	36
7	49
8	64
9	81
10	100
11	121
12	144
13	169
14	196
15	225

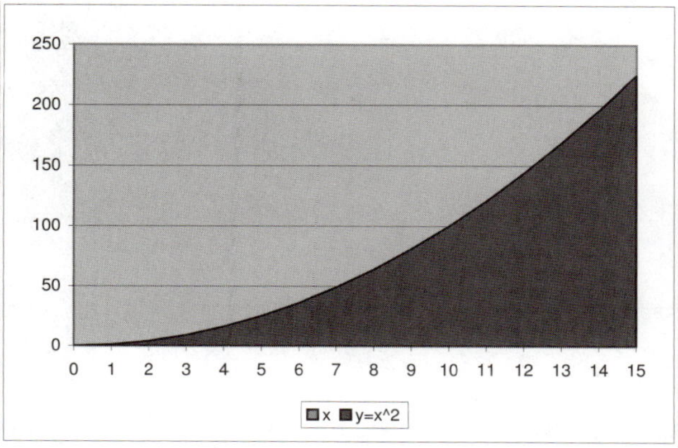

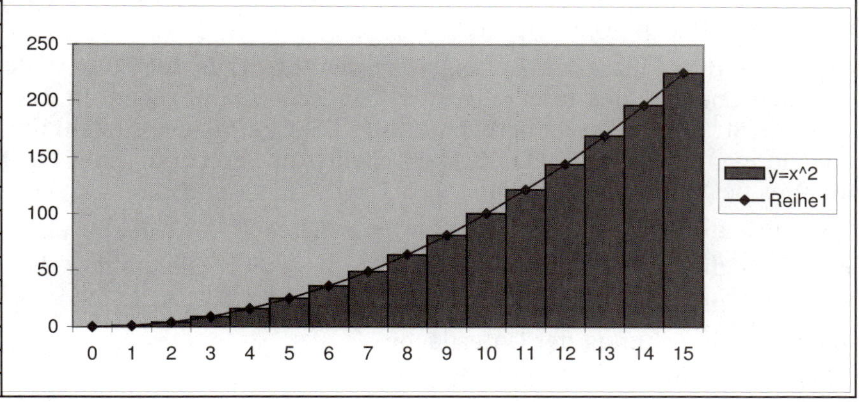

Abb. 7.2: Integralberechnung (source/int_2.xls)

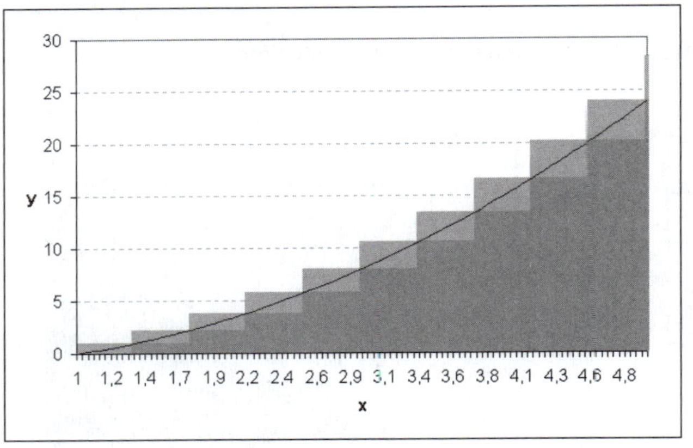

Abb. 7.3: Integralberechnung (source/int_3.xls)

Beispiel

Es soll die Fläche berechnet werden, die die Funktion $y = x^3$ mit der x-Achse im Intervall $[0; 2]$ einschließt. Dabei soll das Intervall in 20 Steifen unterteilt werden.

Als erstes muss man den Anfangswert des Intervalls, hier 0 in Zelle C5, und den Endwert des Intervalls, hier 2 in Zelle C6, angeben. In Zelle C7 wird die Streifenbreite dx berechnet mit (C6-C5)/C8. Die Anzahl der Unterteilungen n steht in Zelle C8. Die Tabelle zur Berechnung des Flächeninhaltes besteht aus 7 Spalten.

1.Spalte	die Teilpunkte untereinander aufgezählt	1,2,3... bis 20
2.Spalte	die Werte von x	Teilpunkt $\cdot\ dx$
3.Spalte	die Werte für f(x)	x^3
4.Spalte	Berechnung der Unterfläche	$f(x_{n-1}) \cdot dx$
5.Spalte	Summe der Unterflächen	
6.Spalte	Berechnung der Oberen Fläche	$f(x) \cdot dx$
7.Spalte	Summe der oberen Flächen	

Die erste Zeile beginnt mit Null. In der zweiten Zeile beginnt man mit der Berechnung der Werte.

Zelle B12	
Berechnung von x	=A12*$C$7
Zelle C12	
Berechnung von f(x)	=B12∧3
Zelle D12	
Berechnung der Rechteckfläche unter der Kurve	=$C$7*C11
Zelle E12	
Addition der Untersummen	=E11*D12
Zelle F12	
Berechnung der Rechteckfläche oberhalb der Kurve	=$C$7*C12
Zelle G12	
Addition der Obersummen	=G11+F12
Zelle G32	
Mittelwert aus Ober- und Untersumme	=(E31+G31)/2

Das Ganze wird bis Zeile 31 weitergezogen. Dieses Ergebnis gibt den Flächeninhalt an, der von der Kurve und der x-Achse eingeschlossen wird (siehe Abbildung 7.4 auf der nächsten Seite).

7.1.3 Integralberechnung nach Simpson

Bei der Simpson-Regel werden zur Annäherung an die Funktion keine linearen Funktionen benutzt, sondern quadratische. Dadurch erhält man viel bessere Werte. Das Intervall wird in n Teilintervalle zerlegt. Für jedes Teilintervall ergibt sich somit die Breite $h = \frac{b-a}{n}$. Zwei solche Abschnitte zusammen legen drei Punkte auf der Kurve fest. P_0 am Beginn des Intervalls, P_1 genau in der Mitte und P_2 am rechten Rand. Durch diese drei Punkte wird jetzt eine Parabelgleichung erstellt, die eine Näherungsfunktion für diesen ersten Streifen darstellt. Das Integral dieses Parabelstückes ergibt eine Näherung des Integrals der ursprünglichen Funktion in dem Bereich von x_0 bis x_2. Verfährt man mit allen Teilintervall-Paaren genauso und summiert diese, so erhält man die **Simpson Regel**:

$$\int_a^b f(x)\,dx \approx \frac{h}{3}[(y_0 + 4y_1 + y_2) + (y_2 + 4y_3 + y_4) + (y_{n-2} + 4y_{n-1} + y_n)]$$

Mit dieser Regel lassen sich in Excel die Flächenstücke ideal berechnen.

	A	B	C	D	E	F	G
1	**Flächenberechnung mit Ober-und Untersumme**						
2							
3	**y=x³**						
4							
5	Anfangswert Intervall		0				
6	Endwert Intervall		2				
7	dx		0,1				
8	Unterteilung n		20				
9							
10	Teilpunkte	x	f(x)	Unterfläche	Untersumme	Oberfläche	Obersumme
11	0	0	0	0		0	
12	1	0,1	0.001	0	0	0,0001	0,0001
13	2	0,2	0.008	0,0001	0,0001	0,0008	0,0009
14	3	0,3	0,027	0,0008	0,0009	0,0027	0,0036
15	4	0,4	0,064	0,0027	0,0036	0,0064	0,01
16	5	0,5	0,125	0,0064	0,01	0,0125	0,0225
17	6	0,6	0,216	0,0125	0,0225	0,0216	0,0441
18	7	0,7	0,343	0,0216	0,0441	0,0343	0,0784
19	8	0,8	0,512	0,0343	0,0784	0,0512	0,1296
20	9	0,9	0,729	0,0512	0,1296	0,0729	0,2025
21	10	1	1	0,0729	0,2025	0,1	0,3025
22	11	1,1	1,331	0,1	0,3025	0,1331	0,4356
23	12	1,2	1,728	0,1331	0,4356	0,1728	0,6084
24	13	1,3	2,197	0,1728	0,6084	0,2197	0,8281
25	14	1,4	2,744	0,2197	0,8281	0,2744	1,1025
26	15	1,5	3,375	0,2744	1,1025	0,3375	1,44
27	16	1,6	4,096	0,3375	1,44	0,4096	1,8496
28	17	1,7	4,913	0,4096	1,8496	0,4913	2,3409
29	18	1,8	5,832	0,4913	2,3409	0,5832	2,9241
30	19	1,9	6,859	0,5832	2,9241	0,6859	3,61
31	20	2	8	0,6859	3,61	0,8	4,41
32	Mittelwert	(Obersumme + Untersumme)/2					**4,01**

Abb. 7.4: Integralberechnung (source/int_4.xls)

Beispiel

Berechnen Sie das Flächenstück, das von der Funktion $y = x^3$ und der x-Achse eingeschlossen wird, im Intervall $[3;6]$.

Die bekannten Werte werden in die Tabelle eingetragen: $a = 3$, $b = 6$ und $n = 60$. Als nächstes wird dx berechnet in Zelle B5 mit =$(6 - 3)/60$. Die Berechnungstabelle wird wieder in 7 Spalten aufgeteilt.

1.Spalte	
die geradzahligen Teilpunkte untereinander	0,2,4...60
2.Spalte	
Berechnung der Werte von x	Teilpunkt $\cdot\, dx + 3$
3.Spalte	
Berechnung der Werte für f(x)	x^3
4.Spalte	
die ungeradzahligen Teilpunkte untereinander	1,3,5...59
5.Spalte	
Berechnung der Werte von x	Teilpunkt $\cdot\, dx + 3$
6.Spalte	
Berechnung der Werte für f(x)	$f(x) \cdot dx$
7.Spalte	
Summe der Flächen	$dx/3 \cdot (y_0 + 4y_1 + y_2)$

Die einzelnen Werte werden wie folgt eingetragen:

Zelle A7	
0	1. geradzahlige Teilpunkt
Zelle B7	
=$B$5*A7+3	$0,05 * 0 + 3$
Zelle C7	
=B7∧3	y^3
Zelle D7	
1	1. ungeradzahliger Teilpunkt

Zelle E7	
=$B$5*D7+3	$0,05 \cdot 1 + 3$
Zelle F7	
=E7∧3	y^3
Zelle G7	
=$B$5/3*(C7+4*F7+C8)	$0,05/3 \cdot (x_0^3 + 4 \cdot x_1^3 + x_2^3)$
Zelle A8	
2	2. geradzahliger Teilpunkt
Zelle D8	
3	2. ungeradzahliger Teilpunkt
Zelle G38	
=SUMME(G7:G36)	Summe der ungeradzahligen Teilsummen

Das Ergebnis zeigt Abbildung 7.5 auf der nächsten Seite.

Wie man sieht, ist das Ergebnis ziemlich exakt der Wert, den man über die Integralfunktion herausbekommen würde. Die Simpson Regel ist also ein gutes Näherungsverfahren für Funktionen, deren Integralfunktion man nicht bestimmen kann.

	A	B	C	D	E	F	G
1	**Berechnung des Integrals nach der Simpson Regel**						
2							
3	$y=x^3$	a = 3	b= 6	n= 60			
4							
5	dx=	0,05					
6	Teilpunkte	x	y	Teilpunkte	x	y	$dx/3(y_0+4y_1+y_2)$
7	0	3	27	1	3,05	28,372625	2,838025
8	2	3,1	29,791	3	3,15	31,255875	3,126375
9	4	3,2	32,768	5	3,25	34,328125	3,433625
10	6	3,3	35,937	7	3,35	37,595375	3,760375
11	8	3,4	39,304	9	3,45	41,063625	4,107225
12	10	3,5	42,875	11	3,55	44,738875	4,474775
13	12	3,6	46,656	13	3,65	48,627125	4,863625
14	14	3,7	50,653	15	3,75	52,734375	5,274375
15	16	3,8	54,872	17	3,85	57,066625	5,707625
16	18	3,9	59,319	19	3,95	61,629875	6,163975
17	20	4	64	21	4,05	66,430125	6,644025
18	22	4,1	68,921	23	4,15	71,473375	7,148375
19	24	4,2	74,088	25	4,25	76,765625	7,677625
20	26	4,3	79,507	27	4,35	82,312875	8,232375
21	28	4,4	85,184	29	4,45	88,121125	8,813225
22	30	4,5	91,125	31	4,55	94,196375	9,420775
23	32	4,6	97,336	33	4,65	100,544625	10,055625
24	34	4,7	103,823	35	4,75	107,171875	10,718375
25	36	4,8	110,592	37	4,85	114,084125	11,409625
26	38	4,9	117,649	39	4,95	121,287375	12,129975
27	40	5	125	41	5,05	128,787625	12,880025
28	42	5,1	132,651	43	5,15	136,590875	13,660375
29	44	5,2	140,608	45	5,25	144,703125	14,471625
30	46	5,3	148,877	47	5,35	153,130375	15,314375
31	48	5,4	157,464	49	5,45	161,878625	16,189225
32	50	5,5	166,375	51	5,55	170,953875	17,096775
33	52	5,6	175,616	53	5,65	180,362125	18,037625
34	54	5,7	185,193	55	5,75	190,109375	19,012375
35	56	5,8	195,112	57	5,85	200,201625	20,021625
36	58	5,9	205,379	59	5,95	210,644875	21,065975
37	60	6	216				
38					**Fläche**		**303,75**

Abb. 7.5: Integralberechnung (source/int_5.xls)

7.2 Integralfunktion

Beim bestimmten Integral sind die obere und die untere Integrationsgrenze fest. Betrachtet man nun Integrale, bei denen nur die untere Integrationsgrenze gegeben ist, die obere aber variabel, kann man die einzelnen Integrale, die man für verschiedene Werte der oberen Grenze erhält, als Funktionswerte einer Funktion F auffassen. Eine Funktion dieser Art nennt man Integralfunktion.

☞ **Definition: Integralfunktion**

f sei im Intervall I stetig. Jede in I definierte Funktion der Form

$$F : x \mapsto F(x) = \int_a^x f(t)\,dt$$

heißt eine Integralfunktion von f in I

☞ **Nullstelle**

$$F(a) = \int_a^a f(t)\,dt$$

Für jede Integralfunktion F von f ist die untere Grenze eine Nullstelle

7.2.1 Stammfunktion

☞ **Definition: Stammfunktion**

Eine differenzierbare Funktion F heißt **Stammfunktion** zu einer Funktion f im gemeinsamen Definitionsbereich D, wenn dort F´ = f gilt.

In folgender Tabelle werden einige wichtige Stammfunktionen angegeben:

Funktion f(x)	Stammfunktion F(x) zu f
$f(x) = x^n; n \in \mathbb{Z}\setminus\{-1\}$	$F(x) = \frac{x^{n+1}}{n+1} + C$
$f(x) = \sin x$	$F(x) = -\cos x + C$
$f(x) = \cos x$	$F(x) = \sin x + C$
$f(x) = e^x$	$F(x) = e^x + C$
$f(x) = \frac{1}{x}$	$F(x) = \ln\lvert x\rvert + C$

Man findet das bestimmte Integrale einer stetigen Funktion, indem man die Differenz der beiden Stammfunktionswerte an der oberen und unteren Grenze bildet:

$$\int_a^b f(x)\,dx = F(a) - F(b)$$

Damit lassen sich Flächen integrierbarer Funktionen über die Stammfunktion berechnen.

Beispiel

Welchen Inhalt hat das vom Graphen der Funktion $f(x) = e - e^x$ mit $x \in \mathbb{R}$, der x-Achse und der Geraden x = -2 begrenzte Flächenstück?
Lösung:
Zuerst muss die Nullstelle der Funktion bestimmt werden, $f(x) = 0$: $e - e^x = 0 \Longleftrightarrow x = 1$
dann die Stammfunktion gebildet und dann die Differenz berechnet werden.

$$\begin{aligned} A(x) &= \int_{-2}^{1}(e - e^x)\,dx \\ &= [ex - e^x]_{-2}^{1} \\ &= (e - e) - (-2e - \tfrac{1}{e^2}) \\ &= 2e + \tfrac{1}{e^2} \\ &= 5,57 \end{aligned}$$

Die Berechnung der e-Funktion wurde hier in Excel durchgeführt. Die Formel in Zelle C3 lautet =2*EXP(1)+(1/EXP(2)) (siehe Abbildung 7.6).

Abb. 7.6: Integralberechnung (source/int_6.xls)

	A	B	C	D
1	**Integralberechnung mit Stammfunktion**			
2			Ergebnis	
3	f(x) = 2*e+1/e^2		**5,57189894**	

7.3 Aufgaben

1. Berechnen Sie das Flächenstück, das von der Funktion $f(x) = \ln x + 2$, der x-Achse und den Geraden $x = 2$ und $x = 5$ eingeschlossen wird nach der Simpson Regel.

   (Lösung:loesungen/int1.xls)

2. Berechnen Sie das Flächenstück, das die Funktion $f(x) = -\sin x + 1$ mit der x-Achse einschließt für $x \in [\pi; 2\pi]$ einmal mit der Simpson Methode und einmal mit der Stammfunktion.

   (Lösung:loesungen/int2.xls)

3. Berechnen Sie das Flächenstück, das die Graphen von f und h sowie die Gerade mit der Gleichung x = 1 einschließen.

   $f(x) = \frac{1}{x(1-\ln x)}$; $F(x) = -ln(1 - \ln x)$; $h(x) = \frac{2}{x}$

   (Lösung:loesungen/int3.xls)

8 Komplexe Zahlen

Zur Berechnung und Darstellung komplexer Zahlen kann man auch Excel zu Hilfe nehmen.

8.1 Imaginäre Zahlen

Gleichungen der Form $x^2 = -9$ können in der Menge der reellen Zahlen nicht gelöst werden. Um eine Lösung für diese Gleichungen angeben zu können, hat man die Menge der komplexen Zahlen eingeführt. Alle komplexen Zahlen lassen sich als Summe einer reellen Zahl und einem Vielfachen von i (einer Imaginärzahl) darstellen: $z = a + bi$, wobei a und b reelle Zahlen sind. a heißt Realteil von z (oder kurz Re(z)) und b Imaginärteil von z (Im(z)).

Dabei wurde die sogenannte „Imaginäre Einheit" i von dem Schweizer Mathematiker Leonhard Euler folgendermaßen definiert: $i^2 = -1$

Die obige Gleichung hätte damit die Lösung:

$x_1 = +\sqrt{9}i = 3i$ und $x_2 = -\sqrt{9}i$.

Da es sich hier um eine rein quadratische Gleichung handelt, besteht die Lösung aus reinen imaginären Zahlen. Die Lösung einer gemischt quadratischen Gleichung besteht dann aus Real- und Imaginärteil, also aus komplexen Zahlen.

Beispiel

$4x^2 - 12x + 52 = 0$

Diese Gleichung muss mittels einer quadratischen Ergänzung umgeformt werden, so dass die dritte Binomische Formel angewendet werden kann. Anschließend wird auf beiden Seiten die Wurzel gezogen und die beiden Lösungen gebildet:

$x^2 - 12x + 52 = 0 \quad \Rightarrow$

$(x - 6)^2 = 36 - 52 = -16 \quad \Rightarrow$

$$x - 6 = \pm 4i \quad \Rightarrow$$

$$x_1 = 6 + 4i \quad x_2 = 6 - 4i$$

$$\mathbb{L} = \{6 + 4i; 6 - 4i\}$$

	A	B	C	D	E	F	G	H	I	J	K
1		**Gemischt quadratische Gleichung**									
2											
3		x^2	-	12	x	+	52	=	0		
4	(	x	-	6	$)^2$			=	36	-	52
5	(	x	-	6	$)^2$			=	-16		
6		x	-	6				=	+/- 4i		
7											
8		**x_1**	**=**	**6+4i**							
9		**x_2**	**=**	**6-4i**							

Abb. 8.1: Komplexe Lösung einer gemischt quadratischen Gleichung (source/-gemglkomplex.xls)

In Excel kann man für den Imaginärteil i oder j verwenden. Man schreibt also:

`z = a + bi` oder `z = a + bj`

Für manche Berechnungen braucht man die konjugiert komplexe Zahl, das ist die Gegenzahl zu einer komplexen Zahl. Diese findet man, indem man dem Imaginärteil das umgekehrte Vorzeichen voranstellt. Üblicherweise schreibt man die konjugiert komplexe Zahl als $z^* = a - bi$.

So ist die konjugiert komplexe Zahl zu $z = 3 + 2i$: $z^* = 3 - 2i$.

Betrachtet man die Lösungsmenge der gemischt quadratischen Gleichung aus Abbildung 8.1, so stellt man fest, dass auch die beiden Lösungen konjugiert komplex zueinander sind.

In Excel existiert eine einfache Formel für die konjugiert komplexe Zahl: `=IMKONJUGIERTE(z)`.

Das Ergebnis in Abbildung 8.2 kommt also durch die Formel `=IMKONJUGIERTE(B5)` zustande.

	A	B
1	**komplexe Zahlen**	
2		
3	**konjugiert komplexe**	
4		
5	**z**	3+2i
6		
7	**z***	3-2i

Abb. 8.2: Konjugiert Komplexe Zahl (source/komplex.xls)

8.2 Darstellung der komplexen Zahlen

Alle reellen Zahlen lassen sich als Punkte auf einer Zahlengerade darstellen (vgl. Abbildung 8.3)

Abb. 8.3: Zahlengerade

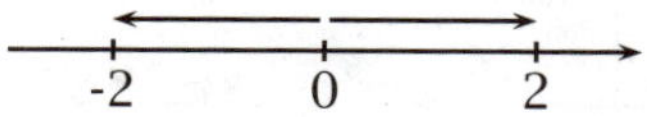

Bei komplexen Zahlen reicht eine Zahlengerade nicht mehr aus, man benötigt jetzt eine Zahlenebene. Der Realteil einer komplexen Zahl wird auf der waagrechten, der Imaginärteil auf der senkrechten Achse abgetragen (vgl. Abbildung 8.4).

Abb. 8.4: komplexe Zahlenebene

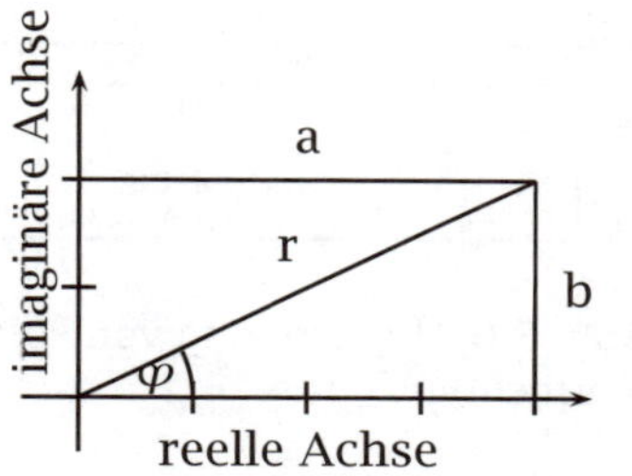

Der Abstand r einer Zahl z vom Ursprung 0 heißt Betrag von z, oder kurz |z|. Es gilt (nach Pythagoras):

$|z|^2 = (Re(z))^2 + (Im(z))^2$.

Beispiel: $|4 + 2i|^2 = 4^2 + 2^2 = 16 + 4 = 20$, also ist $|9 - 5i| = \sqrt{20} = 4,47$

Wenn man nur den Winkel φ (vgl. Abbildung 8.4) und den Betrag einer Zahl z kennt, kann man mit trigonometrischen Funktionen den Real- und den Imaginärteil von z ausrechnen:

$Re(z) = r \cdot \cos(\varphi); Im(z) = r \cdot \sin(\varphi)$

Also ist $z = r \cdot \cos(\varphi) + r \cdot sin(\varphi) \cdot i = r \cdot [\cos(\varphi) + i \cdot \sin(\varphi)]$.

Der Radius r = |z| und das Argument φ = arg(z) sind die Polarkoordinaten der komplexen Zahl z.

Diese Umrechnung lässt sich auch mit Excel realisieren.

Beispiel

Von einer komplexen Zahl ist bekannt: |z| = 8, $\varphi = 45°$. Gesucht sind Real- und Imaginärteil. Die Formeln für die Lösung in Excel zeigt Abbildung 8.5 auf der nächsten Seite.

	A	B	C	D	E
1	**Komplexe Zahlen**				
2					
3	r =	8	φ =	30	°
4					
5	Realteil:		Re(z)	=	=B3*COS(BOGENMASS(D3))
6	Imaginärteil:		Im(z)	=	=B3*SIN(BOGENMASS(D3))
7					
8			**z**	**=**	**6,93+4*i**

Abb. 8.5: Umrechnung von Polarkoordinaten (source/komplex1.xls)

Auch die umgekehrte Rechnung ist mit Excel möglich. Dazu benötigt man die Funktion =IMABS(z) für den Betrag r und =IMARGUMENT(z) für den Winkel. Ein Beispiel für die Anwendung dieser Umrechnung zeigen die Abbildungen 8.6 und 8.7.

	A	B	C	D
11	**z**	**=**	**3,2-4,1i**	
12				
13	r	=	=IMABS(C11)	
14	φ	=	=GRAD(IMARGUMENT(C11)) °	

Abb. 8.6: Umrechnung von Polarkoordinaten (Formeln)

	A	B	C	D
11	**z**	**=**	**3,2-4,1i**	
12				
13	r	=	5,201	
14	φ	=	-52,028	°

Abb. 8.7: Ergebnisse (source/komplex1.xls)

Um die komplexen Zahlen in Realteil und Imaginärteil zu zerlegen bedient man sich in Excel der Funktionen =IMREALTEIL für den Realteil und =IMAGINÄRTEIL für den Imaginärteil. Die Abbildungen 8.8 und 8.9 zeigen hierfür ein Beispiel.

	A	B	C	D	E
1	**Komplexe Zahlen**				
2					
3			**z**	**=**	**12+3i**
4					
5	Realteil:		Re(z)	=	=IMREALTEIL(E3)
6	Imaginärteil:		Im(z)	=	=IMAGINÄRTEIL(E3)

Abb. 8.8: Real- und Imaginärteil (Formeln)

	A	B	C	D	E
1	**Komplexe Zahlen**				
2					
3			**z**	**=**	**12+3i**
4					
5	Realteil:		Re(z)	=	12
6	Imaginärteil:		Im(z)	=	3

Abb. 8.9: Ergebnisse (source/komplex2.xls)

8.3 Grundrechenarten

Für die Addition, Subtraktion, Multiplikation und Division gibt es spezielle Formeln in Excel

- `=IMSUMME(z_1;z_2)` für die Addition
- `=IMSUB(z_1;z_2)` für die Subtraktion
- `=IMPRODUKT(z_1;z_2)` für die Multiplikation
- `=IMDIV(z_1;z_2)` für die Division.

Dabei wird bei der Division von komplexen Zahlen Dividend und Divisor mit der zum Divisor konjugiert komplexen Zahl erweitert. Dies hat den Vorteil, dass im Nenner nur noch reelle Zahlen vorkommen, weshalb dieses Vorgehen auch „Nenner reell machen" genannt wird.

8.3.1 Beispiele

$z_1 = 4 + 2i; z_2 = 1 - i$

1. Addition: $z_1 + z_2 = 5 - i$
2. Subtraktion: $z_1 - z_2 = 3 + 3i$
3. Multiplikation:
   $z_1 \cdot z_2 = (4 + 2i) \cdot (1 - i) =$
   $= 4 \cdot 1 - 4 \cdot i + 2i \cdot 1 - 2i \cdot i =$
   $= 4 - 2i + 2 = 6 - 2i$
4. Division:
   $z_1 \div z_2 = (4 + 2i) \div (1 - i) =$
   $= [(4 + 2i) \cdot (1 + i)] \div [(1 - i) \cdot (1 + i)]$
   $= (4 + 4i + 2i - 2) \div (1 + i - i + 1)$
   $= (2 + 6i) \div 2$
   $= 1 + 3i$

Die Abbildungen 8.10 und 8.11 auf der nächsten Seite zeigen einmal die Formeln für die Berechnungen dieser Aufgaben und einmal die Ergebnisse.

	A	B	C	D
1	**komplexe Zahlen**			
2				
3	**Grundrechenarten**			
4				
5	z1	4+2i		
6	z2	1-i		
7				
8	Addition	4+2i	1-i	=IMSUMME(B8;C8)
9	Subtraktion	4+2i	1-i	=IMSUB(B9;C9)
10	Multiplikation	4+2i	1-i	=IMPRODUKT(B10;C10)
11	Division	4+2i	1-i	=IMDIV(B11;C11)

Abb. 8.10: Grundrechenarten (Formeln)

	A	B	C	D
1	**komplexe Zahlen**			
2				
3	**Grundrechenarten**			
4				
5	z1	4+2i		
6	z2	1-i		
7				
8	Addition	4+2i	1-i	5+i
9	Subtraktion	4+2i	1-i	3+3i
10	Multiplikation	4+2i	1-i	6-2i
11	Division	4+2i	1-i	1+3i

Abb. 8.11: Ergebnisse (source/komplex2.xls)

8.4 Höhere Berechnungen mit komplexen Zahlen

Um aufwändigere Aufgaben berechnen zu können, braucht man weitere Berechnungsmöglichkeiten. Oft wird der Betrag der Zahl gebraucht, der sich als Wurzel aus der Summe der Quadrate des Realteils und Imaginärteils berechnet (vgl. Abschnitt 8.2 auf Seite 215). Excel hat hierfür die Formel `=IMABS(z)`.

Weitere Formeln gibt es:

- für die Wurzelberechnung:
  `=IMWURZEL(z)`,
- für den Sinus und Kosinus:
  `=IMSIN; =IMCOS`,
- für die e-Funktion und den natürlichen Logarithmus:
  `=IMEXP; =IMLN`,
- für die Potenzfunktion:
  `=IMAPOTENZ`

- und für die Logarithmusfunktionen zur Basis 2 und zur Basis 10
  `=IMLOG2; =IMLOG10`

Beispiel

Die aufgeführten Funktionen werden alle auf die komplexe Zahl z=9+4i angewandt. Abbildung 8.12 zeigt die Formeln, Abbildung 8.13 auf der nächsten Seite die Ergebnisse. Die Ergebnisse wurden absichtlich nicht gerundet, um zu zeigen, dass mit relativ einfachen Formeln regelrechte „Monsterzahlen“ entstehen können.

Abb. 8.12: höhere Funktionen (Formeln)

	A	B
1	**komplexe Zahlen**	
2		
3	**höhere Berechnungen**	
4		
5	**z**	9+4i
6		
7	**Betrag:**	=IMABS(B5)
8		
9	**Wurzel:**	=IMWURZEL(B5)
10		
11	**Sinus:**	=IMSIN(B5)
12		
13	**Kosinus:**	=IMCOS(B5)
14		
15	**Exponentialfunktion:**	=IMEXP(B5)
16		
17	**Natürl. Logarithmus:**	=IMLN(B5)
18		
19	**Potenz z^4:**	=IMAPOTENZ(B5;4)
20		
21	**Logarithmus Basis 2:**	=IMLOG2(B5)
22		
23	**Logarithmus Basis 10:**	=IMLOG10(B5)

Natürlich lassen sich alle angesprochenen Funktionen beliebig zu komplexen Aufgaben miteinander kombinieren.

	A	B	C	D	E
1	**komplexe Zahlen**				
2					
3	**höhere Berechnungen**				
4					
5	**z**	9+4i			
6					
7	**Betrag:**	9,849			
8					
9	**Wurzel:**	3,06992327280309+0,651482080258584i			
10					
11	**Sinus:**	11,2542275510083-24,8646694026302i			
12					
13	**Kosinus:**	-24,8813573354874-11,2466793376533i			
14					
15	**Exponentialfunktion:**	-5296,52911858211-6132,43413607862i			
16					
17	**Natürl. Logarithmus:**	2,28735548925169+0,418224329579229i			
18					
19	**Potenz z^4:**	-959+9360i			
20					
21	**Logarithmus Basis 2:**	3,29995642134754+0,603370166309503i			
22					
23	**Logarithmus Basis 10:**	0,993385867133122+0,181632518533946i			

Abb. 8.13: Ergebnisse (source/komplex2.xls)

8.5 Die Mandelbrot-Menge

Die Mandelbrot-Menge geht zurück auf den Mathematiker Benoit Mandelbrot. Besser bekannt ist die Mandelbrotmenge als „Apfelmännchen", diesen Namen erhielt sie aufgrund der Ähnlichkeit des Graphen mit einem Apfelmännchen.

8.5.1 Berechnung der Mandelbrot-Menge

Die Mandelbrot-Menge gehört zu den sog. Fliehzeit-Fraktalen (escape-time fractals). Jeder Punkt c=(x, y) der komplexen Zahlenebene wird in die Iterationsformel

$$z_{n+1} := z_n^2 + c$$

eingesetzt, wobei anfänglich $c = z_0 = 0$ gesetzt wird.

$z_1 = z_0^2 + z_0$
$z_2 = z_1^2 + z_0$
$z_3 = z_2^2 + z_0$
...

Die Berechnung nach obiger Formel wird nun für jedes c beliebig oft durchgeführt, es entsteht für jedes c eine Zahlenfolge z_0, z_1, z_2, usw. Nach jeder Iteration wird geprüft, ob sich z_{n+1} innerhalb eines bestimmten Radius um den Ursprung befindet, hier setzen wir den Radius gleich 2.

Wenn die Folge z_0, z_1, z_2, z_3, ... in einem Radius von 2 vom Ursprung bleibt, dann sagt man, dass der Punkt z_0 in der Mandelbrotmenge liegt. Divergiert die Folge dagegen, dann liegt der Punkt nicht in der Menge.

Auch mit Excel lassen sich Mandelbrot-Mengen berechnen und graphisch darstellen.

Dazu muss zunächst im Menü `Extras/Optionen/Berechnung` die Iteration mit der maximalen Iterationszahl 20 aktiviert werden. Vergisst man diese Einstellung, meldet Excel bei den benötigten Formeln einen Zirkelbezug-Fehler, da diese sich immer wieder auf sich selbst beziehen.

In die Zelle `J1` wird die Formel `=WENN(J1=20;1;J1+1)` eingetragen. Diese Zelle ist der Iterationszähler.

Dann werden nacheinander in Zeile 3 folgende Formeln eingetragen:

- `A3: =ZUFALLSZAHL()*3-2`
- `B3: =ZUFALLSZAHL()*3-2`
- `C3: =WENN($J$1=1;A3;C3^2-D3^2+A3)`
- `D3: =WENN($J$1=1;B3;2*C3*D3+B3)`
- `E3: =WURZEL(C3^2+D3^2)`
- `F3: =WENN(ISTFEHLER(E3);0;WENN(E3<2;A3;0))`
- `G3: =WENN(ISTFEHLER(E3);0;WENN(E3<2;B3;0))`

Diese Zeile muss dann bis ungefähr zur Zeile 5000 bis maximal Zeile 32000 kopiert werden.

In Spalte `A` und `B` werden per Zufall XY-Datenpunkte im Bereich $-2 < x$ und $y < 1$ ermittelt. Je mehr Datenpunkte ausgewertet werden, desto genauer kann die Mandelbrot-Menge angezeigt werden. In den Spalten `C` und `D` wird nach der oben beschriebenen Formel iteriert. Divergiert dort die Berechnung, erscheint ein Fehlerwert (`#ZAHL!`). Ist der Wert in Spalte `E` (Betrag der komplexen Zahl) nach der Iteration < 2, gehört die Koordinate zur Mandelbrotmenge und wird in die Spalten `F` und `G` übernommen.

Zur graphischen Darstellung wird ein Punkt(XY)-Diagramm mit den x-Werten aus Spalte `F` und den y-Werten aus Spalte `G` erzeugt.

Da es sich um eine verhältnismäßig große Datenmenge handelt, kann es je nach Rechnerleistung eine kleine Verzögerung geben, bis Excel das Diagramm anzeigt.

Abbildung 8.14 auf der nächsten Seite zeigt den obersten Teil der Berechnungstabelle, Abbildung 8.15 auf der nächsten Seite den Graphen. Dieses Beispiel wurde mit ungefähr 5600 Werten erstellt.

	A	B	C	D	E	F	G
1	**Mandelbrot-Menge**						
2							
3	0,66346934	-0,80999598	#ZAHL!	#ZAHL!	#ZAHL!	0	0
4	0,87333771	-0,31637927	#ZAHL!	#ZAHL!	#ZAHL!	0	0
5	0,47321673	0,09544912	0,42003529	0,50597615	0,65760285	0,47321673	0,09544912
6	-1,96017183	-0,21360307	#ZAHL!	#ZAHL!	#ZAHL!	0	0
7	-1,16176877	-1,09709728	#ZAHL!	#ZAHL!	#ZAHL!	0	0
8	-1,95841389	-0,94883988	#ZAHL!	#ZAHL!	#ZAHL!	0	0
9	-0,92252152	-0,4498367	0,07196334	-0,39323795	0,39976844	-0,92252152	-0,4498367
10	0,78771799	-1,18761825	#ZAHL!	#ZAHL!	#ZAHL!	0	0
11	0,0351172	-0,47998848	-0,16519623	-0,33134876	0,37024559	0,0351172	-0,47998848
12	-1,33287074	-1,48953037	#ZAHL!	#ZAHL!	#ZAHL!	0	0
13	-1,04373403	0,12209489	0,05309711	0,11037377	0,12248131	-1,04373403	0,12209489
14	-1,27214181	0,92929471	#ZAHL!	#ZAHL!	#ZAHL!	0	0
15	0,23736889	-0,16616848	0,20060145	-0,27750383	0,34241687	0,23736889	-0,16616848
16	-0,3066917	-0,38517566	-0,41779362	-0,08307487	0,42597294	-0,3066917	-0,38517566
17	-0,17613175	0,84403477	-0,60499689	0,03830391	0,60620824	-0,17613175	0,84403477
18	-0,10052998	-0,67097317	-0,44598543	-0,11451791	0,46045342	-0,10052998	-0,67097317
19	-1,99352411	-0,76629243	#ZAHL!	#ZAHL!	#ZAHL!	0	0
20	0,87603077	-0,86781445	#ZAHL!	#ZAHL!	#ZAHL!	0	0

Abb. 8.14: Berechnung der Mandelbrot-Menge (source/mandelbrot.xls)

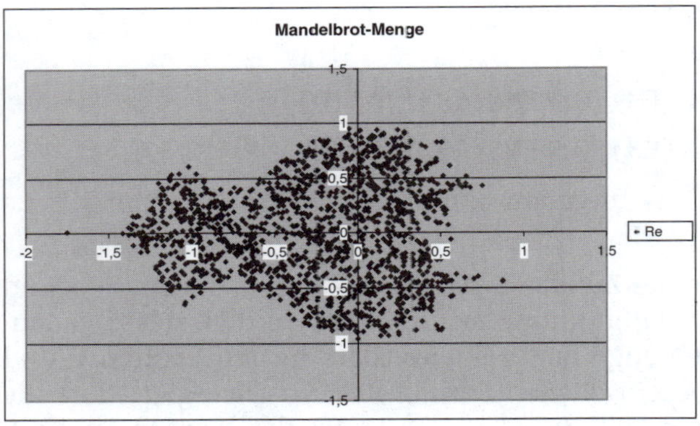

Abb. 8.15: Graph der Mandelbrot-Menge (Apfelmännchen)

Durch Betätigen der Taste F9 können die Zufallszahlen neu erstellt werden. Daraufhin wird das Apfelmännchen in leicht veränderter Form neu erzeugt.

8.6 Aufgaben

1. Rechnen Sie die angegebenen komplexen Zahlen in Polarkoordinaten um
   a) $z = 2,8 + 15i$
   b) $z = \frac{1}{2} - \frac{3}{4}i$
   c) $z = 394 - 31i$

   (Lösung: loesungen/komplex1.xls)
2. Geben Sie Real- und Imaginärteil der komplexen Zahlen an:
   a) $r = 3,652, arg(z) = 76°$
   b) $r = 32, arg(z) = -23,5°$
   c) $r = 0,3, arg(z) = 225°$

   (Lösung: loesungen/komplex2.xls)
3. Berechnen Sie:
   a) $\sqrt{(3,2 - 5i) - (8,8 + 3,5i)}$
   b) $(24 - 9i) \cdot (2 + 12i) + 7i$
   c) $(5,32 + 9,68i) \div (2 - 3i) + (1,32 - 7,41i) \cdot (9,15 - 7,32i)$

   (Lösung: loesungen/komplex3.xls)
4. Bestimmen Sie die Lösungsmenge der gemischt quadratischen Gleichungen:
   a) $2x^2 + 8x + 80 = 0$
   b) $4x^2 - 24x + 76 = 0$

   (Lösung: loesungen/komplex4.xls)

9 Statistik

Statistik und Excel ergänzen sich in idealer Weise. Excel kann die Unmengen von Daten, die bearbeitet werden müssen, mühelos bewältigen, es lässt Alternativen leicht erproben und bietet eine Vielzahl von Funktionen zur Auswertung statistischer Daten an.

9.1 Datenmanagement

Bei der Erfassung und Sortierung von Daten bildet Excel ein hervorragendes Hilfsmittel. Die Möglichkeiten, die Excel hierbei bietet, sollen an einem Beispiel erklärt werden. Nehmen wir eine Klasse von 36 Schülern, über die einige Daten erfasst wurden, die von der Verwaltung statistisch ausgewertet werden müssen.

9.1.1 Gestaltung

Um ein Tabellenblatt zu gestalten muss man vorher einiges überlegen. Was trägt man ein, wo trägt man es ein und wie trägt man es ein. Das fängt schon bei den Überschriften an.

Überschrift

Inhalt der Überschrift

Welche Überschrift gibt man der Spalte? Die Überschrift soll eindeutig aussagen, zu welchem Thema die Daten dieser Spalte gehören. Für manche Tabellen sind aber aussagekräftige Überschriften zu breit und man müsste sich Abkürzungen überlegen. Damit aber jeder weiß, was mit dieser Abkürzung gemeint ist, müsste man eine Abkürzungsliste anlegen, die immer jederzeit einzusehen ist. Doch das ist nicht immer möglich. (siehe Abbildung 9.1 auf der nächsten Seite)

	A	B	C	D	E
1	**Schülerliste**				
2					
3	Nachname	Vorname	Wohnort	Familienstand der Eltern	
4					
5	Portenlänger	Robert	München	getrennt	
6	Mayer	Sieglinde	Augsburg	verheiratet	

Abb. 9.1: Statistik (source/stat_datman1.xls)

Hier ist die Überschrift „Familienstand der Eltern" viel zu lang und würde damit eine Menge Platz für weitere Daten verschwenden. Excel bietet die Möglichkeit, die Überschrift in einer Zelle auf mehrere Zeilen zu verteilen, indem man einen `Umbruch` in der Überschriften-Zeile einschaltet. Dazu markiert man am Rand die Zeile, ruft das Menü `Format/Zellen` auf, wählt die Registerkarte `Ausrichtung` aus und markiert unter `Textsteuerung` `Zeilenumbruch` (vgl. Abbildung 9.3 auf der nächsten Seite). Geht man auf `OK` kann man die Spalten verkleinern und Excel verschiebt dann Teile der Überschrift in die zweite oder auch dritte Zeile. Dabei empfiehlt es sich, manchmal die Trennungszeichen (Spalte F) einzusetzen, sonst zerreisst Excel die Wörter so, dass sie unverständlich werden, wie Spalte E zeigt (siehe Abbildung 9.2).

	A	B	C	D	E	F
1	**Schülerliste**					
2						
3	Nachname	Vorname	Wohnort	Familienstand der Eltern	Familiens tander Eltern	Familien- stand der Eltern
4						
5	Portenlänger	Robert	München	getrennt		
6	Mayer	Sieglinde	Augsburg	verheiratet		

Abb. 9.2: Statistik (source/stat_datman2.xls)

Platzierung der Überschrift

Da man mit den Tabellen weiter arbeiten will also sortieren, gruppieren usw., empfiehlt es sich, zwischen Überschrift und Tabelle eine Zeile frei zu lassen, da Excel sonst die Überschrift in den Text mit einsortiert (siehe Abbildung 9.4 auf der nächsten Seite).

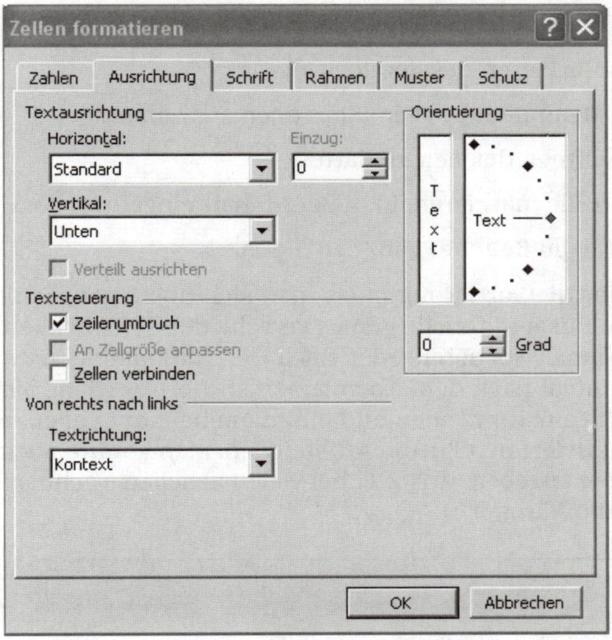

Abb. 9.3: Statistik (source/stat.xls)

	A	B
1	Schülerliste	
2	Mayer	Sieglinde
3	Nachname	Vorname
4	Portenlänger	Robert

Abb. 9.4: Sortieren falsch (source/stat_datman3.xls)

	A	B
1	Schülerliste	
2	Nachname	Vorname
3		
4	Mayer	Sieglinde
5	Portenlänger	Robert

Abb. 9.5: Statistik (source/stat_datman4.xls)

Ist eine Zeile frei, betrachtet Excel die Datenblöcke als separate Informationen und vermischt sie nicht.

9.1.2 Sortieren

Will man Daten sortieren, ist es manchmal ganz gut, wenn man die Datenliste im Originalzustand nicht überschreibt, sondern ein neues Tabellenblatt anlegt, in das man die Daten kopiert und bearbeitet. Dazu kopiert man die Ausgangsdaten von Tabelle 1 nach Tabelle 2 oder in ein neues

Verzeichnis nach dem üblichen Schema:

- Markieren des Bereichs
- Menü `Bearbeiten/Kopieren` auswählen
- Öffnen des neuen Blattes
- Zelle markieren, in die der Inhalt eingefügt werden soll
- Menü `Bearbeiten/Einfügen`.

Für die Sortierung muss man sich überlegen, wonach man sortieren will. In unserer Tabelle gibt es verschiedene Möglichkeiten. Man kann nach den Namen sortieren oder nach der Nationalität usw. Zuerst soll allerdings einmal nach dem Nachnamen sortiert werden. Dazu wählt man im Menü `Daten/Sortieren` und gibt dann bei `sortieren nach Spalte` A ein und aktiviert den Button Aufsteigend. Man könnte noch zusätzliche Sortierungen angeben, was z. B. bei vielen gleichen Nachnamen sinnvoll wäre (siehe Abbildung 9.6).

	A	B	C	D	E	F	G	H	I
1	Schülerliste								
2	Nachname	Vorname	Geschlecht	Nationalität	Unterbringung	Heimatort	Anfahrt	Alter	Wiederholer
3									
4	Birkova	Tamara	w	russisch	Heim	Moskau		16	
5	Dollinger	Angelika	w	deutsch	extern	München	S-Bahn	17	
6	Fuchs	Richard	m	deutsch	Heim	Augsburg		18	ja
7	Gruszynski	Olga	w	polnisch	Heim	Warschau		16	
8	Gugielmi	Giuseppe	m	spanisch	extern	München	Zug	17	ja
9	Guiness	Patrick	m	irisch	extern	München	S-Bahn	16	
10	Guletsas	Hristos	m	griechisch	Heim	Athen		18	
11	Gülogiu	Mehmet	m	türkisch	extern	München	zu Fuß	15	
12	Hrabik	Radovan	m	tschechisch	Heim	Prag		16	
13	Kallipolitou	Dimitriou	m	griechisch	extern	München	S-Bahn	16	
14	Kienzle	Franz	m	deutsch	Heim	Berlin		17	
15	Mayer	Maria	w	deutsch	extern	München	zu Fuß	18	ja
16	Messerer	Thomas	m	östereichisch	Heim	Wien		16	
17	Neugebauer	Sieglinde	w	deutsch	extern	München	S-Bahn	16	
18	Papavasiliou	Kiriakos	m	griechisch	Heim	Athen		16	
19	Pimiento	Isabella	w	spanisch	Heim	Valencia		17	
20	Pinheiro	Mario	m	portugiesisch	Heim	Porto		16	
21	Sato	Hikaru	m	japanisch	extern	München	Zug	18	
22	Selim	Engin	m	türkisch	Heim	Istanbul		17	
23	Smith	William	m	englisch	Heim	London		15	
24	Tester	Joachim	m	deutsch	Heim	Berlin		17	
25	Travniczek	Pavel	m	polnisch	Heim	Warschau		16	
26	Tüncan	Semra	w	türkisch	Heim	Istanbul		16	
27	Unterholzer	Christian	m	deutsch	Heim	Augsburg		16	
28	Uygun	Erdal	m	türkisch	extern	München	S-Bahn	18	
29	Vaccaro	Eleonora	w	italienisch	extern	München	S-Bahn	17	
30	Vamvakides	Pavlos	m	griechisch	Heim	Athen		16	
31	Vedova	Enrico	m	italienisch	Heim	Mailand		16	
32	Vinh	Sang	m	vietnamesisch	extern	München	zu Fuß	16	
33	Wagenbauer	Anna	w	deutsch	extern	München	S-Bahn	16	
34	Weiss	Andrea	w	deutsch	extern	München	S-Bahn	16	
35	Zhou	Rui	m	japanisch	extern	München	S-Bahn	16	
36	Ziegler	Elisabeth	w	deutsch	Heim	Berlin		16	
37	Zyganetidis	Ioannis	m	griechisch	Heim	Athen		17	

Abb. 9.6: Sortierte Schülerliste (source/stat_fil1.xls)

Filtern

Eine weitere schöne Fähigkeit von Excel ist, Daten mit gleichen Eigenschaften herausfiltern zu lassen. Werden zum Beispiel alle Heimkinder gesucht, muss man nur die Funktion `Filtern` aufrufen.

- Cursor in eine Zelle der gewünschten Auswahl, hier `Unterbringung`
- Menü `Daten` auswählen
- `Filtern` - `Autofilter` auswählen
- mit erscheinender Pfeiltaste Untermenü ausklappen
- gesuchtes Auswahlkriterium, hier `Heim` auswählen
- Bestätigen mit OK

so werden alle externen Schüler aus der Liste ausgeblendet und man erhält eine Zusammenfassung der gesuchten Daten (siehe Abbildung 9.7).

	A	B	C	D	E	F	G	H	I
1	Schülerlist								
2	Nachname	Vorname	Geschlecht	Nationalität	(Alle)	Wohnort	Anfahrt	Alter	Wiederholer
3					(Top 10...) (Benutzerdefinie				
4	Birkova	Tamara	w	russisch	extern	Moskau		16	
5	Dollinger	Angelika	w	deutsch	Heim	München	S-Bahn	17	
6	Fuchs	Richard	m	deutsch	Unterbringung	Augsburg		18	ja
7	Gruszynski	Olga	w	polnisch	(Leere) (Nichtleere)	Warschau		16	
8	Gugielmi	Giuseppe	m	spanisch	extern	München	Zug	17	ja
9	Guiness	Patrick	m	irisch	extern	München	S-Bahn	16	
10	Guletsas	Hristos	m	griechisch	Heim	Athen		18	
11	Gülogiu	Mehmet	m	türkisch	extern	München	zu Fuß	15	
12	Hrabik	Radovan	m	tschechisch	Heim	Prag		16	
13	Kallipolitou	Dimitriou	m	griechisch	extern	München	S-Bahn	16	
14	Kienzle	Franz	m	deutsch	Heim	Berlin		17	
15	Mayer	Maria	w	deutsch	extern	München	zu Fuß	18	ja
16	Messerer	Thomas	m	östereichisch	Heim	Wien		16	
17	Neugebauer	Sieglinde	w	deutsch	extern	München	S-Bahn	16	
18	Papavasiliou	Kiriakos	m	griechisch	Heim	Athen		16	
19	Pimiento	Isabella	w	spanisch	Heim	Valencia		17	
20	Pinheiro	Mario	m	portugiesisch	Heim	Porto		16	
21	Sato	Hikaru	m	japanisch	extern	München	Zug	18	
22	Selim	Engin	m	türkisch	Heim	Istanbul		17	
23	Smith	William	m	englisch	Heim	London		15	
24	Tester	Joachim	m	deutsch	Heim	Berlin		17	
25	Travniczek	Pavel	m	polnisch	Heim	Warschau		16	
26	Tüncan	Semra	w	türkisch	Heim	Istanbul		16	
27	Unterholzer	Christian	m	deutsch	Heim	Augsburg		16	
28	Uygun	Erdal	m	türkisch	extern	München	S-Bahn	18	
29	Vaccaro	Eleonora	w	italienisch	extern	München	S-Bahn	17	
30	Vamvakides	Pavlos	m	griechisch	Heim	Athen		16	
31	Vedova	Enrico	m	italienisch	Heim	Mailand		16	

Abb. 9.7: Statistik (source/stat_fil2a.xls)

Will man zusätzlich noch herausfinden, wer mehr als zwei aber weniger als 6 Geschwister hat, da sich die Bezahlung des Wohnheims danach richtet, gibt es eine weitere Excel-Funktion, mit der man schnell zum Ziel kommt. Man ruft in der Spalte mit der Anzahl der Geschwister die Filterfunktion wie vorher auf und klickt auf `Benutzerdefiniert`. Es erscheint ein Fragefeld mit `Zellen anzeigen` mit zwei Feldern mit Vergleichsmöglichkeiten, hier wurde im ersten Feld `ist größer als` und in dem zweiten Feld darunter wurde `ist kleiner als` ausgewählt. Außerdem gibt es noch zwei Felder, in denen man Zahlen auswählen kann. Zusätzlich kann noch zwischen den Verbindungszeichen `und` und `oder` entschieden werden. Beendet wird auch hier wieder mit `OK` Auf dem Bildschirm erscheinen jetzt nur noch die Schüler, die diese Kriterien erfüllen (siehe Abbildung 9.8).

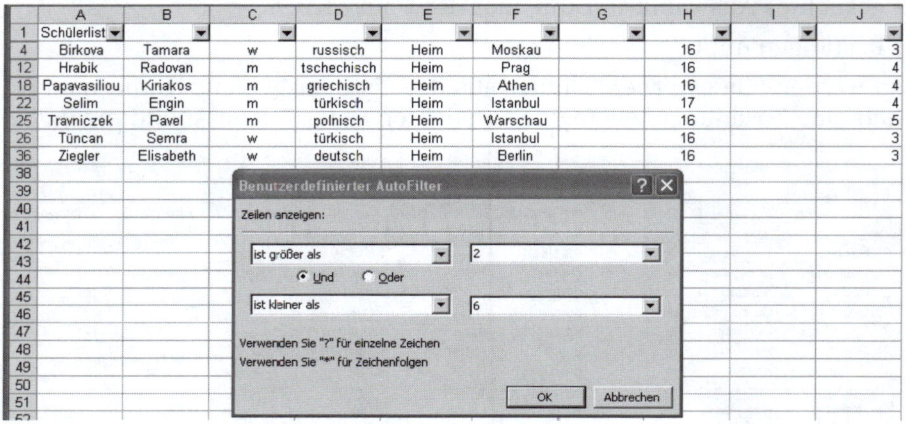

Abb. 9.8: Statistik (source/stat_fil2.xls)

9.1.3 Gruppieren

Minimale und maximale Werte

Weitere Untersuchungsfunktionen für Datenmengen numerischer Werte sind die `MAX()` und `MIN()`-Funktion. Hier sollte das maximale und das minimale Alter der Schüler der Klasse herausgefunden werden. Über `Einfügen/Funktion` wählt man aus der Fülle der Funktionen `MIN` und `MAX` aus. In den erscheinenden Fenstern muss man jeweils die Reihe der Daten angeben, unter denen ausgewählt werden soll (siehe Abbildung 9.9 auf der nächsten Seite).

	A	B	C	D	E	F	G
1	Schülerliste						
2	Nachname	Vorname	Nationalität	Unterbringung	Alter		
3						Min Alter	15
4	Birkova	Tamara	russisch	Heim	16	Max Alter	18
5	Dollinger	Angelika	deutsch	extern	17		
6	Fuchs	Richard	deutsch	Heim	18		
7	Gruszynski	Olga	polnisch	Heim	16		
8	Gugielmi	Giuseppe	spanisch	extern	17		
9	Guiness	Patrick	irisch	extern	16		
10	Guletsas	Hristos	griechisch	Heim	18		
11	Gülogiu	Mehmet	türkisch	extern	15		

Abb. 9.9: Minimum und Maximum (Tabellen-Ausschnitt) (source/stat_min.xls)

9.1.4 Häufigkeit

Dabei muss man unterscheiden, ob die Daten als Text oder Zahl vorliegen. Betrachten wir erst einmal ein Beispiel mit Zahlen, die Notenverteilung einer Schulaufgabe. Dazu gibt es in Excel die Funktion `Häufigkeit`.

- Ergänzen der Notenliste um zwei Spalten mit den Überschriften `Noten` in Zelle `E2` und `Häufigkeit` in Zelle `F2`
- Eintragen der Notenstufen im Bereich `E4:E9`
- Markieren des Zellenbereichs `F4:F9`
- Aufrufen des Menüs `Einfügen-Funktion`
- darin Aufrufen der Kategorie `Statistik`
- Auswahl der Funktion `Häufigkeit`
- Bestätigen mit `OK`
- In Dialogbox `Funktionsargumente` in das Feld `Daten` den Bereich der erzielten Noten `C4:C37` eingeben und in das Feld `Klassen` den Bereich `E4:E9` der möglichen Notenstufen.
- Bestätigen mit `OK`
- Bereich `F4:F9` markieren
- Cursor in Befehlszeile an das Ende der Formel setzten
- Abschließen mit der Tastenkombination `Strg-Shift-Return` gleichzeitig.

Nun hat man alle absoluten Häufigkeiten eingetragen. Will man die prozentuale Häufigkeit (relative Häufigkeit), kann man sich diese wieder mit Excel berechnen lassen. Es muss eine neue Spalte `relative Häufigkeit` angelegt werden. Hier in G. Die Summe der Häufigkeiten wird als Divisor benötigt, deshalb wird in Zelle F10 die Summe mit dem Summenzeichen und übersteichen des Bereiches F9:F4 berechnet. In Zelle G4 wird nun die relative Häufigkeit mit der Formel =F4/$F$10*100% angegeben. Hierbei kann man in der Symbolleiste das Prozentzeichen anklicken und das Ergebnis in einer übersichtlicheren Form darstellen. Das Ergebnis kann man durch Herunterziehen des Cursors auf die restlichen Werte übertragen (siehe Abbildung 9.10).

	A	B	C	D	E	F	G
1	**Schülerliste**						
2	Nachname	Vorname	Noten		Noten	Häufigkeit	Häufigkeit
3						absolut	relativ
4	Birkova	Tamara	1		1	4	12%
5	Dollinger	Angelika	3		2	7	21%
6	Fuchs	Richard	4		3	9	26%
7	Gruszynski	Olga	2		4	7	21%
8	Gugielmi	Giuseppe	5		5	5	15%
9	Guiness	Patrick	6		6	2	6%
10	Guletsas	Hristos	2			34	100%

Abb. 9.10: Häufigkeit (Tabellenausschnitt) (source/stat_haeuf.xls)

Ein bißchen aufwändiger ist die Häufigkeitsermittlung, wenn man statt Zahlen Begriffe vorliegen hat. Dies soll an dem Beispiel der Häufigkeitsverteilung der Nationalität in unserer Klasse durchgeführt werden. Jetzt muss man als erstes nach Nationalitäten sortieren lassen. In Spalte E sind die verschiedenen Nationen untereinander eintragen. Setzt man den Cursor jetzt in Spalte F neben eine Nation und ruft man über Einfügen-Funktion Anzahl(2) auf, und gibt in dem erscheinenden Fenster bei Wert1 den Bereich an, in dem diese Nation steht, hier C2:C11 für deutsch, erhält man die Anzahl der Deutschen in dieser Klasse und damit die absolute Häufigkeit dieser Nation. Das muss man jetzt für alle Nationen durchführen und erhält damit die gesuchte Häufigkeitsverteilung. Die relative Häufigkeit berechnet man wie beim vorigen Beispiel (siehe Abbildung 9.11 auf der nächsten Seite).

Abb. 9.11: Häufigkeit (source/-stat_haeuf.xls)

	A	B	C	D	E
1					Häufigkeit
2	Dollinger	Angelika	deutsch	deutsch	10
3	Fuchs	Richard	deutsch	englisch	1
4	Kienzle	Franz	deutsch	griechisch	5
5	Mayer	Maria	deutsch	irisch	1
6	Neugebauer	Sieglinde	deutsch	italienisch	2
7	Tester	Joachim	deutsch	japanisch	2
8	Unterholzer	Christian	deutsch	östereichisch	1
9	Wagenbauer	Anna	deutsch	polnisch	2
10	Weiss	Andrea	deutsch	portugiesisch	1
11	Ziegler	Elisabeth	deutsch	russisch	1
12	Smith	William	englisch	spanisch	2
13	Guletsas	Hristos	griechisch	tschechisch	1
14	Kallipolitou	Dimitriou	griechisch	türkisch	4
15	Papavasiliou	Kiriakos	griechisch	vietnamesisch	1
16	Vamvakides	Pavlos	griechisch		34

9.1.5 Kumulation

Unter Kumulation versteht man die Aufaddierung der relativen Häufigkeiten, d. h. zu jeder vorhergehenden Summe der Häufigkeiten wird die nächste Häufigkeit addiert. Dazu erstellt man eine neue Spalte `Kumulation` und beginnt mit Zelle `D3` mit =`C3` und fügt in der nächsten Zeile in Zelle `D4` den Wert der relativen Häufigkeit dieser Zeile zu der vorigen hinzu mit $=D3 + C4$ (siehe Abbildung 9.12 auf der nächsten Seite).

Die Kumulation kann natürlich auch mit absoluten Haufigkeiten durchgeführt werden.

	A	B	C	D	E
1					
2	Nationalität	Häufigkeit	relative Häuf.	rel.Kumulation	abs.Kumultion
3	deutsch	10	29%	29%	10
4	englisch	1	3%	32%	11
5	griechisch	5	15%	47%	16
6	irisch	1	3%	50%	17
7	italienisch	2	6%	56%	19
8	japanisch	2	6%	62%	21
9	östereichisch	1	3%	65%	22
10	polnisch	2	6%	71%	24
11	portugiesisch	1	3%	74%	25
12	russisch	1	3%	76%	26
13	spanisch	2	6%	82%	28
14	tschechisch	1	3%	85%	29
15	türkisch	4	12%	97%	33
16	vietnamesisch	1	3%	100%	34
17		34	100%		

Abb. 9.12: Statistik (source/stat_mittel.xls)

9.2 Rechengrundlagen

9.2.1 Mittelwerte

Da es in der Statistik oft um Tendenzen geht und nicht so sehr um genaue Berechnungen spielt der Mittelwert (Durchschnittswert) in der Statistik eine große Rolle. Man reduziert die riesige Anzahl von Daten auf einen angenäherten Wert. Dabei unterscheidet man zwischen dem arithmetischen Mittel, dem Median, dem Modus und dem geometrischen Mittel.

arithmetisches Mittel

Dies ist wohl der am meisten verwendete Mittelwert. Er lässt sich sehr leicht berechnen, es gilt:

$$\text{Arithmetisches Mittel} = \frac{\text{Summe aller Werte}}{\text{Anzahl der Werte}}$$

In unserem Beispiel lässt sich damit der Durchschnitt der Noten berechnen. In Excel kann man das, indem man jede Note mit ihrer Häufigkeit multipliziert, aufsummiert und dann durch die Anzahl der Schüler teilt, oder man ruft die Funktion Mittelwert auf. Dazu geht man wieder über das Menü Einfügen- Funktionen-Statistik und wählt hier die Funktion MITTELWERT aus. Im erscheinenden Dialogfenster trägt man bei Zahl1 die Zellen der Noten hier C4:C37 ein, und bestätigt mit OK. Der Durchschnittswert erscheint sofort, hier in Zelle C16 (siehe Abbildung 9.13).

Abb. 9.13: Mittelwerte (Ausschnitt) (source/-stat_mittel.xls)

	A	B	C	D	E	F
1	**Schülerliste**					
2	Nachname	Vorname	Noten		Mittelwert	
3					arith. Mittel	
4	Birkova	Tamara	1		3,235294118	
5	Kallipolitou	Dimitriou	1			
6	Unterholzer	Christian	1		Median	
7	Zyganetidis	Ioannis	1		3	
8	Gruszynski	Olga	2			
9	Guletsas	Hristos	2		Modus	
10	Mayer	Maria	2		3	

Median

Der Median stellt den Mittelwert der Lage dar, d.h. er sucht den Wert, der sich genau in der Mitte der Liste befindet. Dazu muss man die Werte erst in aufsteigender Reihenfolge sortiert haben. In unserem Beispiel wurde die Schülerliste jetzt nach den Noten sortiert und dann die Funktion Median aufgerufen. Über Einfügen-Funktionen- Statistik gelangt man zur Funktion Median, die man mit OK aufruft. Im Dialogfenster trägt man unter Zahl1 wieder die Noten also C4:C37 ein. Der Rechner ermittelt 3 als Median (siehe Abbildung 9.13).

Modus

Der Modus bestimmt den am häufigsten vorkommenden Wert. In Excel gibt es wieder eine Funktion dafür. Auf dem gleichen Weg wie bisher ruft man die Statistischen Funktionen auf und wählt Modalwert aus. Im Dialogfenster gibt man die zu untersuchenden Zahlen ein, hier wieder C4:C37 und erhält die damit am häufigsten vorkommende Note: 3 (siehe Abbildung 9.13).

Die drei Werte Mittelwert, Median und Modalwert können sehr wohl voneinander abweichen, wie man in diesem Beispiel sieht.

geometrisches Mittel

Um dieses zu ermitteln müssen alle Werte miteinander multipliziert werden und aus diesem Produkt die n-te Wurzel gezogen werden, mit n ist gleich Anzahl der Werte. Es wird zur Ermittlung des Mittelwertes bei Zuwachsfunktionen benötigt. In Excel geht das natürlich wieder über eine Funktion. Ein Kaufmann hat über seine Umsätze Buch geführt und möchte nun wissen, wie hoch sein Umsatz in 3 Jahren sein könnte, wenn sich das Geschäft gleichbleibend weiterentwickelt. Die Umsätze der letzten Jahre von 1990 bis 2002 wurden in den Zellen `B2:B15` eingetragen und die jährliche Steigerung in Prozent in der Zelle `C3` berechnet mit `B4/B3` und in die anderen Zellen übertragen. Mit der Funktion `GEOMITTEL`(siehe oben) wird dann der durchschnittliche Zuwachs in Prozent berechnet. Rechnet man dann noch mit der Formel `B15*((100+E4)/100)∧3`, die normale Wachstumsformel, hoch erhält man den geschätzten Wert für das Jahr 2005 (siehe Abbildung 9.14).

	A	B	C	D	E	F
1			geometrisches Mittel			
2	Jahr	Umsatz	Änderung			
3	1990	80			Geometrisches Mittel:	
4	1991	75	94%		104%	
5	1992	90	120%			
6	1993	92	102%		Voraussage für 2005	
7	1994	95	103%		131,0008915	
8	1995	88	93%			
9	1996	97	110%			
10	1997	103	106%			
11	1998	99	96%			
12	1999	101	102%			
13	2000	120	119%			
14	2001	125	104%			
15	2002	127	102%			

Abb. 9.14: geometrisches Mittel (source/-stat_mittel2.xls)

9.2.2 Abweichung

Spannweite

Die Spannweite ist die Differenz zwischen dem maximalen Wert und dem minimalen Wert einer Datenreihe.

$$R = x_{max} - x_{min}$$

Als Beispiel soll hier das Durchschnittseinkommen von Verkäuferinnen in verschiedenen Geschäften betrachtet werden. Die verschiedenen Einkommen werden nach Geschäft in Spalte B eingetragen und das maximale und minimale Einkommen bestimmt. Die Differenz der beiden Werte ergibt dann die Spannweite. (siehe Abbildung 9.15).

Abb. 9.15: Spannweite (source/stat_abw1.xls)

	A	B
1	**Abweichung**	
2		
3	Geschäft	monatl Eink.
4	A	1900
5	B	1850
6	C	1920
7	D	1870
8	E	1200
9	F	1350
10	Maximum	1920
11	Minimum	1200
12	Spannweite	720
13		
14	Mittelwert	1681,66667

mittlere Abweichung

Unter der mittleren Abweichung, versteht man das arithmetische Mittel der Abweichungen.

$$\delta = \frac{1}{n} \cdot \sum |x_i - \mu|$$

In Excel gibt es dafür wieder eine Funktion `MITTELABW`, die hier in Zelle `C13` mit der Formel`=MITTELABW(B4:B9)` berechnet wurde. (siehe Abbildung 9.16 auf der nächsten Seite).

	A	B	C
1	**Abweichung**		
2			
3	Geschäft	monatl Eink.	
4	A	1900	
5	B	1850	
6	C	1920	
7	D	1870	
8	E	1200	
9	F	1350	
10	Mittelwert	1681,66667	
11			
12	mitlere Abweichung		271,1111111
13	Varianz		102056,6667
14	Standardabweichung		319,4630912

Abb. 9.16: Abweichungen (source/stat_abw2.xls)

Varianz

Varianz ist das arithmetische Mittel der Quadrate der Abweichung der Einzelwerte vom arithmetischen Mittel.

$$\mathrm{Var}(X) = \sum_i (x_i - \mu)^2 \cdot P(x_i)$$

Die Funktion ruft man mit dem Befehl `Varianz` in Zelle `C13` auf und überstreicht hier den Bereich `B4:B9` (siehe Abbildung 9.16).

Standardabweichung

Die Standardabweichung ist die Wurzel aus der Varianz und bringt die Werte wieder in einen realistischen Bereich.

$$\sigma = \sqrt{\mathrm{Var}(X)}$$

Die Funktion für die Standardabweichung heißt in Excel `STABW`. In unserem Beispiel muss auch hier der gleiche Bereich angegeben werden. (siehe Abbildung 9.16).

9.3 Kombinatorik

Mit den Verfahren der Kombinatorik kann man ermitteln, wie und auf wieviele Arten man eine gegebene Anzahl von Elementen anordnen und zusammenfassen kann. Dabei unterscheidet man drei Fälle:

1. Muss man die Reihenfolge in der Anordnung beachten und verändert sich nach dem ersten Versuch die Anzahl der Elemente in der Versuchsanordnung (Reihenfolge - ohne Zurücklegen)
2. Muss man die Reihenfolge beachten und verändert sich die Anzahl der Element nicht (Reihenfolge - mit Zurücklegen)
3. Muss man die Reihenfolge nicht beachten und ändert sich die Anzahl der Elemente (ohne Reihenfolge - ohne Zurücklegen)

Muss die Reihenfolge beachtet werden, handelt es sich um eine Permutation, muss die Reihenfolge nicht berücksichtigt werden handelt es sich um eine Kombination.

9.3.1 Permutation

Die Permutation von n unterschiedlichen Elementen ist die Anordnung dieser Elemente in unterschiedlicher Reihenfolge.

Beispiele

1. Auf wieviele verschiedene Arten können 7 Schüler nebeneinander sitzen. Alle Elemente sind verschieden, es ist nur die Reihenfolge veränderlich. (Reihenfolge - ohne zurücklegen) Wie leicht herauszufinden ist können sie auf 7! verschiedene Arten nebeneinander angeordnet werden. allgemein gilt in einem solchen Fall $P(n) = n!$ Die Zahl kann in Excel mit der FAKULTÄT- Funktion berechnet werden. Dazu ruft man `Einfügen Funktion` auf, und sucht unter der Kategorie `Math. & Trigonometrie` die Funktion FAKULTÄT aus. Gibt man das Argument der Funktion ein, hier C3 oder 7, erhält man das Ergebnis, hier in Zelle C5 Die Schüler können also auf 5.040 veschiedene Arten nebeneinander sitzen (siehe Abbildung 9.17).

Abb. 9.17: Statistik (source/stat_per1.xls)

	A	B	C
1	**Permutation (n)**		
2			
3	Anzahl der Schüler n		7
4			
5	Permutation		5040
6	Formel		**n!**

2. Es soll eine Kette entworfen werden, die aus 20 unterschiedlichen Kugeln bestehen soll. Zur Auswahl stehen 100 verschiedene Kugeln. Wieviele Ketten könnten daraus designt werden? (Reihenfolge - ohne Zurücklegen) Aus n verschiedenen Elementen sollen k verschiedene

ausgewählt werden. Die Lösung ist allgemein $P_k(n) = \frac{n!}{(n-k)!}$. Hier gilt n ist die Anzahl der Kugeln in der zur Verfügung stehenden Kiste k ist die Anzahl der herausgenommenen Kugeln. In Excel gibt es dafür die Funktion `VARIATIONEN(n;k)`. Damit lautet die Berechnungsformel in Excel : `=FAKULTÄT(B3)/FAKULTÄT(B3-B4)` oder `VARIATIONEN(B3;B4)` Es ergeben sich also $1,304 \cdot 10^{39}$ verschiedene Möglichkeiten (siehe Abbildung 9.18).

	A	B
1	**Permutation**	
2		
3	n	100
4	k	20
5	Permutation	1,304E+39
6	Formel	**n!**
7		**(n-k)!**
8		
9	Variationen	1,304E+39

Abb. 9.18: Statistik (source/stat_per2.xls)

3. Nun sollen 30 Perlen, teilweise auch gleichfarbig, zu einer Kette aufgefädelt werden, Es gibt 5 türkisfarbene, 7 rote, 3 weiße, 9 blaue, 4 schwarze und 2 gelbe. Wieviele verschiedene Ketten mit verschiedener Farbenfolge könnten daraus gebildet werden? (Reihenfolge - ohne Zurücklegen) n Perlen, $k_1 = 5, k_2 = 7, k_3 = 3, k_4 = 9, k_5 = 4$ und $k_6 = 2$ allgemein gilt:

   $$P_{k_1,k_2,k_3,k_4,k_5,k_6}(n) = \frac{n!}{k_1! \cdot k_2! \cdot k_3! \cdot k_4! \cdot k_5! \cdot k_6!}$$

   In Excel wird dieses Problem mit der Formel:

   `=FAKULTÄT(B3)/(FAKULTÄT(B4)*FAKULTÄT(B5)*...*FAKULTÄT(B9))`

   gelöst. Es gibt immer noch $4,19655 \cdot 10^{18}$ Möglichkeiten (siehe Abbildung 9.19 auf der nächsten Seite).

4. Als letztes soll aus einer Kiste mit 30 verschiedenfarbigen Perlen eine Kette aus 15 Perlen mit unterschiedlicher Farbfolge kreiert werden, wobei jede entnommene Perle sofort wieder ersetzt wird Wieviele verschiedene Ketten wären möglich? (Reihenfolge - mit zurücklegen) Aus n Elementen wird eine Gruppe von k Elementen gebildet.

Abb. 9.19: Statistik (source/stat_per3.xls)

	A	B	C
1	**Permutation**		
2			
3	n	30	
4	k_1	5	
5	k_2	7	
6	k_3	3	
7	k_4	9	
8	k_5	4	
9	k_6	2	
10	Permutation	4,19655E+18	
11	Formel	**n!**	
12		**$k_1!*k_2!*k_3!*k_4!*k_5!*k_6!$**	

Lösung allgemein : $P_k(n) = n^k$.
Die Berechnung in Excel lautet: $P_k(n)$ = B3∧B4.
Es ergeben sich $1,4349 \cdot 10^{22}$ Möglichkeiten (siehe Abbildung 9.20).

Abb. 9.20: Statistik (source/stat_per4.xls)

	A	B
1	**Permutation**	
2		
3	n	30
4	k	15
5	Permutation	1,4349E+22
6	Formel	**n^k**

9.3.2 Kombination

Wie schon gesagt spielt bei der Kombination die Reihenfolge keine Rolle. Wenden wir das auf unser Beispiel mit der Kette an, so würde hier die Frage lauten: Wie viele verschiedene Ketten mit 10 Perlen können aus 50 verschiedenfarbigen Perlen entworfen werden, wenn nur die Farben als Unterscheidungsmerkmal gelten? (ohne Reihenfolge - ohne Zurücklegen) Aus n Elementen werden k entnommen. Die Formel lautet:

$$P_k(n) = \frac{n!}{k! \cdot (n-k)!} = \binom{i}{k}$$

In Excel kann man dafür die Funktion KOMBINATIONEN benutzen oder man gibt den Bruch ein mit

FAKULTÄT(B3)/(FAKULTÄT(B4)*FAKULTÄT(B3-B4)).

Hier wurde sie in Zelle B5 mit der Formel KOMBINATIONEN(n;k) berechnet. Es ergeben sich 1.027.278.170 Möglichkeiten. Das bekannteste Beispiel für diesen Fall ist die Ziehung der Lottozahlen. Wieviele Möglichkeiten gibt es, aus 49 Zahlen 6 verschiedene zu ziehen? Man müsste also 13.983.816 verschiedene Tippscheine mit verschiedenen Zahlenkombinationen ausfüllen, um garantiert einen Sechser im Lotto zu haben (vgl. Abbildung 9.21).

	A	B	C
1	**Kombination**		
2			Lotto
3	n	50	49
4	k	10	6
5	Kombination	10272278170	13983816
6	Formel	**n!**	
7		**k!*(n-k)!**	

Abb. 9.21: Statistik (source/stat_per5.xls)

9.4 Wahrscheinlichkeit

Die Wahrscheinlichkeitsrechnung arbeitet mit Ereignissen, die vom Zufall abhängen, deren Ausgang man vorher nicht kennt.

9.4.1 Laplace-Wahrscheinlichkeit

Mit der Laplace-Wahrscheinlichkeit kann man berechnen, wie groß die Chance ist, dass bei einem Experiment ein bestimmtes Ereignis auftritt.

Dazu führt man Experimente durch, die unter denselben Bedingungen beliebig oft wiederholbar und bei denen jedes Ergebnis gleich wahrscheinlich ist. Beispiele sind unter anderem Münzwurf, Ziehen einer Kugel aus einer Urne oder das Würfelspiel.

☞ **Laplace-Wahrscheinlichkeit**

Bei einem Laplace-Experiment gilt für die Wahrscheinlichkeit eines Ereignisses A

$$P(A) = \frac{|A|}{|\Omega|} \quad \text{mit} \quad P(\omega) = \frac{1}{|\Omega|}$$

Wobei $|\Omega|$ die Anzahl der möglichen Ergebnisse ist, $|A|$ die Anzahl aller Ergebnisse von A und P(ω) die Wahrscheinlichkeit für jedes Elementarereignis.

Beispiel

Werfen eines Würfels:
Alle Augenzahlen sind gleich wahrscheinlich $\Longrightarrow |\Omega| = 6$.
Berechnen Sie die Wahrscheinlichkeit,

1. eine Quadratzahl zu werfen!
   Lösung:
   Quadratzahlen sind 1 und 4 $\Longrightarrow |A| = 2$
   $P(A) = \frac{|A|}{|\Omega|} = \frac{2}{6} = \frac{1}{3}$
2. keine 4 zu werfen!
   Lösung:
   Zahlen außer 4 sind 1;2;3;5;6 $\Longrightarrow |A| = 5$
   $P(A) = \frac{5}{6}$

9.4.2 Zusammengesetzte Wahrscheinlichkeiten

Meistens interessiert die Wahrscheinlichkeit aus Kombinationen von Ereignissen, dabei muss man zwischen Unvereinbarkeit und Unabhängigkeit unterscheiden. Bei unvereinbaren Ereignissen gilt:
$P(A \cup B) = P(A) + P(B)$

Bei unabhängigen gilt:
$P(A \cap B) = P(A) \cdot P(B)$

9.4.3 Bernoulli-Kette

Beim Bernoulli-Experiment interessiert man sich nur dafür, ob ein Ereignis A eintritt oder nicht.

☞ **Bernoulli-Kette**

Die Wahrscheinlichkeit für k Treffer in einer Bernoulli-Kette der Länge n lässt sich mit der Formel

$$B(n;p;k) = \binom{n}{k} p^k q^{n-k} (k \in \{0, 1, ..., n\})$$

berechnen.

Dabei gilt:

n	Anzahl der Experimente
k	Trefferanzahl
p	Trefferwahrscheinlichkeit
$\binom{n}{k}$	Platzverteilung
p^k	Treffer
$(1-q)^{n-k}$	Nieten

Diese Wahrscheinlichkeitsverteilung nennt man Binomialverteilung Zur Berechnung der Binomialverteilung gibt es in Excel wieder eine Funktion, BINOMVERT.

Beispiele

Mit welcher Wahrscheinlichkeit erhält man bei einem Würfelspiel mit 15 Würfen genau zwei Sechser?

Lösung:

$p = \frac{1}{6}; \binom{n}{k} = \binom{15}{2}; (1-p) = \frac{5}{6}$ und $n - k = 13$

Formel:

$P(2) = \binom{15}{2} \cdot (\frac{1}{6})^2 \cdot (\frac{5}{6})^{13} = 27\%$

oder mit Excel

n = 15; k = 2; p = $\frac{1}{6}$

Die verschiedenen Werte müssen in verschiedene Zellen eingetragen werden und dann die Funktion BINOMVERT aufgerufen werden. Es erscheint ein Dialogfenster, das die Werte n;k und p abfragt. Trägt man diese ein und gibt für kumuliert 0 ein, erhält man als Ergebnis eine Trefferwahrscheinlichkeit von 27% (siehe Abbildungen 9.22 und 9.23 auf der nächsten Seite).

Zur Statistik und Wahrscheinlichkeitsrechnung gäbe es noch viel zu sagen, allerdings muss dies hier leider aus Platzgründen unterbleiben.

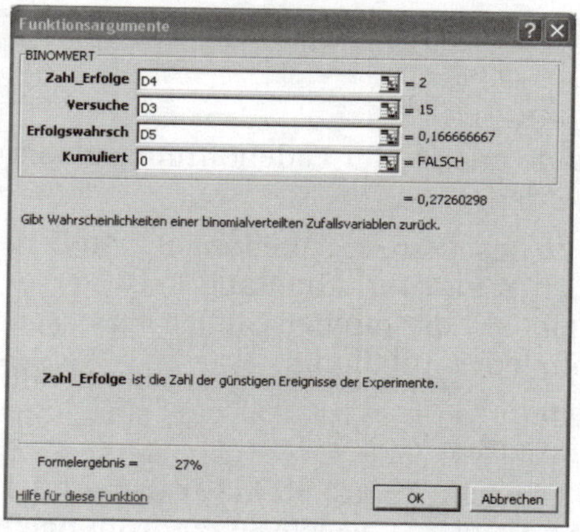

Abb. 9.22: Eingabefenster der Funktion BINOMVERT

	A	B	C	D
1	**Bernoulli-Kette**			
2				
3	Anzahl der Versuche		n	15
4	Zahl der Treffer		k	2
5	Einzelwahrscheinlichkeit		p	0,16666667
6				
7	Wahrscheinlichkeit		P	**27%**

Abb. 9.23: Statistik (source/stat_bern1.xls)

9.5 Aufgaben

1. Aus der Abiturprüfung 1998:
   In einem Kaufhaus sollen aufgrund verlängerter Ladenöffnungszeiten 12 neue Mitarbeiter eingestellt werden.
   a) In Abteilung A sind 5 Stellen zu besetzen, in Abteilung B 7 Stellen. Für Abteilung A bewerben sich 8 und für Abteilung B 10 Personen. Wieviele Möglichkeiten gibt es, die offenen Stellen zu besetzen, wenn die Stellen innerhalb jeder Abteilung
      i. nicht unterschieden werden
      ii. als verschieden angesehen werden?
   b) Bei der Begrüßung sitzen die 12 neuen Mitarbeiter, 8 Frauen und 4 Männer, in zwei Reihen mit je 6 Stühlen. Wieviele Sitzanordnungen gibt es, wenn nur nach Männer und Frauen unterschieden wird, und
      i. in jeder Reihe zwei Männer sitzen,
      ii. die 4 Männer nebeneinander sitzen?
   c) Die Wahrscheinlichkeit, dass die Kaufhausmitarbeiter bereit sind, auch abends zu arbeiten, sei p.
      i. Wie groß ist im Fall $p = 0,8$ die Wahrscheinlichkeit dafür, dass von den 12 neuen Mitarbeitern mindestens 10 bereit sind, auch abends zu arbeiten?
      ii. Wie groß müsste p mindestens sein, damit mit einer Wahrscheinlichkeit von mindestens 50% alle 12 neuen Mitarbeiter bereit sind, auch abends zu arbeiten?
2. Ein Laplace Würfel wird 30 mal geworfen. Mit welcher Wahrscheinlichkeit würfelt ein Spieler
   a) höchstens sechs Sechser,
   b) mindestens drei aber höchstens acht Sechser?
3. 65% aller Männer über 30 gehen regelmäßig ins Fitnessstudio.
   a) Mit welcher Wahrscheinlichkeit findet man unter 60 Männern dieser Altersgruppe genau 10, die regelmäßig ins Fitnessstudio gehen,
   b) Mit welcher Wahrscheinlichkeit findet man unter 40 Männern dieser Altersgruppe mindestens 30, die regelmäßig ein Fitnessstudio aufsuchen?

Index

Gut vorbereitet heißt „sehr gut" bestanden! Die stark erweiterte und aktualisierte exklusive Ausgabe des Abitur-Lernpakets 2004 beinhaltet 40 Vollversionen Lern- und Trainingssoftware renommierter Hersteller und Schulbuchverlage wie Bayerisches Fernsehen, SWR, WISSEN digital, TRV, TELEKOLLEG, NikaSoft, Visual Design, Paetec, HyperFolio u.a.

Highlights

- 12 CD-ROMs plus gedrucktem Handbuch!
- Software & Formelsammlungen (Mathematik, Physik, Technik, Chemie, Biologie)
- Sprach- & Vokabeltrainer (Englisch, Französisch, Italienisch, Spanisch, Latein, Deutsch)
- Lexikas: Medizin, Länder, Olympia, Tiere, Medizin, Computer, Geschichte, Fremdwörter ...
- 3-D-Weltatlas, Tafelwerk, Hyperfolio u.v.m.
- Mit Abituraufgaben und Lösungen!
- Sprachen – das A und O der zukünftigen Karriere
- Deutsche Rechtschreibung und Fremdwörter-Lexikon!
- Ohne Einschränkung geeignet für Windows XP!
- Top-Ausstattung zum Lernen und Nachschlagen

Lernpaket Schule & Abitur 2004

2003; 12 CD-ROMs

ISBN 3-7723-**8009-3** **€ 29,95** UVP

Besuchen Sie uns im Internet – www.franzis.de

Deine ultimative Hacker-Vollausstattung – jetzt noch viel fetter, schwärzer und brandgefährlich! Mit den A.B. Jones Tools! Die A.B. Jones-Geheimbotschaft - 40 Hacker-Spezialtools – alles Vollversionen – kein cripple, keine Try-Outs, keine Shareware! Die original Steganos Hacker Tools V1.5! Mehr als 110 Hardcore-Tools, damit dir klar wird, warum dein Nachbar alles weiß. Die original top-aktuellen Steganos Hacker Tools V5.0! Die knallharten, topaktuellen Tools, die dir zeigen, was die bösen Buben alles mit deinem PC anstellen können.

180 Hackertools

2003; 3 CD-ROM inkl. Originalausgaben Steganos Hacker Tools V1.5 und V5

ISBN 3-7723-**8010-7** **€ 24,95** UVP

Besuchen Sie uns im Internet – www.franzis.de

Das derzeit größte Komplettpaket an topaktueller Drucksoftware!

- 21 Druckstudios für Visitenkarten, Grußkarten, Glückwunschkarten, Einladungskarten, Geschenkanhänger, Speise- und Getränkekarten, Etiketten, Briefbögen, Faxvorlagen, Urkunden, Ordnerrücken, CD- & DVD Vorlagen, Bastelvorlagen, Fotokalender, Fotopuzzle, T-Shirts, Mousepads, Keramikschmuck, Namensschilder, Tischkarten, Sticker & Tattoos
- 1.000.000 Vorlagen
- 200.000 Cliparts
- Clipartkatalog Vol. I
- inkl. weiterer Vollversionen: PhotoPrinter, ABC of Pics, 1.800 Profi-Schriften
- Umfassender Nutzungsbereich von Privat bis Office
- Qualitätsprodukt aus der Druckersoftware-Schmiede Nummer 1
- komplettes Qualitäts-Papierset von Sigel

Das Superpaket Drucken Total

2003; 10 CD-ROMs ; Clipart-Katalog; Qualitäts-Papierset von Sigel

ISBN 3-7723-**8910-4** **€ 79,95** UVP

Besuchen Sie uns im Internet – www.franzis.de

Lernen, Üben, Testen. Mit dem Franzis Euro-Führerschein kommen Sie sicher und einfach zu Ihrer Fahrerlaubnis. Die intelligente Software merkt sich Ihre Stärken und Schwächen. Aufgaben werden nach Ihren persönlichen Kenntnissen und Fähigkeiten individuell zusammengestellt. So üben Sie immer genau nach Bedarf. Ganz in Ihrem individuellen Tempo. Außerdem: 60 „ready to use" Prüfungsbögen nach den aktuellsten Prüfungsrichtlinien sind beliebig oft ausdruckbar. Mit den völlig überarbeiteten und erweiterten Statistikfunktionen behalten Sie immer den Überblick. So gut vorbereitet haben Sie den Führerschein sicher in der Tasche.

Der Euro-Führerschein 2003

2003; CD-ROM

ISBN 3-7723-**9048-8** **€ 24,95** UVP

Besuchen Sie uns im Internet – www.franzis.de

Finden – saugen – brennen. Schön wär's, wenn's so easy ginge. Doch allzu oft offenbaren sich die einschlägigen Websites als brutale Dialer-Abzocke. Oder überziehen den PC mit Viren und Trojanern. Daher gilt: Wer die wahren Softwareschätze im Internet heben will braucht die richtige Profi-Ausrüstung. Und die gibt es jetzt für wenig Geld. Insider „A.B. Jones" hat für alle Audio-, Video- und Spielefans eine geprüfte Softwarelösung zusammengestellt, die es in sich hat. Damit sind Sie bestens gerüstet für das Bergen der digitalen Internet-Schätze. Und können sie ruhigen Gewissens genießen.

Finden – Saugen – Brennen

JVA Reutlingen Production; 2003; CD-ROM & Handbuch

ISBN 3-7723-**9317-9** **€ 24,95** UVP

Besuchen Sie uns im Internet – www.franzis.de

Das ganze Wissen für Schüler! Das große Wissenspaket nicht nur für Schüler und Jugendliche.

- **topaktuelles multimediales Schülerlexikon**
- **von Mathe über Biologie bis Kunst**
- **großer 3D-Weltatlas aus der berühmten Edition Hölzel**
- **Prüfungsaufgaben mit Lösungen für Mathematik und Physik**
- **So wird Geschichte spannend: DiscoveryChannel DVD-Video „Die großen Ägypter – Das Geheimnis des Tut-Ench-Amun"**

Das ganze Wissen für Schüler

2003; 4 CD-ROMs + DVD-Video

ISBN 3-7723-**9399-3**

€ 39,95 UVP

Besuchen Sie uns im Internet – www.franzis.de